http://ajin.to

Energy Energy Energy energy Energy

내연기관 특론

엄인용 저

서울산업대학교
에너지기술인력양성센터
ENERGY TECHNOLOGY EDUCATION CENTER

A-JIN 도서출판 아 진

"나의 가는 길은 오직 그가 아시나니 그가 나를 단련하신 후에는
내가 정금같이 나오리라 (욥23 : 10)"

차례

제 1 장 기관의 역사와 기본 특성 • 1

제 2 장 기관 설계와 성능 변수 • 33

제 3 장 SI기관의 성능시험법 • 61

제 4 장 연료와 공기 및 연소 • 121

제 6 장 기관 사이클의 이상적인 모델 • 181

제 7 장 가스 교환 과정 • 213

찾아보기 • 277

제 1 장

기관의 역사와 기본 특성

1.1 발달 과정과 전망

내연기관의 목적은 연료에 포함된 화학에너지로부터 기계적 동력을 얻는 것이다. 내연기관은 외연기관과 달리 기관 내부에서 연료를 연소시키거나 산화시켜 에너지를 발생시키므로 실제 작동 유체는 연소 전에는 연료-공기 혼합기이고 연소 후에는 연소 생성물이다. 작동 유체가 기관 구성 부품에 직접 작용하여 기관에서 요구하는 출력을 발생시킨다.

본 책에서는 주로 스파크점화기관(다른 연료가 사용될 수 있으나, 오토 기관, 가솔린기관으로도 칭함)과 압축착화 또는 디젤기관에 대해 다룰 것이다. 가스터빈기관 역시 연소가 기관 내부에서 발생한다는 의미에서 내연 기관으로 볼 수 있다. 그러나 일반적으로 내연 기관이라 함은 스파크점화기관(SI)과 압축착화기관(CI)에 한정된다. 가스 터빈의 작동 원리는 내연기관과는 근본적으로 다르며, 따라서 이 책에서는 별도의 엔진으로 다루지 않겠다.

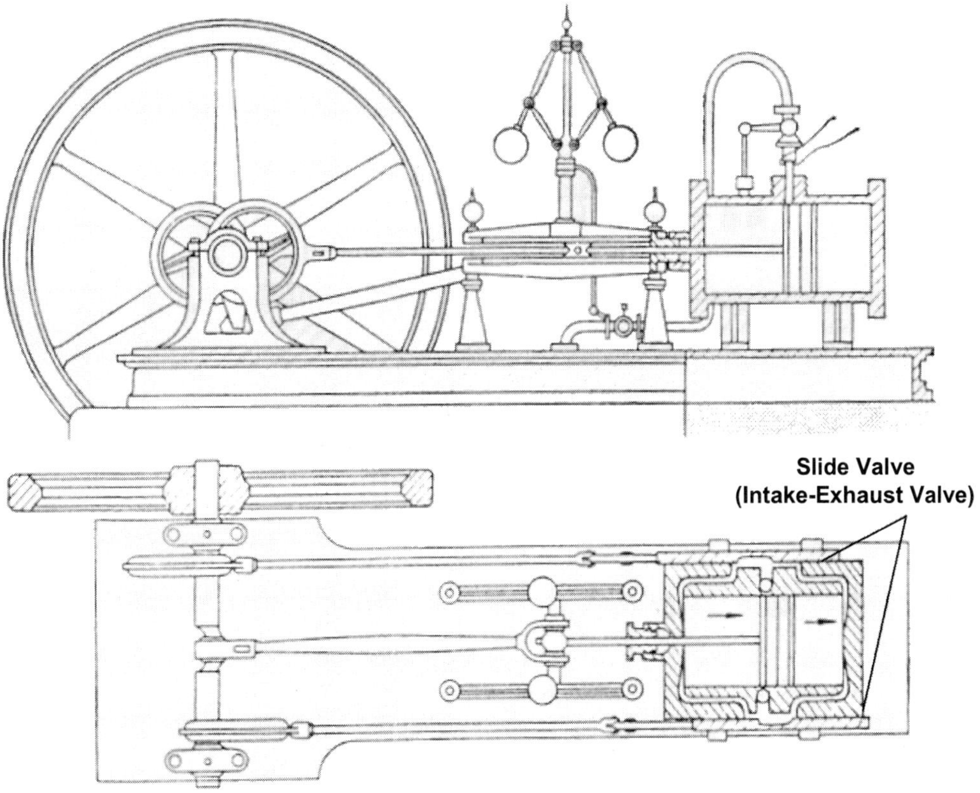

[그림 1-1] Lenoire의 비압축식 가스 엔진

스파크점화기관과 압축착화기관 기관은 단순함, 튼튼함, 높은 중량 당 출력 등의 장점을 가지고 있어, 운송수단(육상 및 공 · 해상) 및 동력 발생 분야에서 광범위하게 사용되고 있다. 연소가 기관의 내부에서 이루어지므로, 내연기관 구성품의 설계 및 작동 특성은 다른 형식의 기관과 근본적으로 차이가 있다.

실질적으로 열기관의 역사는 250년 이상이다. 처음 150년 동안에는 연료의 연소로 생성된 연소 가스 대신 증기가 매개 물질로 사용되었다. 진정한 의미의 내연 기관은 1860년대에 비로소 실현되었다. 초기의 내연 기관은 연소 전 압축 과정이 없었고 석탄 가스와 공기의 혼합기를 사용하였다. 르느와르(J. J. E. Lenoire (1822-1900))는 최초로 이러한 형식의 상업화된 기관을 개발하였다. [그림 1-1]에 도시된 이 엔진은, 가스와 공기가 피스톤 행정의 중반까지 실린더 안으로 흡입되고, 나머지 행정 중에 유입된 신기는 스파크에 의해 점화되어 실린더 내 압력이 증가한다. 이 기연 가스는 피스톤에 동력을 전달하고 사이클은 배기 행정으로 마무리된다. 흡배기를 위해 캠 샤프트의 개념을 도입한 슬라이드 밸브를 사용하였으며 거버너를 사용하여 연료량을 조절하였다. 이 기관은 1860-1865년 사이에 약 5000대가 제작되었다. 높은 출력을 내기 위해서는 기관의 크기를 증가시켜야 했기 때문에 6마력 기관까지 제작되었고, 효율은 최고 5% 정도였다(그림 1-2).

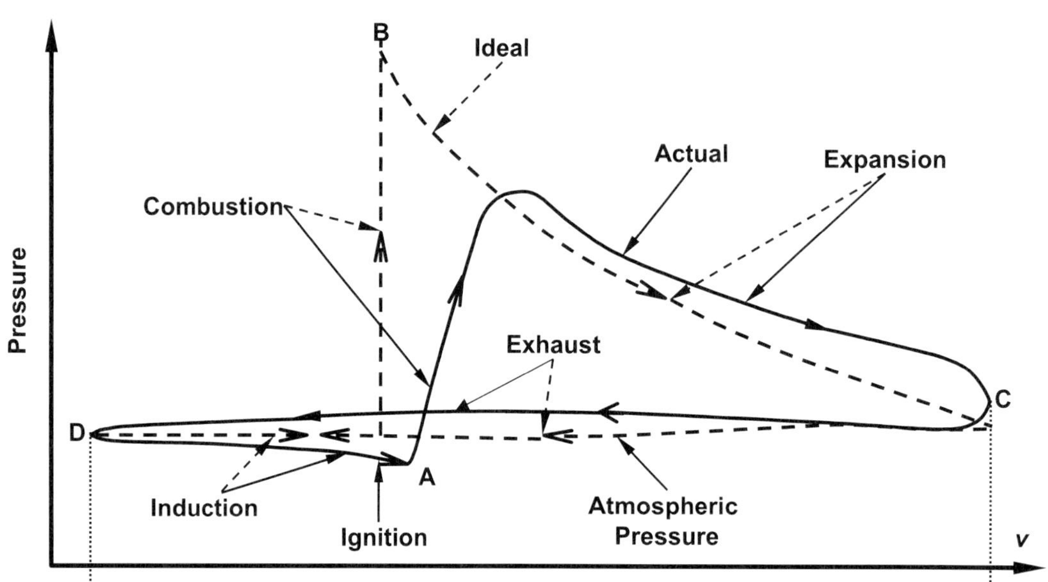

[그림 1-2] Lenoire의 비압축식 가스 엔진의 $p-v$ 선도

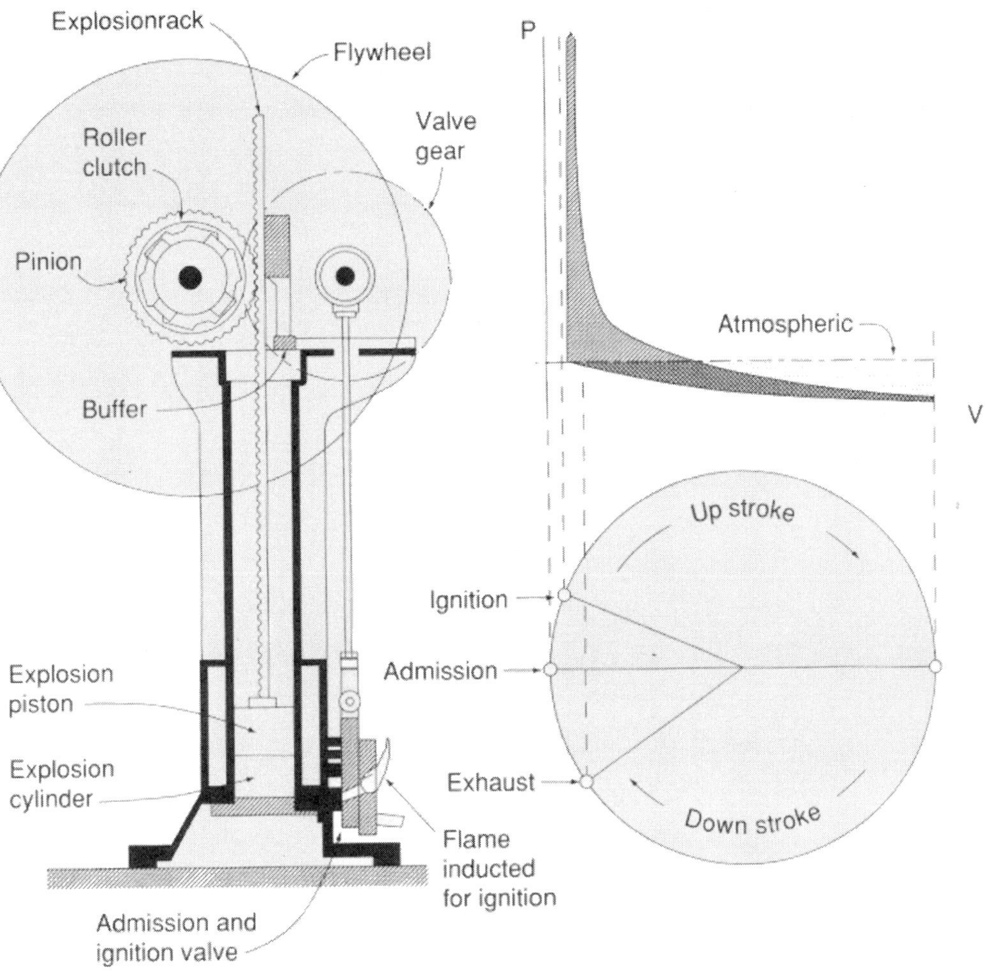

[그림 1-3] Otto-Langen의 자유 피스톤 엔진

니콜라스 오토(Nicolaus A. Otto, 1832-1891)와 오위겐 랑겐(Eugen Langen, 1833-1895)은 1867년에 더욱 발전된 형태의 기관을 내놓았다(그림 1-3). 연료-공기 혼합기의 연소에 의해 압력이 상승함에 따라 자유팽창 피스톤과 랙(rack)의 어셈블리가 상승한다. 실린더 안이 진공상태(대기압보다 낮은 상태)가 되면 피스톤이 내려오며 힘(동력)을 발생시킨다. 엔진 내부에서 연소된 가스의 팽창은 피스톤을 위로만 올려놓는 역할을 하고 실제 동력으로는 사용되지 않았다. 이 과정 중 랙은 출력축에 부착된 롤러 클러치에 의해 구속되어 일을 하게 된다. 약 5000대 가량의 엔진이 생산되었고 열효율은 11% 정도였다. 이 기관에서는 슬라이드 밸브를 통하여 흡기와 점화 그리고 배기를 조절하였다.

[표 1-1] Otto 4행정 사이클과 Otto-Langen 기관의 비교

	Otto-Langen	Otto 4 행정
제동마력(bhp)	2	2
중량(lb)	4000	1250
행정체적 (in^3)	4900	310
분당 동력 행정	28	80
기관회전속도 (rpm)	90	160
기계 효율 (%)	68	84
전체 효율 (%)	11	14
팽창비	10	2.5

오토는 기존 기관의 낮은 열효율과 과도한 중량을 극복하기 위한 방안으로 4행정 사이클 즉, 흡기 행정, 점화전의 압축 행정, 크랭크샤프트에 동력을 전달해줄 팽창 동력 행정, 그리고 마지막으로 배기 행정으로 이루어진 사이클을 제안하였다(그림 1-4, 1-5).

[그림 1-4] Otto의 4행정 기관

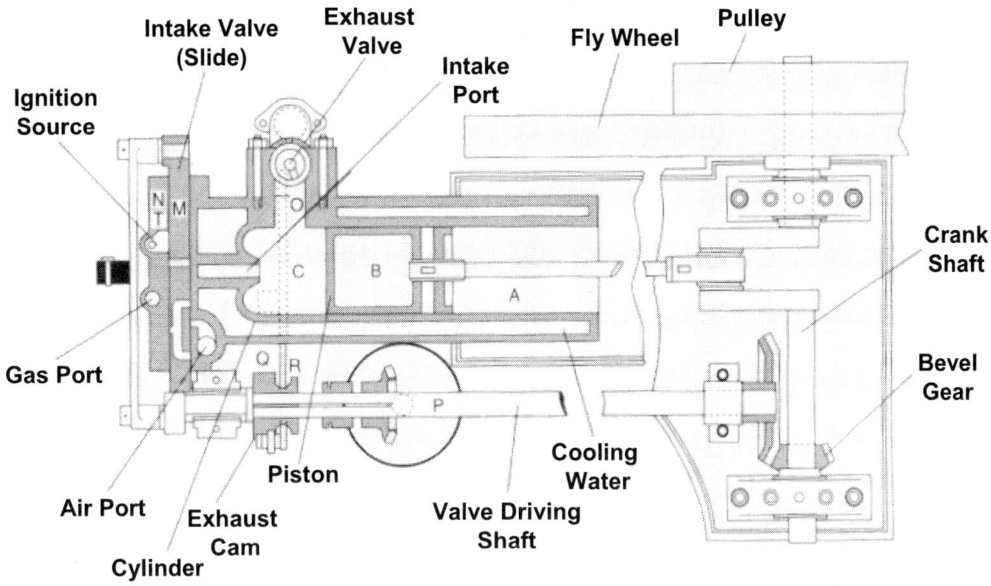

[그림 1-5] Otto의 4행정 기관

오토가 제안한 4행정 사이클 기관은 1876년에 제작되었는데. 이 4행정 기관과 대기압 식 내연기관인 오토-랑젠(Otto-Langen)기관을 비교하여 [표 1-1]에 나타내었다. 이 표를 보면 기관의 중량 및 체적이 감소하여 비중량(Specific Weight)과 비체적(Specific Volume)이 감소한 것이 오토의 4행정 기관의 가장 큰 기술적 진보임을 알 수 있다. 이로 인해 내연기관 산업은 비약적으로 발전하게 되었다. 1890년까지 이 기관은 유럽과 미국지역에서 50000대 정도 판매되었다.

원래 4행정 기관의 원리가 오토에 의해 정립된 것은 아니다. 오토는 알퐁스 보 데 로카스(Alphonse Beau de Rochas, 1815-1893)의 4행정 사이클의 원리가 기술된 1862년 판 비공식 특허 문건을 보고 이를 구현한 것이다. 로카스는 고효율을 달성할 수 있는 내연 기관의 조건을 다음과 같이 기술하고 있다.

1) 최소의 경계면을 가지면서 가능한 한 큰 실린더 체적
2) 최대의 작동 속도
3) 최대의 팽창비
4) 팽창 초기의 최대 압력

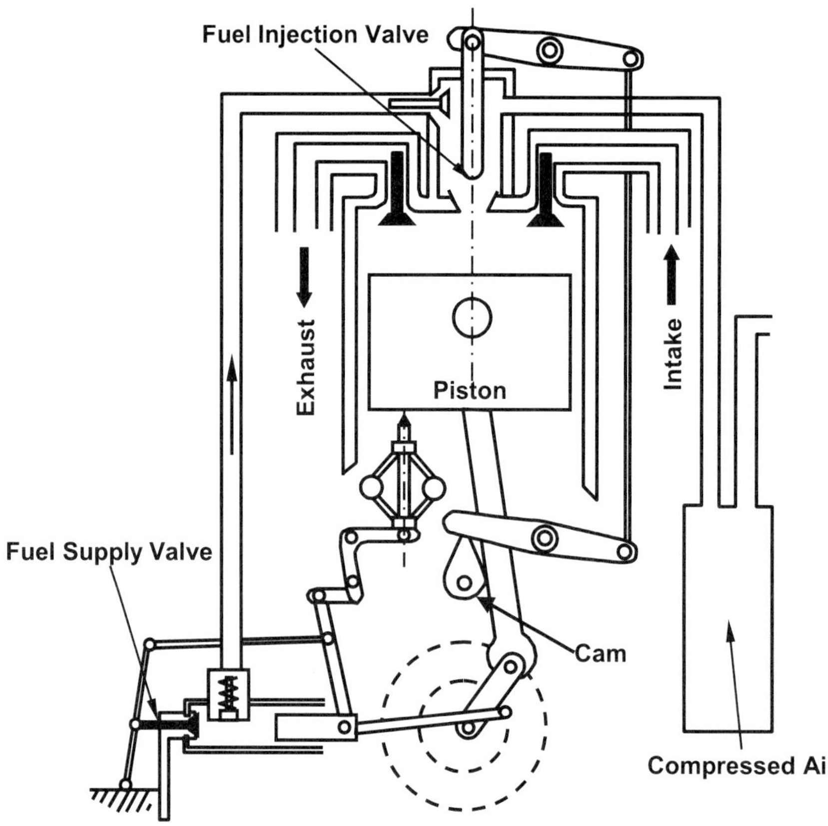

[그림 1-6] 초기의 디젤엔진

처음 두 조건은 신기로부터의 열 손실을 최소화하기 위한 것이고 세 번째 조건은 연소 후 가스가 팽창을 많이 할수록 일도 커짐을 의미한다. 네 번째 조건은 팽창 초기의 압력이 높을수록 더 많은 팽창이 가능하며, 팽창 과정 중 높은 압력을 유지함으로써 더 많은 양의 일을 전달한다는 것이다.

오토가 획기적인 고효율의 기관을 개발한 이후, 내연 기관은 급속히 진보하게 되었다. 1880년대 영국의 듀갈드 클러크(Dugald Clerk, 1854-1913), 제임스 롭슨(James Robson, 1833-1913) 독일의 칼 벤츠(Karl Benz, 1844-1929)등에 의해 2행정 내연 기관이 성공적으로 개발되었다. 이 기관에서는 동력 행정 말기와 압축행정 시작부에 배기와 흡기 행정이 이루어진다. 영국의 제임스 아트킨슨(James Atkinson, 1846-1914)은 팽창 행정이 압축 행정보다 더 긴 기관을 제작하였다. 이 기관은 당시의 다른 기관과 비교해 높은 열효율을 보였으나 기계적 결함을 지니고 있었다. 즉 효율은 팽창비에 직접적으로 영향을 받는다는 사실이 알려져 있었지만, 그 당시 사용가능한 연료로 심각한 노크(knock)발생을 억제할 수 없었기 때문에 압축비는 4 이하로 제한되었다. 또한 효과적인 기화기와 점화시스템의 개발이 요구되었고, 이것이 실현됨으로서 자동차용 고속 가솔린기관이 1880년대 말에 등장하였다.

1892년 독일의 엔지니어 루돌프 디젤(Rudolf Diesel, 1858-1913)은 새로운 형식의 내연기관으로 특허를 출원하였다. 압축에 의해 가열된 공기에 액체 연료를 분사하여 연소를 시키는 그의 개념은 기존의 다른 기관에 비해 2배의 열효율을 달성시킬 수 있었다. 또한 데토네이션(detonation)이나 노크(knock) 발생 없이 팽창비를 증가시키는 것이 가능하였다. 하지만 Diesel과 MAN의 협력에도 불구하고 디젤의 내연기관은 그 후 5년 후에나 실용화되었다(그림 1-6).

이후 새로운 사이클 기관의 개발과 같이 근본적인 의미의 기관 개발은 아니지만 많은 기관이 개발되었고 내연 기관 시장은 점차 확대되었다.

연료 또한 내연기관의 발전에 지대한 영향을 미쳤다. 초기의 내연기관은 기연 가스를 이용하여 기계적인 동력을 생산하였다. 가솔린과 등유는 1800년대 후반에 사용되었으며, 다양한 종류의 기화기가 연료의 증발 및 공기와의 혼합을 위하여 개발되었다. 1905년 이전에는 고 휘발성 연료를 사용하기 위해서는 노크(knock)를 방지하기 위해 4 이하의 저압축비를 채용해야 하는 단점이 있었지만, 우수한 시동성 및 저온 연료성능으로 인해 가솔인은 여전히 널리 사용되었다. 1907년과 1915년 사이에 가솔린 수요가 5배 이상 증가하면서 심각한 석유파동이 발생되었고, 가솔린의 가격은 급격히 상승하게 되었다. 윌리엄 버튼(William Burton, 1865-1954)은 인디아나의 스탠더드 오일(Standard Oil)사와의 공동연구를 통해 중유(heavier oil)를 고압 하에서 가열함으로서 더 휘발성이 강한 단순 화합물로 분해시키는 열분해 처리공정을 개발하였다. 이렇게 열 분해된 연료는 가솔린과 동등한 수준의 요구를 만족시킬 수 있었지만 높은 비등점으로 인해 저온 시동성의 문제를 가지고 있었다. 그러나 다행히도 1912년에 전기 시동기가 개발되어 곧바로 실용화됨으로서 이러한 문제는 곧 해결되었다.

제 1차 세계대전 이후, 연료가 연소에 미치는 영향, 특히 노크(knock) 문제 등에 대한 이해의 폭이 크게 넓혀졌다. 테트라에틸 납(tetraethyl lead)의 내 노크 성(antiknock)이 GM에 의해 처음으로 발견되어 1923년에 미국에서 가솔린의 첨가제로 사용되었다. 1930년대 후반 유진 호우드리(Eugene Houdry)는 증발된 중유를 450℃에서 480℃의 활성촉매로 통과시킴으로서 열분해 공정에서 얻을 수 있는 것 보다 더 고품질의 가솔린을 얻을 수 있다는 것을 발견하였다. 이 결과 내 노크성 등과 같이 성능이 개선된 고품질의 연료가 대량 생산되었다. 이러한 연료 및 기타 여러 가지 진보에 힘입어 내연기관의 압축비는 점차 증가되었고, 기관의 출력 및 효율도 향상되었다.

[표 1-2] 내연기관 발달의 주요 역사

연 대	내연기관의 발달	
1794	가스 기관의 고안(영국, Street) 가스 폭발에 의해 지레를 끼워 펌프를 움직이는 형식의 가스기관. 이후 같은 식의 고안과 실용이 계속됨	Watt의 증기기관의 발명
1860	실용 가스기관의 개발(프랑스, Lenoir) 요즘의 왕복 기관에 가까운 회전형 기관 P=0.4 ~2,5kW, η= 3~4%정도. 압축부족, 불완전 팽창, 실린더 벽에서 연소실 과대	증기기관의 대발전
1862	4행정 기관의 작동이론 고안 (프랑스, Alphonse Beau de Rochas)	
1866	자유 피스톤 가스기관의 실용(독일 Otto-Langen) η= 7~8%,	
1872	가스 터빈 시작품 제작(독일, Stolze)	증기 터빈의 개발
1876	4 사이클 가스기관의 성공(독일, Otto) 현재 왕복기관의 원형 η =14%	
1881	2 사이클 가스기관의 개발과 실용화 (영국 Clerk) 소기 방식의 개발, P=0.8~17kW, r= 3, η=16%	
1883	가솔린 기관의 개발(독일 Daimler) 소형, 경량기관을 개발, 1886년 자동차 운행에 성공 그 후 새로운 실용기관을 개발	
1885	석유기관의 개발(영국, Priestman)	
1886	소구기관의 개발(영국, Staurt)	현 기관 원형의 완성
1893	압축착화기관의 고안과 개발 (독일, R.Diesel) 실용화에 성공	
1890	가솔린 기관의 실용화(영국, 독일, 프랑스, 미국) 자동차용을 주종으로 각국에서 신기종이 개발	실용 개발기

지난 50년 동안, 기관 설계와 작동에 영향을 미치는 중요한 변화가 있었다. 이 변화의 첫 번째는 도심 내 대기오염에 영향을 미치는 자동차의 배출가스를 규제하는 것이고, 두 번째는 자동차의 연료소비율을 개선하는 것이었다.

자동차로 인한 대기오염 문제는 1940년대 로스앤젤레스 지역에서 발생되었다. 1952년 하겐 스미트(A. J. Haagen-Smit) 교수는 도심 내 스모그 문제는 태양광에 노출된 질소 산화물과 탄화수소 계 화합물간의 반응으로 발생된다고 발표하였다.

이로 인해 자동차는 도심 내 일산화탄소뿐만 아니라 탄화수소와 질소산화물의 주요한 배출원으로 주목되었다. 디젤기관은 탄화수소 및 질소산화물뿐만 아니라 그을음(soot)과 매연입자(smoke particles)의 주요 배출원임이 알려지게 되었다. 자동차가 도심 내 대기오염의 주원인으로 인식되면서 자동차 배출가스를 규제하는 법안이 캘리포니아 주에서 처음 제정되었고 1960년대 초반에는 미국 전역으로 확대 시행되었다. 일본과 유럽 및 다른 국가들에서도 자동차의 배출가스 규제를 실시하였고 이로 인해 스파크점화기관 및 디젤기관의 배출 가스는 대폭 감소하게 되었다(그림 1-7). 스파크점화기관에서는 배출가스를 감소시키기 위해 배기 시스템에 촉매변환기(catalyst)를 사용하게 되었다. 또한 휘발유의 내 노크 성(antiknock) 증대를 위해 첨가되던 납의 독성 문제가 대두되어, 자동차 연료시장에서 납을 함유하지 않은 무연휘발유가 등장하게 되었고 기존의 유연 휘발유에 포함된 납 함유량도 감소하게 되었다. 상기와 같은 배출가스의 감소 및 연료 개선의 요구는 내연기관의 설계 및 작동에 획기적인 변화를 가져왔다.

1970년대 석유 파동으로 원유 가격은 1970년 가격의 몇 배로 치솟았고, 이로 인해 석유의 중장기적 이용가능성에 대한 관심이 고조되었다. 이 시기에도 내연기관의 효율을 한층 더 높여야 한다는 요구가 있었으나 계속 강화되는 배출가스의 규제는 기관의 연료소비율의 개선에 장애가 되었다(그림1-8). 또한 가솔린 연료에서 납 사용을 제한하거나 금지하는 규제조치는 스파크점화기관에서 압축비 감소를 가져와 연료소비율의 개선을 더욱 어렵게 하였다. 따라서 가솔린 및 디젤 연료를 대체할 수 있는 연료에 대해 많은 연구가 수행되었다. 비석유계 연료, 천연가스, 액화석유 가스, 메탄올, 에탄올 등의 연료가 주목받게 되었고, 석탄 등으로부터 가솔린 및 디젤 연료가 합성되기도 하였다. 수소연료는 단시일 내 내연기관의 연료로 사용되는 것은 어렵지만, 석유계 연료의 유해성 및 고갈의 문제를 해결할 수 있는 연료로서 중장기적으로 사용 가능한 중요한 대체연료로 주목받게 되었다.

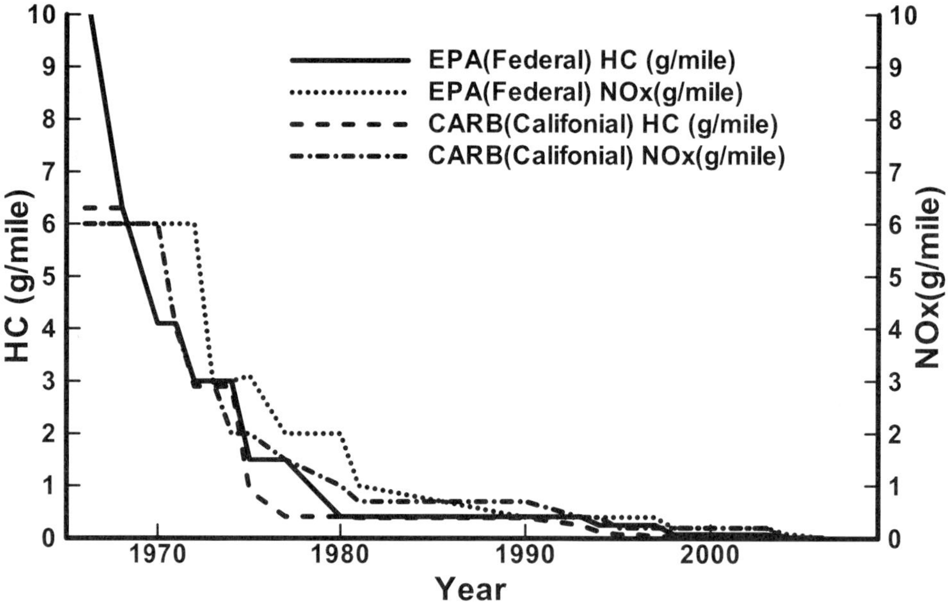

[그림 1-7] 배기가스 규제치의 변화(규제 도입 이후)

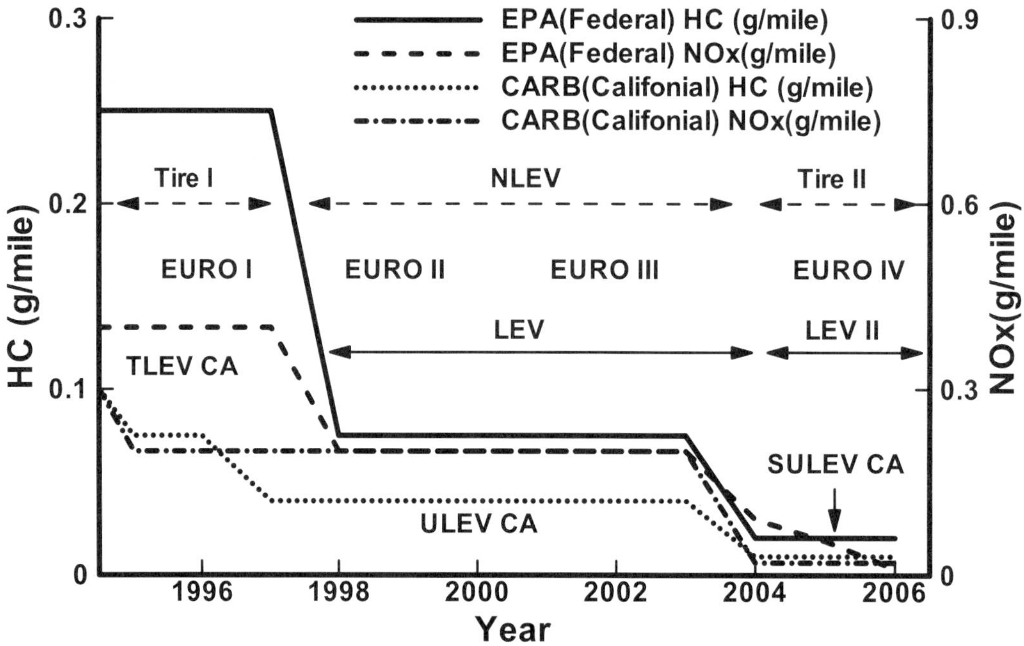

[그림 1-8] 배기가스 규제치의 변화(90년대 이후)

[표 1-3] 지구온난화 관련 주요 논의 및 진행사항

주요 일지	주요 내용
'92. 06: 기후변화협약채택(리우환경회의)	
'94. 03: 기후변화협약발효(50개국비준)	우리나라 비준('93. 12)
'95. 03: 제1차당사국총회(COP 1)	2000년 이후 감축논의 시작
'96. 07: 제2차당사국총회(COP 2)	제1차 총회결과 재확인
'97. 12: 제3차당사국총회(COP 3)	선진국 감축의무합의
'98. 11: 제4차당사국총회(COP 4)	작업계획 확정
'99. 10: 제5차당사국총회(COP 5)	제6차 당사국 총회준비회의
'00. 11: 제6차당사국총회(COP 6)	교토의정서 이행방안 합의실패
'01. 06: 제6차당사국총회속개회의 (COP 6bis)	교토의정서 이행방안 기본합의 도출
'01. 11: 제7차당사국총회(COP 7)	교토의정서 이행방안 최종합의 도출 (Marrakesh Accords)
'04 11: 러시아 교토의정서 비준	2005. 02 교토의정서 정식 발효

90년대에 들어서면서 내연기관은 현재까지 관심이 되었던 측면과는 전혀 다른 방향으로의 전환이 요구되었다. 대기 중에 있는 온실가스가 지표로부터 방출되는 장파인 적외선을 흡수하여 지구가 더워지는 지구온난화 문제의 대두가 바로 그것이다. 이 문제에 대한 논의는 국지적 · 국내적 환경문제가 범지구적 이슈로 확대되면서 시작되었다. 1972년 로마클럽의 "성장의 한계(The Limits to Growth)" 발간을 시작으로 1997년 유엔환경특별총회, 2004년 12월 제10차 기후변화 당사국총회로 이어지는 등 30년 이상의 논의과정에서 국제적 공동대응을 구체화하기 위하여 약 140여개의 국제환경협약이 체결되었다(표1-3).

지구온난화 물질은 여러 종류가 있으나 이들 중 이산화탄소의 배출량이 80% 이상을 점하기 때문에 이의 배출 억제가 주요 문제로 인식되었다. 그동안 구체적 감축 내용을 규정한 교토의정서는 비준국 정족수를 채우지 못하여 공식 발효되지 못하고 있다가 2004년 러시아의 비준으로 2005년 정식 발효되었다. 그러나 의정서의 정식 발효 전에도 [그림 1-9]에 나타낸 바와 같이 EU 등은 독자적 자율 규제안을 마련하여 지역 내에서 사용되는 모든 자동차에 대해 이를 적용하였고 이에 따라 자동차용 내연기관은 새로운 패러다임이 지배하는 시대가 개막되었다. 즉 이산화탄소 배출량을 감소시킨다는 것은 기관에서 소모되는 연료의 양을 줄인다는 것과 같은 의미이므로 내연기관의 설계 개념의 중심도 이전 시대의 출력 또는 배기가스를 고려하는 것에서 연료소비의 최소화를 도모하는 방향으로 변화하였다. 아울러 대체 연료는 석유를 대체할 수 있는 연료라는 측면 외에도 이산화탄소의 배출량이 적은 연료라는 측면이 강조되고 있다.

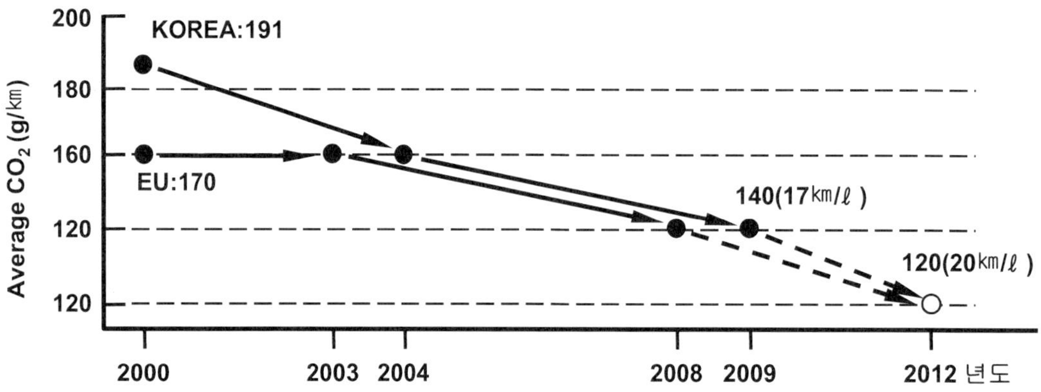

[그림 1-9] EU의 이산화탄소 배출 자율규제

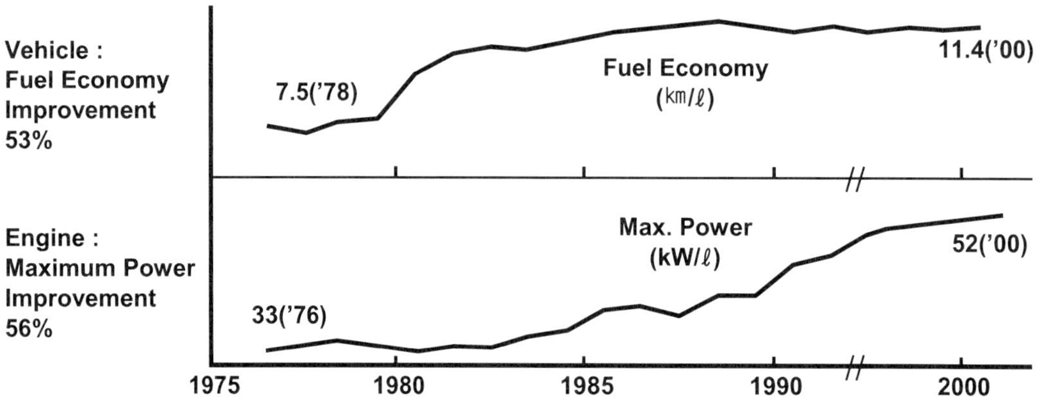

[그림 1-10] 내연기관의 성능 개선

내연기관은 탄생 이래로 비약적인 발전을 거듭하여 왔고, 어느 한 시점에서 지나간 발전 과정을 되돌아보면 이제는 정점에 이르러 약간의 개선점만 남은 상태라고 판단되어지곤 했다. 그러나 [그림 1-10]에도 나타나 있듯이 내연기관은 지난 30년 동안에도 꾸준히 발전을 하여왔고 그 발전의 속도가 한계에 도달했다고 단언할 수도 없다. [그림 1-7]과 [1-8]에도 나타나 있듯이 지난 30년 동안 기관의 성능을 제약하는 중요 요소인 배기가스 규제가 2000배 정도 강화되었음을 고려하면 실로 놀라운 발전이 아닐 수 없다. 향후 진행될 내연기관의 개선점 모두를 나열하거나 방향을 정확히 예측할 수는 없지만, 그 방향은 현재까지의 발전과정을 되돌아볼 때 크게 두 가지가 있을 것으로 예상된다.

그 첫 번째 방향은 기존 엔진의 점진적 개선이다. 80년대부터 널리 확산되기 시작한 스파크점화기관의 전자 제어화는 기관의 성능을 획기적으로 개선하는데 큰 기여를 하였다. 물론 이는 기관의 효율을 제고시키자는 목적이라기보다는 강화되는 배기 규제에 대응하기 위하여 도입되었지만 기관의 연소에 최적의 조건을 조성한다는 측면에서 기관 효율 향상에 큰 기여를 하였다. 특히 연료 인젝터로 대표될 수 있는 정밀 전자제어에 필수적인 수단의 적용에 따라 중, 고속 영역에서 체적 효율이 대폭 향상되었고 이는 [그림 1-10]에 나타나 있듯이 80년대에 이전보다 훨씬 강화된 배기 규제에도 불구하고 기관의 출력이 향상되는 중요한 계기가 되었다. 초기의 전자 제어는 연료 계량과 점화시기의 제어에 집중하였는데 이는 현재도 가장 중요한 제어 요소이다. 이후 기술이 진보함에 따라 제어의 폭이 넓혀지기 시작하며 기관 성능은 한층 더 발전을 거듭하게 된다. 기관의 주요한 성능 지배 변수와 이의 영향은 이미 많은 부분이 알려져 있다. 그러나 자동차용 기관의 경우 넓은 운전범위에 걸쳐서 다양한 형태의 운전 특성이 나타나므로 이 모든 부분에 대해 최적화된 단일 구조의 기관을 설계한다는 것은 사실상 불가능하다.

예를 들어 스파크점화기관에서 압축비를 높이면 효율이 증가하지만 전부하에서 노킹의 억제가 담보되지 않는 한 최적의 압축비를 구현할 수 없다. 또한 흡입 밸브의 닫힘 시기를 지연시키면 고속 영역의 체적효율이 증가하여 더 높은 최고 출력을 얻을 수 있지만 저속 영역에서 역류가 발생하여 오히려 출력이 감소한다. 제어 기술의 발달과 함께 설계 및 제작 그리고 가공 기술의 진보에 힘입어 조건에 따라 기관의 작동을 최적화 할 수 있는 여러 가변 기구가 제안되어 연구되고 있다. 대표적으로 연속 가변 밸브 시기(Continuous Variable Valve Timing : CVVT), 연속 가변 밸브 양정(Continuous Variable Valve Lift : CVVL), 가변압축비, 가변 기통, 전자식 밸브 구동 장치 등이 있으며 이들 기술은 일부 실용화되었거나 실용화를 위한 연구가 활발히 진행 중이다. 스파크점화기관뿐만 아니라 압축착화기관에서도 이러한 맥락의 진보가 활발히 진행 중이다. 압축착화기관의 경우, 연소를 지배하는 주요 인자는 연료 분사와 실린더 내 유동이다. 커먼 레일(Common Rail) 인젝터와 유닛(Unit) 인젝터로 대표할 수 있는 연료 분사계의 고압화와 전자화는 압축착화기관의 성능을 대폭 향상시켜서 아이들 안정성, 입자상 물질과 같은 유해 배기 물질의 배출, 소음 등의 문제점이 개선되었다. 현재 압축착화기관은 더욱 정교해진 분사기술을 바탕으로 계속 성능 향상을 도모하고 있는 중이다.

이와 같은 점진적 개선의 노력과 병행하여 기관의 구성 및 작동 특성에 획기적 변화를 추구하는 연구가 진행되고 있다. 80년대에 연료공급량의 변화에 따라 폭넓은 출력제어가 가능한 층상급기(Stratified Charge)의 개념이 도입되고 평가되었다. 이 개념을 바탕으로 층상 희박연소(Stratified Lean Combustion)기관, 직접분사식 스파크점화기관 등에 대한 연구가 활발히 이루어졌다. 이들 기술은 기본적으로 스파크점화기관에 압축착화기관의 기술을 접목한 것이며 현 상황에서는 후처리 등에 의한 배기 정화의 문제가 완벽히 해결되지 않아 실용화 단계에 까지는 이르지 못하였지만 향후 중요한 발전의 방향이 될 것으로 예상된다. 이와 더불어 압축착화기관에 스파크점화기관의 기술을 접목하려는 시도도 꾸준히 이어지고 있으며 대표적으로 예혼합 압축착화(Homogeneous Charged Compression Ignition : HCCI) 등이 있다. 기타 새로운 개념의 엔진으로 분류하기는 힘들지만 하이브리드 차량이 주목을 받으면서 독자적 운전을 지향하지 않는 자동차용 내연기관이나, 또는 운전 영역이 극히 한정된 정치용 기관에서 원하는 부분의 성능 예를 들어 연료 소비율만을 대폭 개선하려는 시도도 있다. 고압축비, 고 팽창비 엔진이 이에 해당할 것이다.

기관의 성능을 향상시키는 방법은 반드시 연소와 관련되는 것은 아니고 여러 측면에서의 고려가 필요하다. 이러한 맥락에서 기관 재료로 신소재를 사용함으로서 기관 중량, 비용 및 열손실을 감소시키거나 마찰을 저감하여 효율을 올리는 등 다방면에서 고효율 내연기관 시스템을 실현하고자 하는 연구도 진행되고 있다.

이렇듯 차세대 내연기관의 개발 기회는 무궁무진할 것이나 그 기회는 엔지니어들에게는 만만치 않은 도전이 될 것이다. 다만 지난 수십 년 동안 입증된 기관 개발의 과정을 이해하고, 이에 대한 지식을 확장시킴으로서 새로운 내연기관을 실현할 수 있을 것이다.

1.2 내연기관의 분류

내연기관은 용도, 구조, 사용연료 등에 따라 다음과 같이 여러 가지로 분류된다.

<table>
<tr><td>용도</td><td colspan="2">자동차용, 트럭용, 기관차용, 항공기용, 선박용,
이동식 동력장치, 동력 생산용</td></tr>
<tr><td rowspan="2">기본 기관 설계</td><td>왕복동 기관</td><td>직렬(In-line), V 형, 방사형(Radial),
대향형(Opposed)</td></tr>
<tr><td>로터리 기관</td><td>Wankel 및 기타 형상</td></tr>
<tr><td rowspan="2">작동 사이클</td><td>4행정 기관</td><td>자연흡기(Naturally Aspirated : NA),
과급(Supercharged : SC),
터보과급기관(Turbocharged : TC)</td></tr>
<tr><td>2행정 기관</td><td>크랭크케이스 소기(Crankcase Scavenged),
과급 및 터보과급(SC, TC)</td></tr>
<tr><td>밸브 및 포트</td><td colspan="2">오버헤드 밸브(Overhead Valves, I-head Valves),
L-헤드 밸브, 로터리(Rotary) 밸브,
횡단 소기 포트(Cross-scavenged Porting,
루프 소기 포트(Loop-scavenged Porting),
단류 소기(Uniflow Scavenged)</td></tr>
<tr><td>연료</td><td colspan="2">가솔린, 디젤, 석유(Petroleum), 천연가스(Natural Gas),
알코올(Methanol, Ethanol), 사변 연료(Flexible Fuel: FF),
이중 연료(Dual/Bi-Fuel), 수소(Hydrogen)</td></tr>
<tr><td>혼합기 준비 방법</td><td colspan="2">기화기식(Carburetion), 흡기 포트/매니폴드 분사식(SPI, MPI),
직분식(Direct Injection)</td></tr>
<tr><td>점화 방법</td><td colspan="2">스파크점화(Spark-ignition : SI),
압축착화(Compression-ignition : CI)</td></tr>
<tr><td rowspan="2">연소실</td><td>단실식(개방식, Open)</td><td>디스크(Disk) 형, 쐐기(Wedge) 형,
반구형(Hemisphere),
보울인 피스톤(Bowl-in Piston) 형</td></tr>
<tr><td>부실식</td><td>예연소실(Pre-Combustion) 식,
와류실(Swirl Chamber) 식,
공기실(Air Chamber) 식</td></tr>
<tr><td>부하 제어</td><td colspan="2">스로틀 제어(Throttling of Fuel and Air together),
연료량 제어식(Control of Fuel Flow Alone)</td></tr>
<tr><td>냉각방법</td><td colspan="2">수냉(Water Cooled) 식, 공랭(Air Cooled engine) 식</td></tr>
</table>

이상과 같은 구분은 모두가 중요하며, 이들은 모두 기관설계 시 매우 중요하게 고려되는 인자들이다. 본 책에서는 기본적으로 내연기관의 작동 특성에 대해서 기술하기 때문에 점화 방식에 따른 분류를 기본으로 한다. 점화 방식(스파크 점화 방식, 압축 착화 방식)에 따라 사용 연료의 중요 특성, 혼합기 형성 방법, 연소실 설계, 부하 제어 방법, 연소과정, 기관 배출가스, 작동 특성이 다르게 된다. 기관의 작동 사이클(4행정 사이클 또는 2행정 사이클)은 점화방식 다음으로 중요하며, 두 사이클의 작동 원리에 대해서는 다음 절에서 설명하도록 한다.

[표 1-4]는 내연기관의 대표적인 적용사례를 나타낸 것이다. 여기서 분류에 따른 기관의 주 유형과 및 용도에 따른 대체적인 출력 범위가 제시되어 있다.

[표 1-4] 용도에 따른 왕복동 내연기관의 분류

분류	용도	출력 범위(kW)	주 유형		
			D, SI	사이클	냉각
도로 주행용	이륜차, 스쿠터	0.75-70	SI	2,4	A
	소형승용차	15-75	SI	4	A, W
	대형승용차	75-200	SI	4	W
	소형 승합차	35-150	SI, D	4	W
	대형(장거리)승합차	120-400	D	4	W
오프 로드 주행용	소형차(공장, 공항 등)	1.5-15	SI	2,4	A, W
	농업용	3-150	SI, D	2,4	A, W
	건설기계	40-750	D	2,4	W
	군용	40-2000	D	2,4	V, W
열차	기동차(Rail Car)	150-400	D	2,4	W
	기관차	400-3000	D	2,4	W
선박	선외엔진	0.4-75	SI	2	W
	선내 엔진	4-750	SI, D	4	W
	소형군함	30-2200	D	2,4	W
	선박	3500-22,000	D	2,4	W
	선박 보조기관	75-750	D	4	W
비행용	비행기	45-2700	SI	4	A
	헬리콥터	45-1500	SI	4	A
가정 사용용	잔디 깎기	0.7-3	SI	2,4	A
	눈 송풍기	2-5	SI	2,4	A
	소형 트랙터	2-8	SI	4	A
정치형	건물용	7-400	D	2,4	W
	전기 동력원	35-22,000	D	2,4	W
	가스 파이프라인	750-5000	SI	2,4	W

SI = Spark-ignition; D = Diesel; A = 공랭; W = 수냉

1.3 기관 작동 원리

본 책에서 다루는 내연기관은 [그림 1-11]에서 나타낸 바와 같이 실린더 안에 크랭크 기구에 의하여 왕복 운동하는 피스톤이 삽입되어 있는 왕복동기관이다. 크랭크가 회전하면서 주기적인 피스톤의 운동을 발생시키고 이때 실린더 체적이 최소 및 최고가 될 때를 각각 피스톤의 상사점(TDC; Top-Dead-Center), 하사점(BDC; Bottom-Dead-Center)이라 한다. 피스톤이 상사점에 있을 때 실린더 체적은 최소가 되고 이때의 체적을 간극 체적(V_c : Clearance Volume)이라 하며, 최대 또는 전체 체적(V_t)과 틈새 체적(V_c)와의 차이를 행정 체적(V_d : Displacement Volume)이라고 한다. 틈새 체적에 대한 전체 체적의 비를 압축비 r_c라 한다. r_c의 대표적인 값은 스파크점화기관은 8~12, 압축 착화기관은 12~24 정도의 범위이다.

왕복동내연기관의 대부분은 한번의 동력 행정을 발생시키기 위해 각 실린더의 피스톤이 연속적으로 4 행정을 작동하는 4행정 사이클로 구성되며, 이때 크랭크축은 2회전하게 된다. 4행정 사이클로 작동하는 SI와 CI 기관은 [그림 1-12]에서 보는 것과 같은 행정을 이룬다.

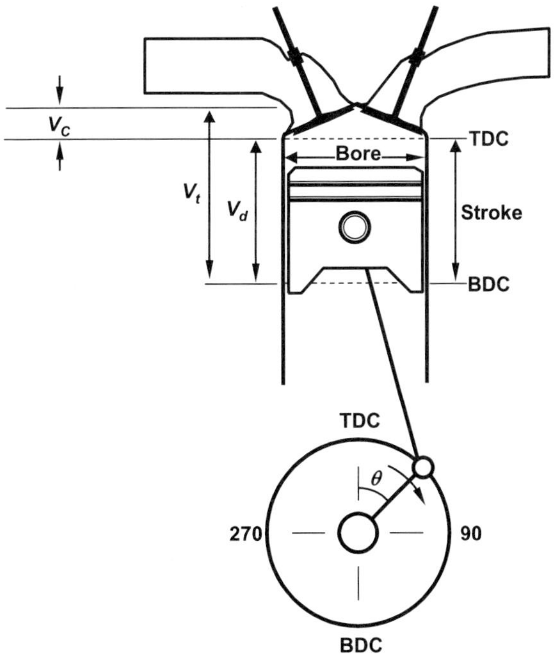

[그림 1-11] 왕복동 내연기관의 기본 형태

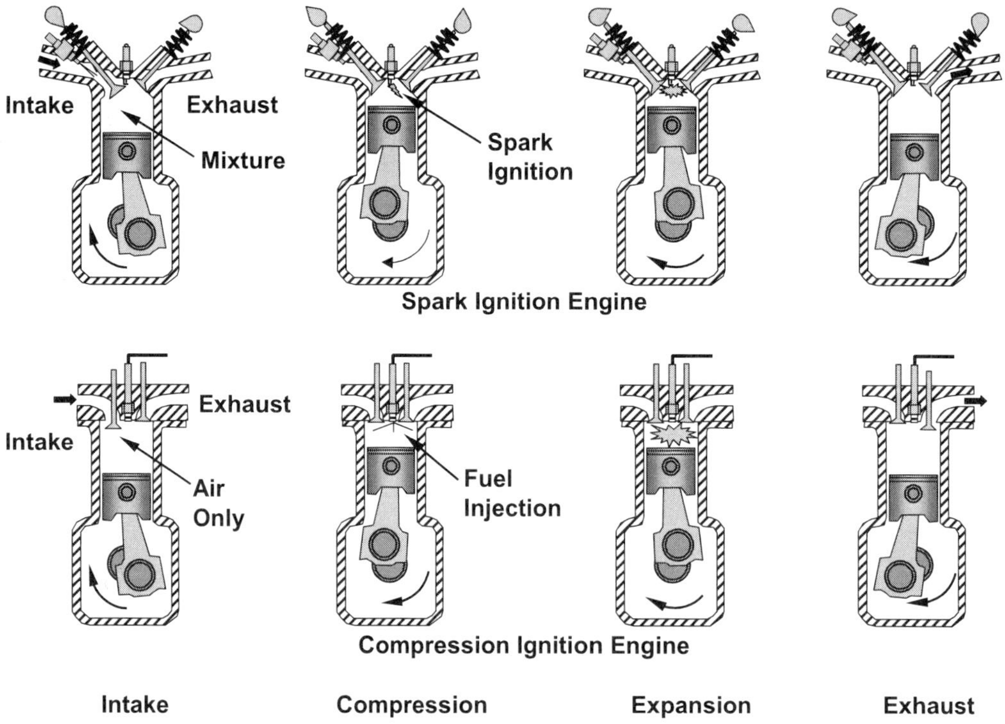

[그림 1-12] 4행정 기관의 작동

1) 흡기 행정

행정은 상사점(TDC)에서부터 하사점(BDC)까지이며, 실린더 내로 신기가 흡입된다. 스파크점화기관의 경우 실린더 내로 유입되는 신기에는 연료가 혼합되어 있고 압축착화기관의 경우 공기만 흡입된다. 흡입 공기량을 증가시키기 위하여 흡입 밸브는 상사점 이전(BTDC)에서 열리고, 하사점 이후(ABDC)에 닫힌다.

2) 압축 행정

밸브는 모두 닫히고 실린더 안의 혼합기 또는 공기는 압축된다. 압축 행정 말기에 스파크점화기관의 경우 점화 플러그에서 전기 방전을 일으켜 강제 착화에 의한 연소를 시작하고 압축착화기관의 경우 연료를 실린더 내로 분사하여 고온 고압 하에서 분사된 연료의 자발 착화에 의해 연소가 시작된다. 연소가 진행되면서 실린더 내 압력은 급속히 증가한다.

3) 동력 행정 또는 팽창 행정

행정은 상사점에서 시작하여 하사점에 종료되고, 고온 고압의 가스가 피스톤에 힘을 가하여 피스톤은 하향운동을 하게 되며, 이로 인해 크랭크축이 회전하게 된다. 동력 행정 중 피스톤이 작동유체로부터 받은 일은 압축 행정 중 피스톤이 한 일에 비해 약 5배 정도 크다. 피스톤이 하사점에 도달할 때, 배기 과정을 시작하기 위해 배기 밸브가 열리며 실린더 내 압력은 배기 다기관 압력 근방까지 떨어진다.

4) 배기 행정

실린더 내에 남아있는 연소 가스가 실린더에서 배출되는 행정이다. 연소 가스는 먼저 실린더 내 압력과 배기 압력의 차에 의해 배출되며, 그 이후 TDC로 향하는 피스톤의 상향운동에 의해 배출된다. 피스톤이 TDC 근방이 될 때 흡기 밸브가 열린다. TDC 후에 배기 밸브는 닫히고 다음 사이클이 시작한다.

이와 같은 4행정 사이클은 같은 원리로 작동하는 기관을 처음으로 개발한 발명가 니콜라스 오토(Nicolaus Otto)의 이름을 따서 오토 사이클(Otto cycle)로 불리기도 하지만, 4행정 사이클로 부르는 게 일반적이다. 4행정 사이클에서는 각 실린더의 크랭크축 2회전마다 1번의 동력 행정이 있게 된다. 밸브 기구는 기관 회전 속도의 1/2 속도로 구동되고 팽창행정에서 발생한 동력의 일부는 플라이휠에 저장되어 나머지 3 행정을 유지하는데 사용된다.

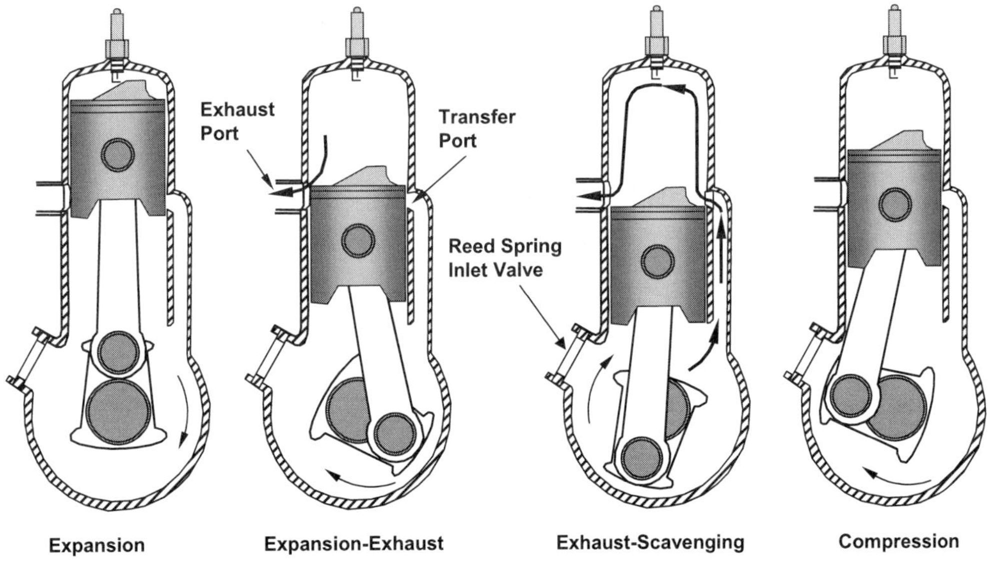

[그림 1-13] 2행정 기관의 작동

흡배기 장치에 밸브를 사용하지 않음으로써 마찰 마력을 줄이고 중량 당 출력을 높이기 위해 2행정 사이클 기관이 개발되었다. 2행정 사이클은 SI와 CI 기관 모두에 적용된다.

[그림 1-13]은 가장 단순한 형태의 2행정 기관의 작동 예를 나타낸 것이다. 실린더 라이너에 형성되어 있는 흡배기 공은 피스톤 운동에 의해 개폐된다. 배기와 흡기는 피스톤이 BDC 근방에 있을 때 이루어진다. 2행정 사이클의 각 행정은 다음과 같다.

1) 압축 행정

피스톤이 상승하여 흡기 및 배기 포트가 닫히면서 압축이 시작되어 크랭크 케이스로부터 실린더 내로 유입된 신기가 압축된다. 피스톤이 TDC 근방에 위치는 압축말기에 점화되면서 연소가 시작된다. 이 행정 중에 크랭크 실(Crank Case)에 달린 일 방향 밸브(Non-Return-Valve)가 열려 있어 되어 크랭크 실 안으로 새로운 공기가 도입된다.(크랭크 실 압축 방식).

2) 동력 또는 팽창 행정

연소에 의해 온도와 압력이 상승하고 이에 따라 피스톤이 BDC 근방까지 하강하면서 동력을 발생시키는 것은 4행정 사이클과 비슷하다. 이 과정 중 일 방향 밸브가 닫히고 피스톤의 하강에 의해 크랭크실 내의 공기가 압축된다. BDC 근방에 이르면 배기 포트가 먼저 열리고 흡기 포트가 나중에 열린다. 연소 가스의 대부분은 블로우다운(blowdown) 과정에서 배출된다. 압축된 신기가 실린더 내로 유입된다. 하사점 근방에서 흡기공이 열리면 크랭크실에서 압축된 공기가 엔진내로 유입되며 소기과정이 일어나는데 그림에서와 같이 연소실의 상부로 신기를 유도하여 소기 시키는 방식을 루프 소기(Loop Scavenged) 방식이라 한다. 일반적으로 피스톤과 포트는 유입되는 신기의 흐름을 편향시켜 신기가 곧바로 배기 포트로 유출되는 것을 막고, 잔류 가스의 효과적인 소기를 수행하는 형상으로 만들어진다. 2행정 사이클 기관에 사용되는 주요한 소기법으로는 횡단 소기(Cross-Scavenged), 루프 소기, 단류 소기(Uniflow System)가 있다.

2행정 사이클에서는 크랭크축 1회전마다 1번의 동력 행정이 발생된다. 그러나 행정 체적에 신기를 완벽하게 충전시킬 수는 없고, 소기 과정 중에 일부의 신기가 실린더 밖으로 유출되는 것을 막는 것은 거의 불가능하다. 이 때문에 흡입, 배기의 효율성이 떨어지고 잔류가스가 과다하게 실린더 내에 존재한다. 특히 SI의 경우 부분부하로 운전할 때 낮은 크랭크실의 압력이 낮아 소기효율이 저하된다. 그 밖에 윤활문제도 4행정 보다 심각한데 연료에 윤활유를 섞을 경우(dry sump), 윤활유의 연소에 따라 심각한 배기 문제를 초래할 수 있고 윤활계를 별도로 구성하는 경우(wet sump) 윤활유의 열화가 문제되기도 한다. 또한 연료의 무화(Atomizing)가 4행정에 비해 불리하다.

1.4 기관 구성

4행정 SI 기관의 주요 구성 부품의 명칭을 [그림 1-14]에 나타내었다. 이 기관은 자동차용 직렬 4기통 기관이며 이러한 기관의 주요 부품의 기능과 재질은 다음과 같다.

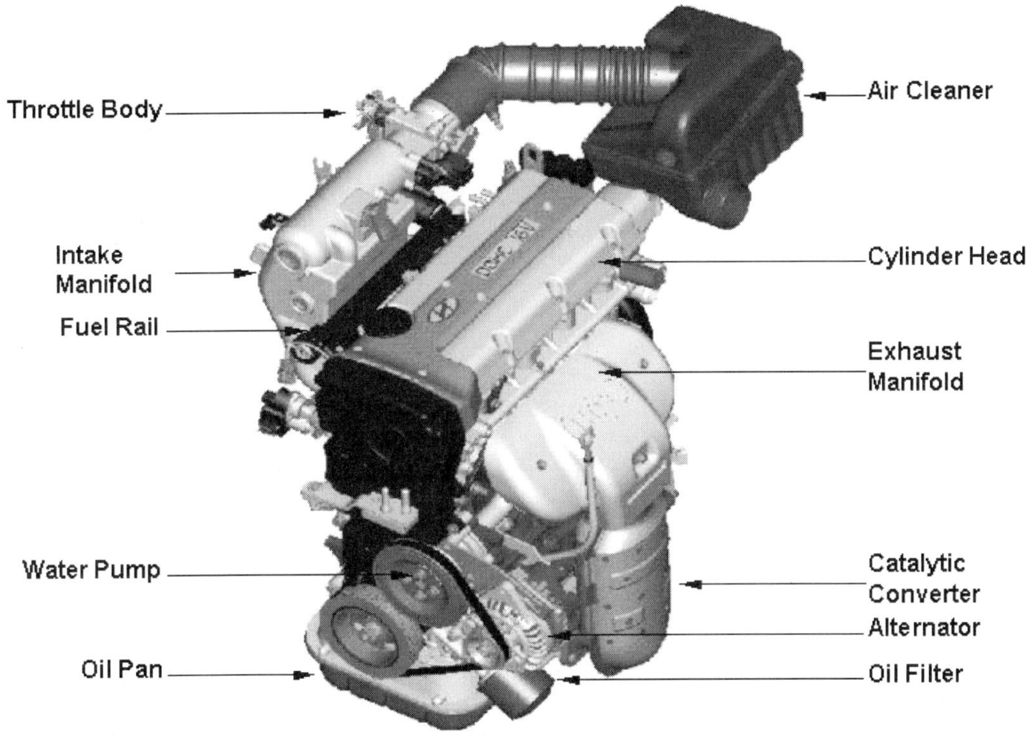

[그림 1-14] 현대자동차 2.0L 4행정 SI 기관(보어 82.0 mm, 스트로크 93.5mm, 압축비 10.3, 최대 출력 102 kW /6000 RPM)

1) 실린더 블록

[그림 1-15]에 나타낸 바와 같이 실린더 블록에는 우선 기관의 실린더와 냉각수 통로가 있으며 주로 내마모성이 우수하고 저렴한 주철로 제조한다. 중대형 기관의 실린더로는 마모 시 교체가 가능한 실린더 슬리브(sleeve)가 사용되기도 하고 소형 SI에서는 중량 감소를 위해 알루미늄으로도 제작되기도 한다. 소형 SI에서 알루미늄의 사용은 점차 증가하는 추세이며 알루미늄을 사용할 때 철제 실린더 라이너가 주조 단계나 또는 기계 가공 및 조립 공정에서 삽입된다. 통상적으로 크랭크 실은 통상 블록과 일체형으로 제작된다.

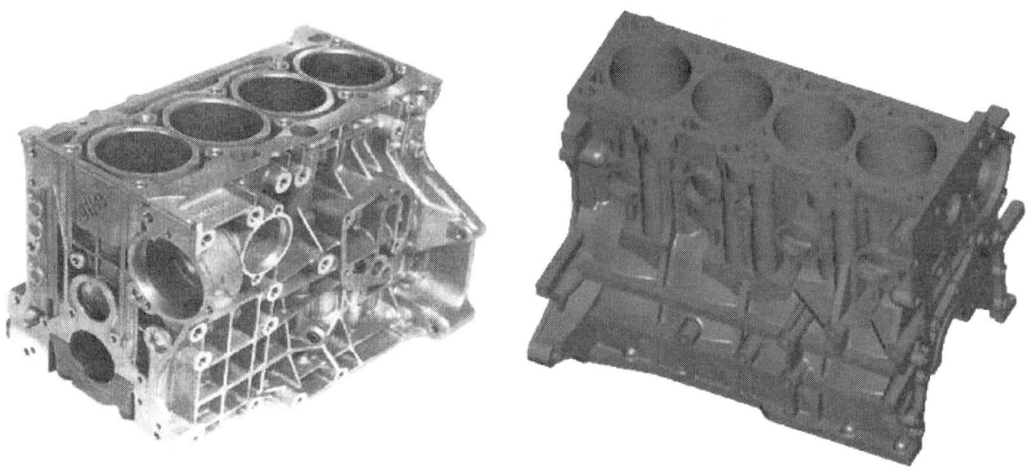

[그림 1-15] 실린더 블록

2) 실린더 헤드

[그림 1-16]에 V형 6기통 기관의 한 쪽 뱅크 헤드와 직렬 4기통 기관의 실린더 헤드를 각각 나타내었다.

헤드는 실린더를 밀봉하는 역할을 하며, 주철 또는 알루미늄으로 제작된다. 헤드는 헤드에 작용된 가스 압력을 기관의 블록으로 균등하게 분산시키기에 충분한 강도를 갖도록 제작되어야 한다. SI기관의 경우 스파크 플러그, CI의 경우 연료 인젝터가 설치된다. 또한 오버헤드밸브(OHV) 기관에서는 밸브 기구도 실린더 헤드에 설치된다.

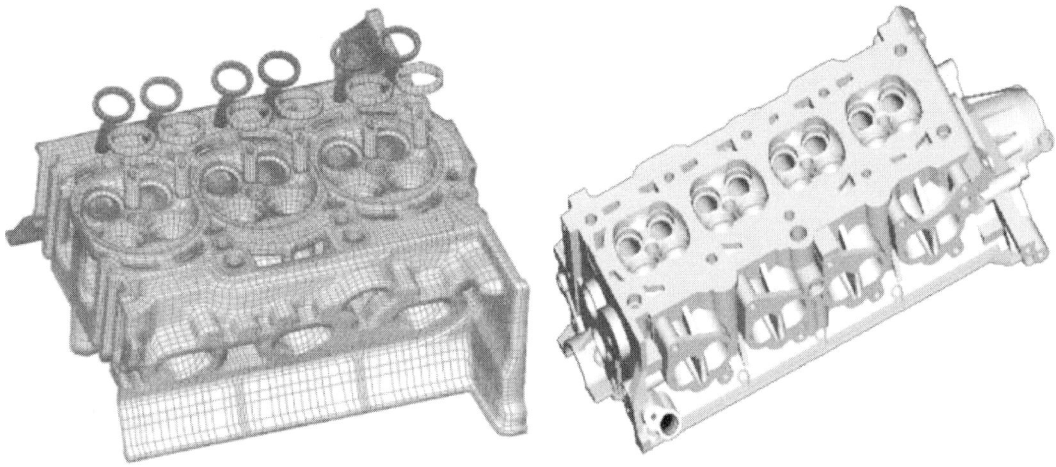

[그림 1-16] 실린더 헤드

3) 피스톤

[그림 1-17]에 다양한 형태의 SI 기관의 피스톤 형상을 나타내었다. 피스톤은 주로 소형 기관의 경우 알루미늄으로, 대형 저속 기관의 경우 주철로 제작된다. 피스톤은 실린더를 밀봉하고 연소에 의해 발생된 가스 압력을 커넥팅 로드를 통해 크랭크 핀으로 전달하는 역할을 한다. 커넥팅 로드는 일부 소형 기관의 경우 알루미늄으로 제작되는 경우도 있으나 일반적으로 철이나 단조 합금으로 제작된다. 커넥팅 로드는 소단부에서 피스톤 핀을 통해 피스톤과 결합된다. 피스톤 핀은 일반적으로 무게를 줄이기 위해 중공으로 제작된다.

[그림 1-17] 피스톤

4) 동력 전달 부품

기관의 동력 전달 부품들은 연소에 의해 발생한 에너지를 실제 동력으로 전환하는 역할을 한다. 여기에 속하는 주요 부품으로는 피스톤, 커넥팅 로드, 크랭크축이 있다.(그림 1-18)

크랭크축은 통상 단조로 제작되나, 자동차용 기관에는 주철로 제작된 축을 사용하기도 한다. 크랭크축은 메인 베어링으로 지지되며, 메인 베어링의 수는 일반적으로 실린더 수 보다 하나 많으나, 적은 경우도 있다. 크랭크 핀은 크랭크축 중심으로부터 일정한 거리, 즉 크랭크 반경만큼 편심되어 있다. 크랭크 핀에 커넥팅 로드 대단부가 베어링을 통해 결합된다. 메인 베어링과 커넥팅로드 베어링에는 모두 정밀삽입 식 베어링(precision insert bearing)이 사용되는데 이 베어링의 재질은 동이나 알루미늄 등이다. 크랭크케이스의 아래 부분에는 밀봉을 위해 오일 팬이 부착되어 있다. 오일 팬은 철제 프레스 가공품 또는 알루미늄 주조품으로 만들어지며, 윤활 시스템의 오일 저장소 역할을 한다.

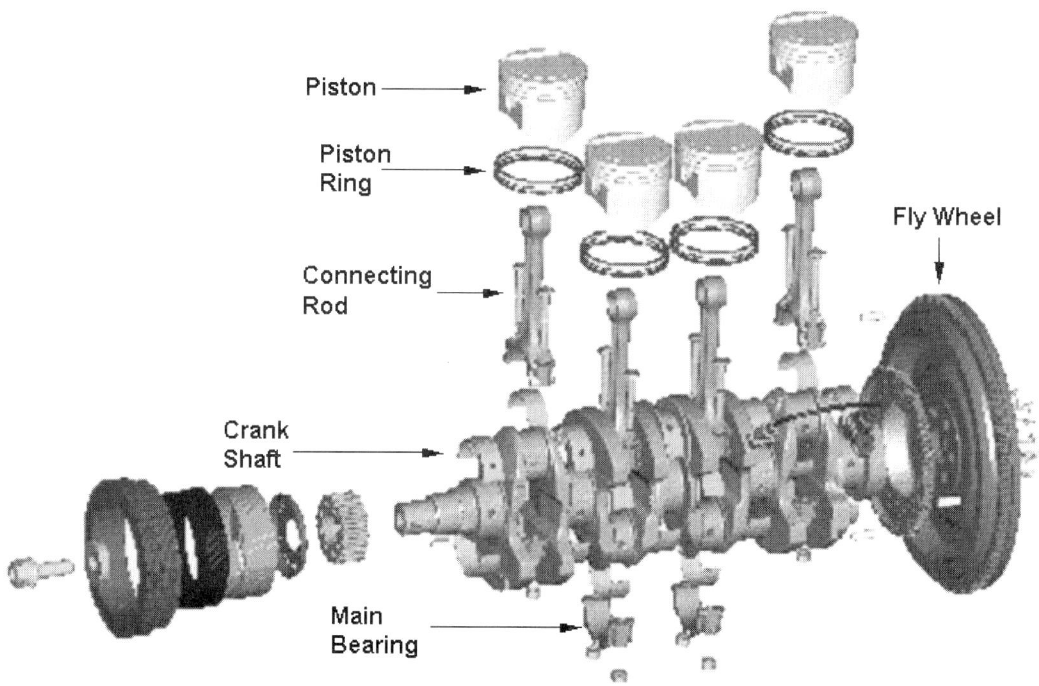

[그림 1-18] 동력 전달 부품

커넥팅 로드의 요동 운동은 피스톤 스커트 부(피스톤에서 링 부 아래 부분)를 통해 실린더 벽면에 전달된다. 피스톤 스커트 부의 형상은 일반적으로 적절한 스러스트 표면(Thrust Surface)을 갖도록 제작된다. 피스톤 헤드에는 피스톤 링의 설치를 위해 링 홈(ring groove)이 가공되어 있으며, 피스톤 링의 설치에 의해 실린더 내 가스의 누설을 방지하고 윤활유 흐름을 제어하게 된다. 상부의 피스톤 링을 압축 링이라 하며, 이 링은 실린더 벽면 쪽과 링 홈의 아래쪽으로 누르면서 기밀을 유지한다. 오일 링은 실린더 벽면에 부착된 여분의 윤활유를 긁어내려 크랭크 실로 되돌려 보내는 역할을 한다. 크랭크 실은 피스톤 링으로부터 누설되는 블로우 바이 가스에 의해 내부의 압력이 상승하는 것을 방지하기 위하여 통기가 되도록 제작되어야 한다.

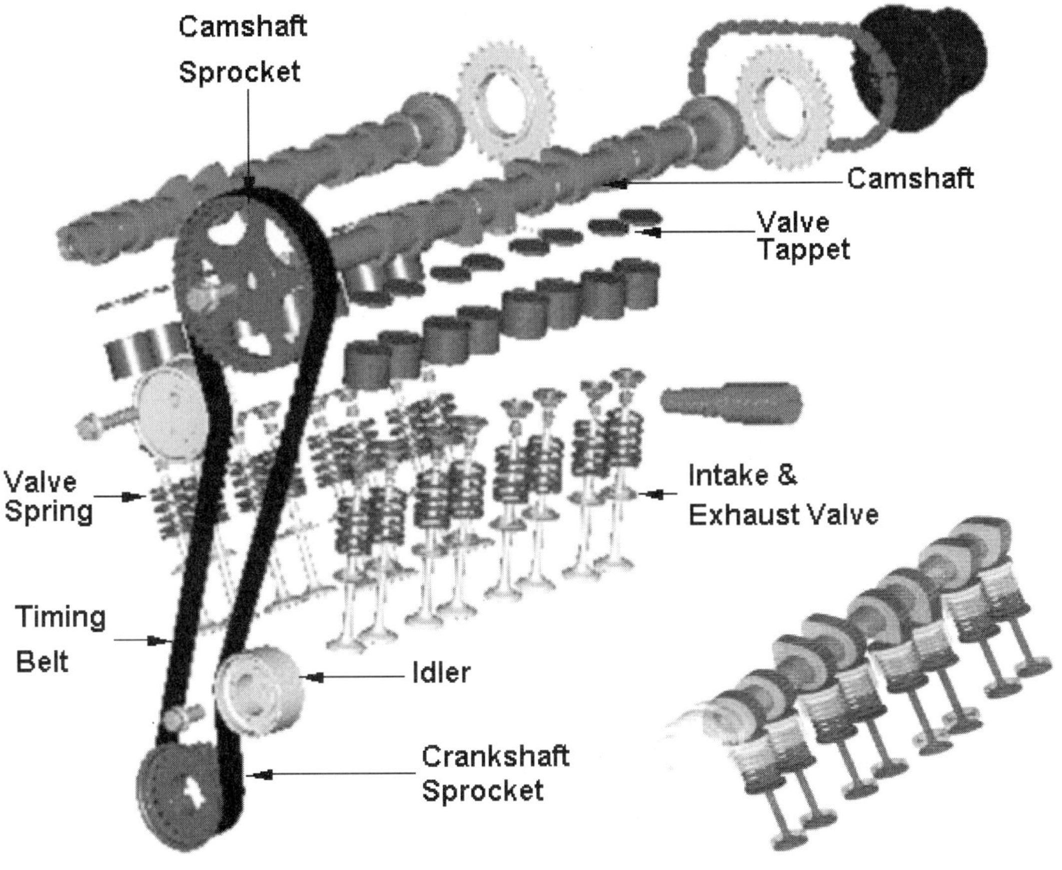

[그림 1-19] 밸브 구동계 부품

5) 밸브 구동 부품

[그림 1-19]에 밸브 구동계의 주요 부품을 도시하였다. 캠축은 흡배기 밸브의 개폐작용을 하는 것으로 주물 또는 이나 단조로 제작되며, 하나의 캠은 하나의 밸브를 구동한다. 캠은 충분한 내구성을 확보하기 위하여 표면이 경화 처리되어 있다. 4행정 사이클 기관의 캠축은 크랭크축 회전속도의 1/2 속도로 회전한다.

기계식 또는 유압식 리프트(Lift) 또는 태핏(Tappet)은 캠의 회전에 의해 미끄럼 직선운동을 한다. 태핏의 운동을 밸브 스템으로 전달하기 위해서는 밸브와 캠축의 위치에 따라 추가적인 장치가 필요한 경우가 있다. 예를 들면 [그림 1-20]에 나타난 바와 같이 캠축이 한쪽에 치우쳐 설치된 인-헤드(In-Head)밸브 기관에서는 푸시로드(Push Rod)나 로커 암(Rocker Arm)등이 사용된다. 최근의 자동차용 기관에서는 캠을 헤드 위에 설치하여 밸브를 직접 구동하거나 피벗 장치를 통해 구동한다. 캠축은 크랭크축과 기어, 벨트나 체인 등으로 기계적으로 결합되어 구동된다.

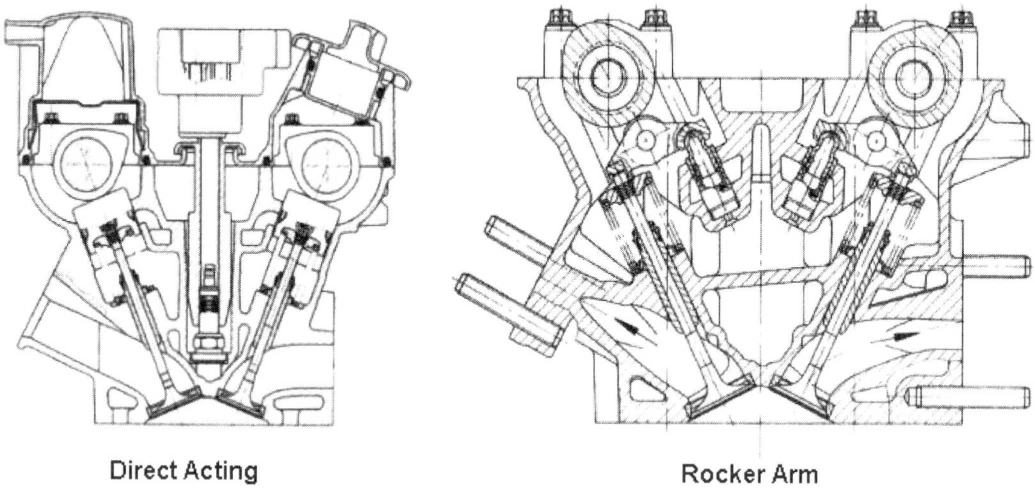

[그림 1-20] OHC 기관의 밸브와 캠 축 위치에 따른 구동 방법

6) 밸브

[그림 1-21]은 4행정 기관에서 일반적으로 사용되는 포핏 밸브(Poppet Valve)를 나타내었다. 밸브는 단조 합금강으로 만들어지며 약 700℃의 고온에서 작동되는 배기 밸브의 냉각을 위해 일부 중공의 밸브 스템(Valve Stem)에 나트륨을 채운 밸브가 사용되기도 한다. 이 밸브에서 나트륨의 증발과 응축을 통해 열은 고온

의 밸브 헤드에서 저온의 밸브 스템으로 전달된다. 현재의 SI 기관은 대부분 [그림 1-20]에서 보는 바와 같은 오버헤드(Overhead)밸브를 사용한다. 오버헤드 밸브는 때로는 밸브 인 헤드(Valve-in-Head) 또는 I-헤드(I-head)형이라 부르기도 한다. 오버헤드 밸브(OHV)는 연소실을 소형화 할 수 있어 열손실 및 화염전파시간을 최소화하고 흡기 성능을 향상시킬 수 있는 장점이 있다. L-헤드(L-head)와 같은 기존의 밸브 기구는 실린더의 한쪽에만 밸브가 설치된 것으로 일부 소형 엔진에만 사용되고 있다.

밸브 스템은 밸브 가이드를 따라 움직이는 부품으로 실린더헤드(L-헤드의 경우는 실린더 블록)와 일체형으로 제작될 수도 있고, 실린더 헤드(또는 블록)에 개별 부품으로 압입될 수 있다. 밸브 시트(Valve Seat)는 주철 제 실린더헤드 또는 블록에 직접 가공되거나 또는 별도로 제작되어 헤드나 블록에 압입 된다. 밸브 스프링은 스프링 와셔와 분할 키퍼(Split Keeper)에 의해 밸브 스템에 부착되며 밸브를 닫히도록 하는 역할을 한다. 밸브는 밸브 시트부의 청결을 유지하면서 국부적인 열점(hot spot)의 생성을 방지하고, 밸브 가이드부에 연소퇴적물(Deposit)이 퇴적되는 것을 막기 위해 밸브 개방 시 미소 각도로 회전한다.

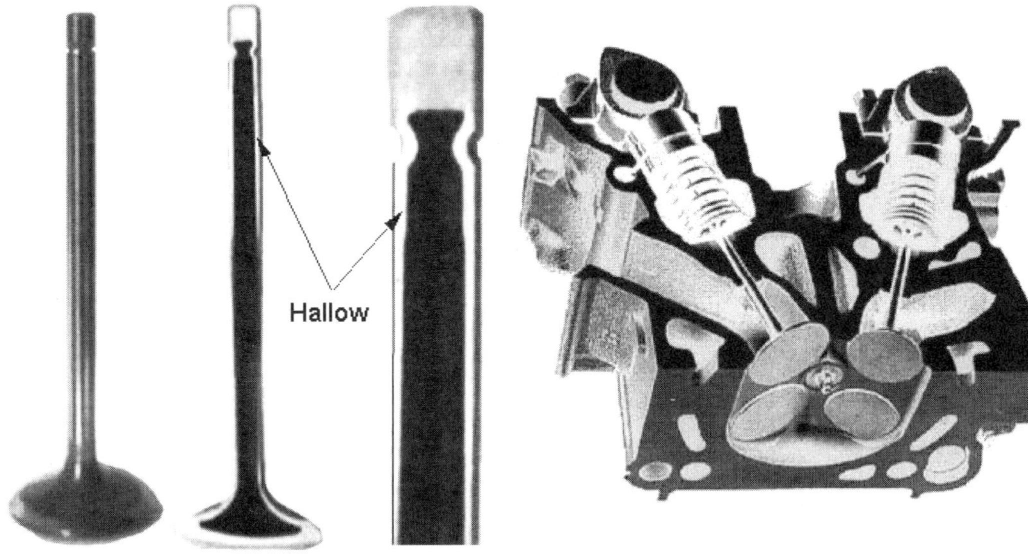

[그림 1-21] 포핏 밸브와 장착 모습

7) 흡배기 장치

흡기 매니폴드와 배기 매니폴드도 스파크점화기관의 중요 구성부품이며 이를 [그림 1-22]에 나타내었다. 통상적으로 흡기 매니폴드는 알루미늄이나 주철로 제작되며, 배기 매니폴드는 주철로 제작된다.

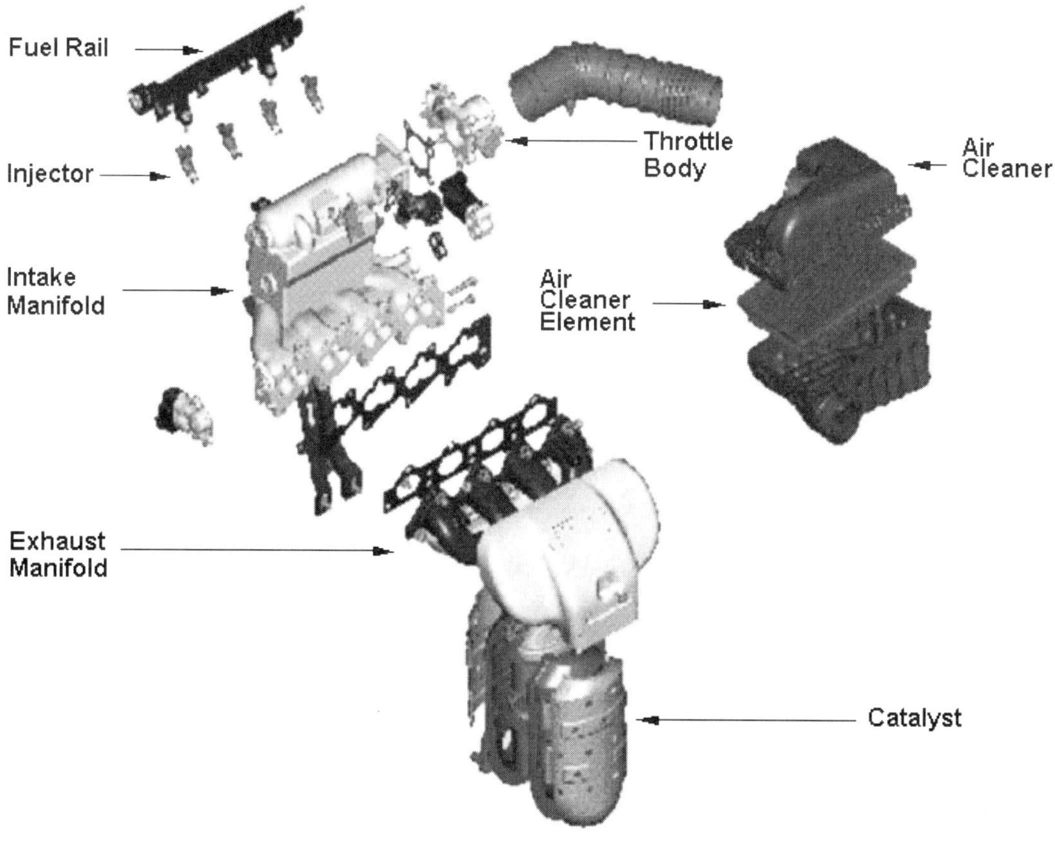

[그림 1-22] 흡배기 시스템 주요 부품

8) 냉각 계통 부품

[그림 1-23]에 기관의 냉각 계통의 부품을 나타내었다. 주요 부품으로는 펌프와 서모스탯(Thermostat)이 있고 펌프는 통상 기관의 축에 벨트로 연결되어 구동된다.

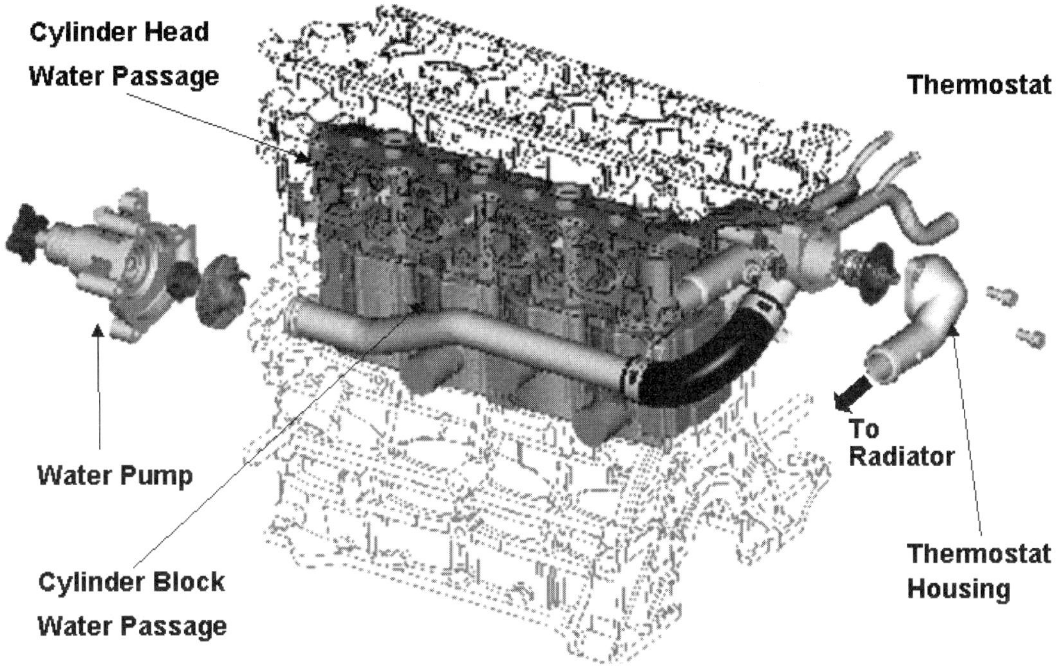

[그림 1-23] 기관의 냉각계통 주요 부품

최근 소형 자동차용으로, 과거에는 대형기관에만 한정되어 사용되던 직접분사식 압축착화기관을 소형화하고 고속화하여 탑재하는 경향이 두드러지고 있다. 이는 커먼 레일 등으로 대표되는 압축착화기관용 연료 분사계가 기술적으로 비약적인 발전을 하여, 연료의 분사가 더욱 고압화 되고 전자제어가 가능해지면서 압축착화기관의 소음, 진동, 배기 및 고속 운전 등이 대폭 개선되었기 때문이다. 더불어 압축착화기관 고유의 스파크점화기관보다 상대적으로 높은 효율이라는 장점도 고속 직분식 압축착화기관의 보급 확대의 또 다른 이유이다. [그림 1-24]에 최근 주목을 받고 있는 커먼 레일(Common Rail) 방식의 고속 직분식 디젤 기관을 도시하였다.

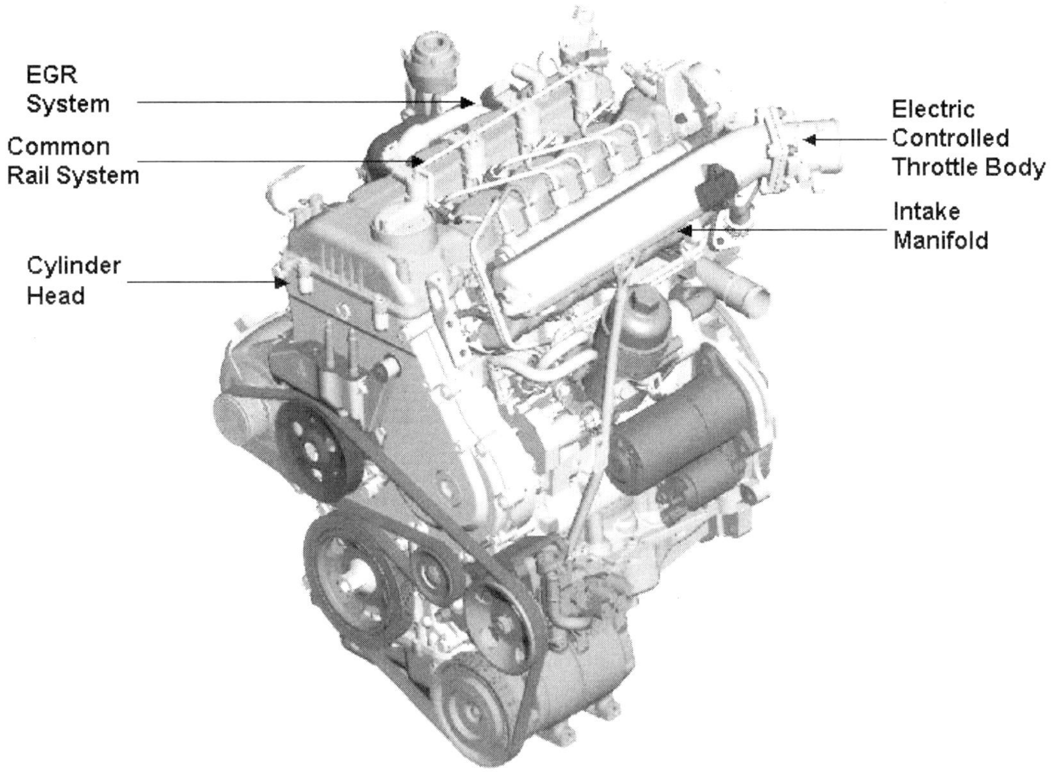

[그림 1-24] 현대자동차의 1.5L 고속 직분식 압축착화기관

(보어 75.0mm, 스토로크 85.5mm, 최대 출력 82kW)

제2장

기관 설계와 성능 변수

2.1 기관의 중요 특성

본장에서는 기관 특성을 나타내기 위해 일반적으로 사용되는 기본 기하학적 관계와 성능 변수를 유도하고, 이들과 기관의 성능과의 관계에 대해 알아보겠다. 기관의 성능을 나타내는 주요한 지표는 다음과 같은 것들이 있다.

1) 전체 운전 범위에서 기관의 성능
2) 전체 운전 범위에서 연료소비율
3) 전체 운전 범위에서 소음과 오염물질 배출
4) 초기비용과 설치비용
5) 신뢰도, 내구성 및 정비성과 이들이 운용비용에 미치는 영향

이러한 지표는 기관의 총운용비용, 운용을 할 때 환경 규제치를 만족하는지의 여부와 관련이 있다. 여기서는 주로 성능, 효율, 배출 특성에 대하여 다루겠지만 그 밖의 것도 매우 중요하기는 마찬가지이다.

기관 성능을 좀 더 정확히 정의하면 다음과 같다.

1) 작동 가능 범위에서 각 회전수에서 얻을 수 있는 최대출력(최대 토크)
2) 정상적인 기관 작동에서 회전수 및 출력 범위

다음은 성능에 대한 일반적 정의이다.

최대 정격 출력 : 짧은 시간 동안 발생 가능한 최대 출력
정상 정격 출력 : 지속적으로 운전하면서 낼 수 있는 최대 출력
정격 회전수 : 최대 정격 출력 상태에서 기관 회전수 또는 최대 회전수

2.2 왕복동 기관의 기하학적 특성

다음의 성능 변수들은 왕복동기관의 기하학적 형상으로부터 정의된 것이다. 왕복동 내연기관에서 이들 기하학적 성능 변수는 기관의 기본적인 성능 및 운전 특성에 큰 영향을 미친다. 이들 기하학적 성능 변수에는 압축비, 보어-행정의 비, 커넥팅로드-크랭크 반경의 비 등이 있다.

1) 압축비

압축비(r_c)는 실린더 최대 체적을 실린더 최소 체적으로 나눈 체적의 비율로 다음과 같이 정의된다.

$$r_{c=} = \frac{V_d + V_c}{V_c} \tag{2.1}$$

여기서 V_d는 배기량 또는 행정체적이고 V_c는 간극 체적이다. 간극 체적은 통상 다음과 같이 구성된다.

$$V_c = V_h + V_{pb} + V_g + V_{blk} + V_{cr} \tag{2.2}$$

여기서 V_h : 헤드 측의 연소실 체적

V_{pb} : 피스톤 보울의 연소실 체적

V_g : 개스킷에 의한 체적

V_{blk} : 상사점에서 블록의 최상부 사이의 체적

V_{cr} : 기타 틈새 체적

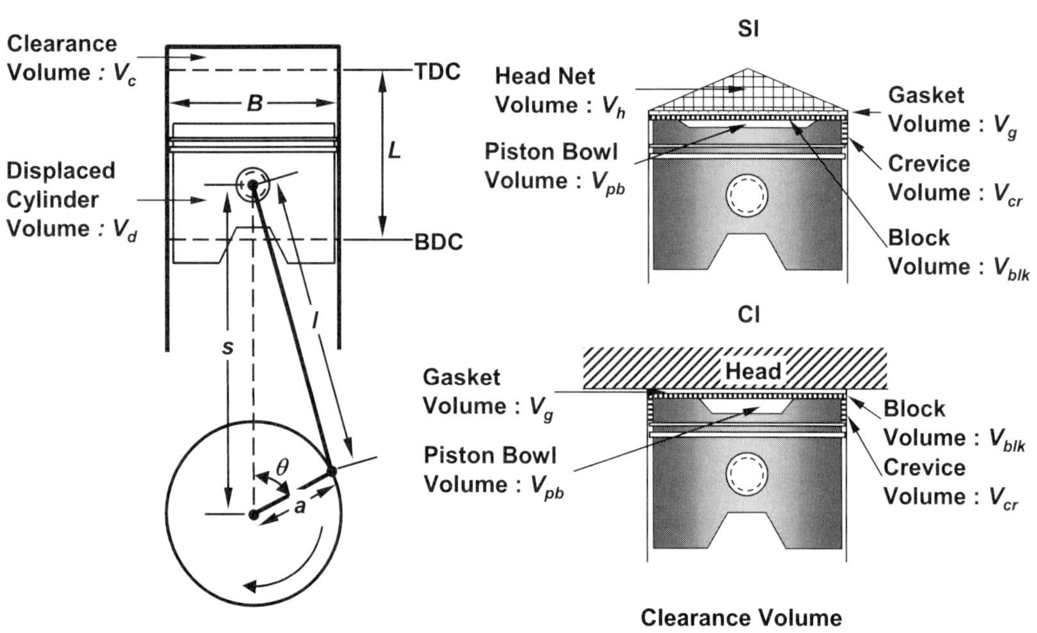

[그림 2-1] 왕복동기관의 기하학적 구성과 간극 체적

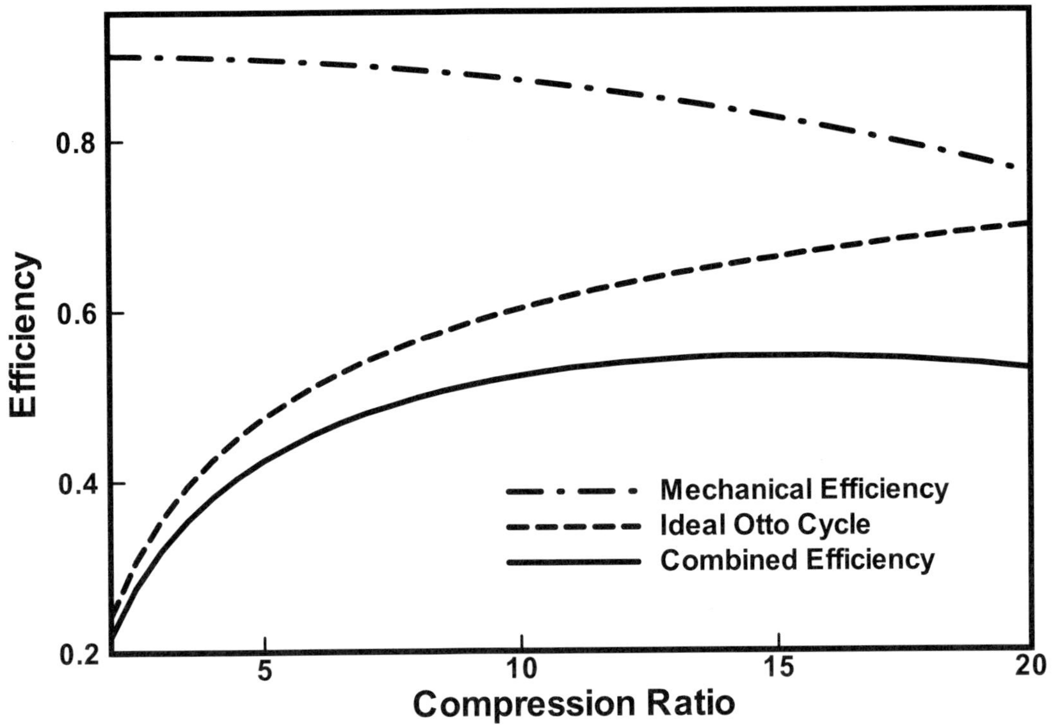

[그림 2-2] 압축비에 따른 사이클 효율과 기계 효율

기관 사이클 분석에서도 자세히 다루겠지만 이론적으로는 압축비가 높을수록 기관의 효율이 증가하는데, 실제로 스파크점화기관의 경우 10 근방, 직분식 압축착화기관의 경우 14~17 근방 그리고 간접 분사식 압축착화기관의 경우 20이 넘는다. 이처럼 압축비가 차이가 나는 것은 기관마다 각각 다른 이유가 있다.

먼저 압축비가 상승하면 압축 압력도 상승하며 이에 따라 마찰이 증가하는데 이 마찰의 증가에 의해 기계 효율은 저하된다. 압축비가 어느 정도 상승하면 압축비의 증가에 의한 효율의 상승보다 마찰의 증가에 의한 효율의 감소가 더 커지게 된다. 최종적으로 출력의 측정 등을 통해 구하는 제동효율은 도시효율에 기계적 효율을 곱한 것인데, 압축비 상승에 따른 기계 효율의 감소로 제동효율은 압축비에 증가에 따라 상승만 하는 것이 아니라 어느 정도 한계를 너머서면 더 이상 효율은 향상되지 않고 오히려 감소한다. [그림 2-2]에 기계 효율과 이상적 사이클 효율을 결합한 예를 도시하였다. 또한 압축비가 상승하면 연소실 형상이 바람직하지 않는 방향으로 즉 표면적/체적 비율이 증가하는 방향으로 변하여 전열량이 증가에 의한 열손실이 증가하게 된다. 그리고 기계적 강도의 제약 등으로 압축비 상승에는 한도가 있다. 따라서 실물 기관에서는 16-17 정도의 압축비에서 효율이 가장 높게 되는데, 통상적으로 행정체적이 작아질수록 표면적/체적 비율이 증가하여 최적 압축비는 감소한다. 이에 따라 직분식 압축착화기관은 최적 값 근방에서 압축비가 결정되고 간접분사식 압축착화기관은 부실과 주실 사이의 오리피스를 통과하는 공기가 오리피스에서 냉각되어 시동성이 저하되므로 압축 온도 상승을 위해 최적의 압축비보다 높은 압축비를 사용한다. 스파크점화기관은 이상 연소인 노킹에 의해 제약되어 최적 값보다 상당히 낮은 10 근방의 압축비를 갖게 된다.

2) 실린더 보어(내경)와 행정과의 비

보어-행정의 비(R_{bs})는 주로 최대 운전 속도와 연료소비율에 영향을 주는 변수이며 정의는 다음과 같다.

$$R_{bs} = \frac{B}{L} \tag{2.3}$$

$R_{bs}=1$ 즉 보어와 행정이 같은 기관을 스퀘어 기관이라 부르고 $R_{bs} < 1$인 경우를 장행정(Under Square) 기관, $R_{bs} > 1$을 단행정(Over Square)라 부른다. 일반적으로 장행정은 팽창비가 커서 효율이 높고 단행정은 동일 회전수에서 피스톤 평균속도가 작기 때문에 고속 운전에 유리하다. 또한 단행정은 밸브 크기를 크게 할 수 있으므로 체적효율을 높일 수 있지만 표면적/체적비가 증가하여 열손실 증가하는 단점이 있다.

3) 커넥팅 로드 길이와 크랭크 반경과의 비

커넥팅 로드와 크랭크 반경의 비(R)는 동일한 보어-행정의 비(R_{bs})에서 피스톤 속도의 변화에 영향을 주며 정의는 다음과 같다.

$$R = \frac{l}{a} \tag{2.4}$$

평균 피스톤 속도는 기관의 흡입 특성과 매우 밀접한 관련이 있다. 통상적으로 배기량이 큰 대형 기관일수록 R값이 커진다. 행정과 크랭크 반경과의 관계는 다음과 같다.

$$L = 2a$$

이들 기하학적 성능 변수들의 전형적인 값을 [표 2-1]에 제시하였다.

[표 2-1] 기하학적 성능 변수들의 범위

Parameter	SI	CI
r_c	8–12	12–24
R_{bs}	0.8–1.2 (Small & Medium Size)	0.5 (Large Slow Speed)
R	3–4 (Small & Medium Size)	5–9 (Large Slow Speed)

이렇게 정의된 기관의 기본적인 기하학적 특성을 이용하여 몇 가지 의미 있는 관계식 및 변수를 더 정의할 수 있다. 먼저 임의의 크랭크 위치 θ에서 실린더 체적은 다음과 같다.

$$V = V_c + \frac{\pi B^2}{4}(l + a - s) \tag{2.5}$$

여기서 s는 크랭크축과 피스톤 핀 축 간의 거리로 다음과 같다.

$$s = a\cos\theta + (l^2 - a^2\sin^2\theta)^{1/2} \tag{2.6}$$

각 θ는 [그림 2-1]에서 나타낸 바와 같이 정의하고 크랭크 각이라 칭한다. 위에서 정의한 식(2.5)를 정리하면 다음과 같다.

$$\frac{V}{V_c} = 1 + \frac{1}{2}(r_c - 1)[R + 1 - \cos\theta - (R^2 - \sin^2\theta)^{1/2}] \tag{2.7}$$

임의의 크랭크 위치 θ에서 연소실 표면적 A는 다음과 같이 주어진다.

$$A = A_{ch} + A_p + \pi B(l + a - s) \tag{2.8}$$

여기서 A_{ch}는 실린더헤드 표면적 A_p는 피스톤 크라운 표면적이다. 상부가 평평한 피스톤에 대하여 $A_p = \frac{\pi B^2}{4}$이다. 식 (2.6)과 (2.8)을 정리하면 다음과 같다.

$$A = A_{ch} + A_p + \frac{\pi BL}{2}[R + 1 - \cos\theta - (R^2 - \sin^2\theta)^{1/2}] \tag{2.9}$$

평균 피스톤 속도 $\overline{S_p}$는 중요한 특성 속도이다.

$$\overline{S_p} = 2LN \tag{2.10}$$

여기서 N은 크랭크 회전수이다. 평균 피스톤 속도는 기관거동에 대해 논의할 때 속도함수로써 RPM 등으로 나타내는 크랭크 회전수 또는 속도보다 더 적절한 속도함수로 사용될 수 있다. 예를 들면 흡입 유속 및 실린더 내 가스 속도 모두 S_p로 그 크기를 나타낸다. 순간 피스톤 속도는 크랭크축과 피스톤 핀 축 간의 거리를 미분하여 다음과 같이 구한다.

$$S_p = \frac{ds}{dt} \tag{2.11}$$

행정 초기 피스톤 속도는 0이고 행정 중반 근처에서 최대에 달하고 행정 말에 0에 가까워진다. 식(2.5)을 미분하고 이것을 평균 피스톤 속도로 나누면 다음과 같은 관계식을 얻는다.

$$\frac{S_p}{\overline{S_p}} = \frac{\pi}{2}\sin\theta\left[1 + \frac{\cos\theta}{(R^2 - \sin^2\theta)^{1/2}}\right] \tag{2.12}$$

[그림 2-3]은 커넥팅 로드와 크랭크 반경의 비 R값에 따라 각 행정에서 S_p가 어떻게 변화하는지를 보여주고 있다.

그림에 나타나 있듯이 피스톤 속도는 크랭크 각에 대해 대칭이 아니며 최대 속도도 90°이전에 나타나고 있다. R이 작을수록 최대 피스톤 속도가 나타나는 지점이 빨라짐을 알 수 있다.

기관으로 유입되는 가스 유동 저항이나 운동부위의 관성에 의한 응력 때문에 평균 피스톤 속도는 8-15 m/s 정도의 값으로 제한된다. 자동차용 기관은 이 범위보다 훨씬 높은 속도를 가지고(30 m/s) 대형 디젤 기관은 이보다 낮은 범위에서 운전된다.

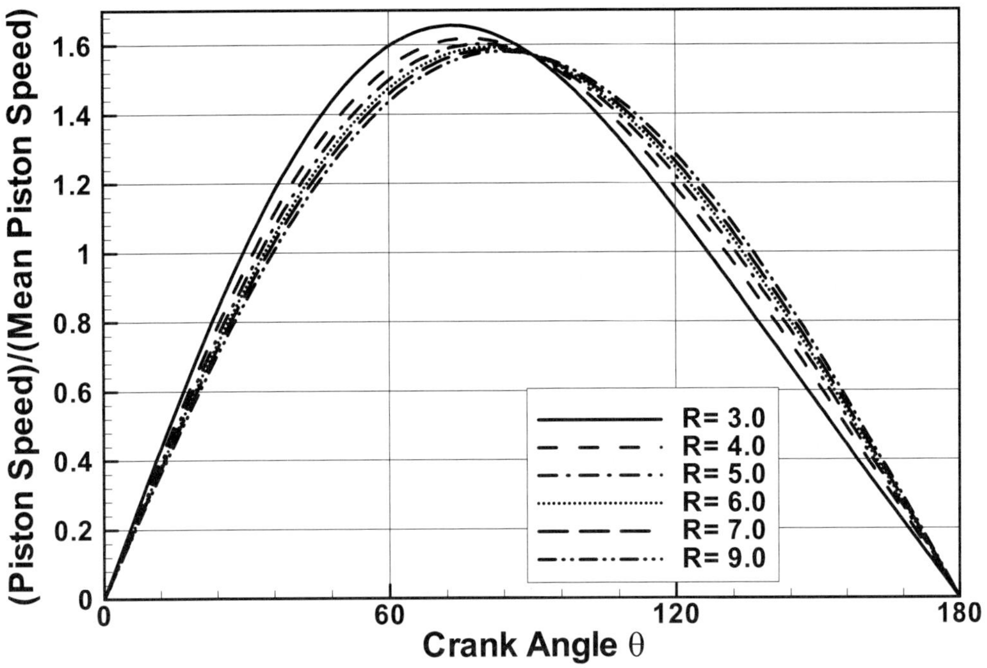

[그림 2-3] 크랭크 각에 따른 평균피스톤속도와 순간 피스톤 속도의 비

4) 밸브 각도와 포트 각도

흡입 밸브 각도 θ_{IV}, 배기 밸브 각도 θ_{EV}, 포트 각도 θ_{P}는 흡배기 유량과 특성에 영향을 주는 인자이다. [그림 2-4]에 밸브 각도와 포트 각도의 정의를 나타내었다. 밸브 각도는 기관의 실린더 축 중심과 밸브가 이루는 각도로 정의되고 포트 각도는 실린더 수평면(또는 헤드의 밑면)과 포트가 이루는 각도이다. 밸브 각도를 크게 하면 동일한 보어에 대해 더 큰 밸브를 사용할 수 있어 체적효율을 높일 수 있다. 그러나 오버헤드인 경우 밸브 구동계의 장착 및 압축비를 고려한 적절한 헤드측 연소실의 체적이 고려되어야 하므로 스파크 점화 기간은 흡기 밸브의 경우 10-30°, 배기 밸브의 경우 0-30°범위에 있고, 비교적 압축비가 높은 압축착화기관의 경우 통상적으로 밸브 각도는 0이다. 밸브 각도와 포트 각도에 따라 실린더 내 유동 상태가 달라지고 이에 따라 기관의 연소 특성이 달라지므로 이점도 고려하여 적절한 각도를 선택한다.

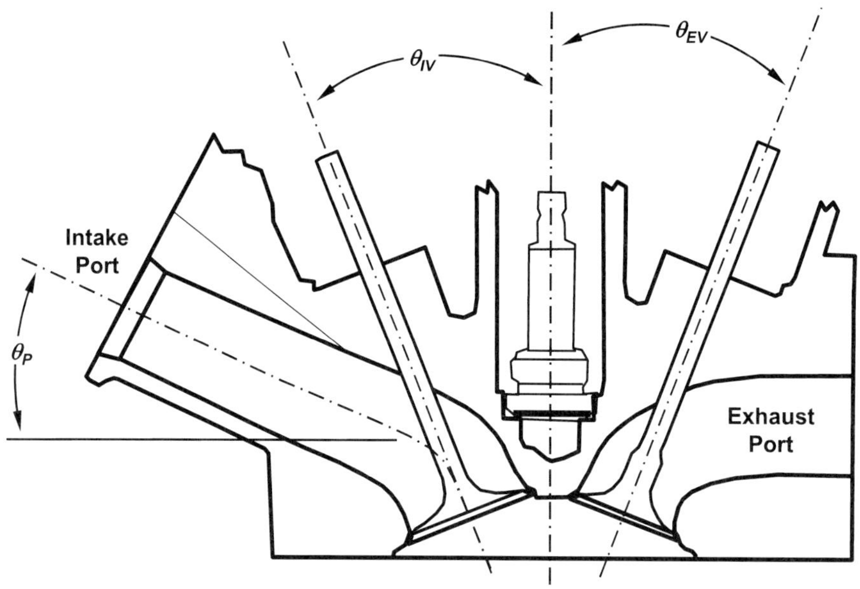

[그림 2-4] 밸브 각도와 포트 각도

2.3 왕복동기관의 성능 파라미터

이 절에서는 기관의 성능을 나타내거나 성능의 평가에 매우 유용하게 사용되는 여러 변수 또는 파라미터에 대해 그 정의를 중심으로 간략히 소개하도록 하겠다. 그러나 실물 기관을 시험하였을 때 그 결과물인 데이터를 이용해 이러한 값을 구하는 것은 이 절의 내용만으로는 충분치 않고 고려해야 할 여러 가지 사항이 있다. 따라서 데이터를 수정하고 이러한 파라미터를 구하는 방법과 이에 관련된 중요한 고려 사항이나 구체적 수치 데이터 등은 3장에 별도로 정리하였으며, 좀 더 실제적 방법에 접근하고자 할 때는 3장의 내용을 참고하기 바란다.

2.3.1 제동 토크와 출력

기관의 성능을 평가하기 위해서 어떠한 방식으로든 출력에 관계된 항목을 측정해야 한다. 출력(일률)을 직접 측정하는 것은 불가능하고 실린더 내 압력을 측정할 수도 있으나 정밀하고 빠른 데이터 획득 시스템이 필요하다. 현실적으로 가장 손쉽고 정확한 방법은 기관의 축에서 발생하는 토크를 측정하는 것이다. 그리고 토크는 기관이 일을 할 수 있는 능력이므로 실제로 출력보다 더 중요하다.

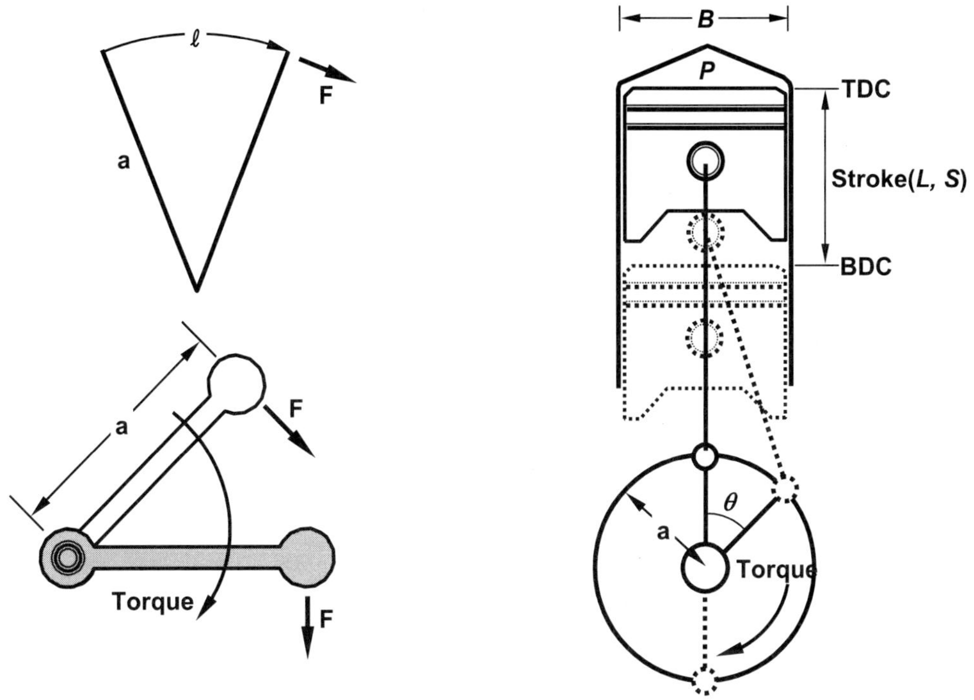

[그림 2-5] 기관에서 발생되는 일과 토크

우선 일과 토크와의 관계와 기관에서 발생하는 일에 대해 알아보기로 한다. [그림 2-5]에서 일은 힘(F)과 거리(ℓ)의 곱으로 다음과 같다.

$$W = F \cdot \mathrm{L} \tag{2.13}$$

[그림 2-5]에 나타낸 바와 같이 물체를 회전시키는 경우 F의 힘으로 원호 위로 ℓ만큼 돌릴 때의 일도 위 식과 동일하다. 내연기관 사이클에서의 일은 연소에 의해 가스의 압력(p)이 상승하고 이 압력이 피스톤에 작용함으로써 생성된다. 피스톤의 직경이 기관의 보어와 같다면 피스톤에 작용하는 힘은 다음과 같다.

$$F = p \times \frac{\pi B^2}{4} \tag{2.14a}$$

한 스트로크 당 일과 1회전 당 일은 각각 다음과 같이 표현할 수 있다.

$$W_s = F \cdot \ell \tag{2.14b}$$

$$W_r = \frac{W_s}{n_R} \tag{2.14c}$$

여기서 n_R은 실린더 당 각 동력행정에 대한 크랭크 회전수이다. 4행정 사이클에서 n_R은 2이며 2행정 사이클은 1이다. 실제 기관에서 압력 p는 고정된 값이 아니라 계속 변하므로 실제로는 다음과 같이 구하여야 한다.

$$W = \int F dx = \int p A_p dx = \int p dV \tag{2.14d}$$

여기서 $A_p dx = dV$로 피스톤에 의해 이동된 미소 체적이다. 이 일은 지압선도 (Indicator Diagram) 또는 $p-v$ 선도를 이용하여 계산할 수 있다.

기관의 토크는 보통 동력계(Dynamometer)로 측정한다. 기관을 시험용 베드에 고정시키고 축을 동력계의 로터와 연결시킨다. [그림 2-6]에 동력계에 연결된 기관에서 토크를 측정하는 개념을 나타내었다. 동력계의 특징에 대해서는 3장에서 다시 논의하기로 하겠다.

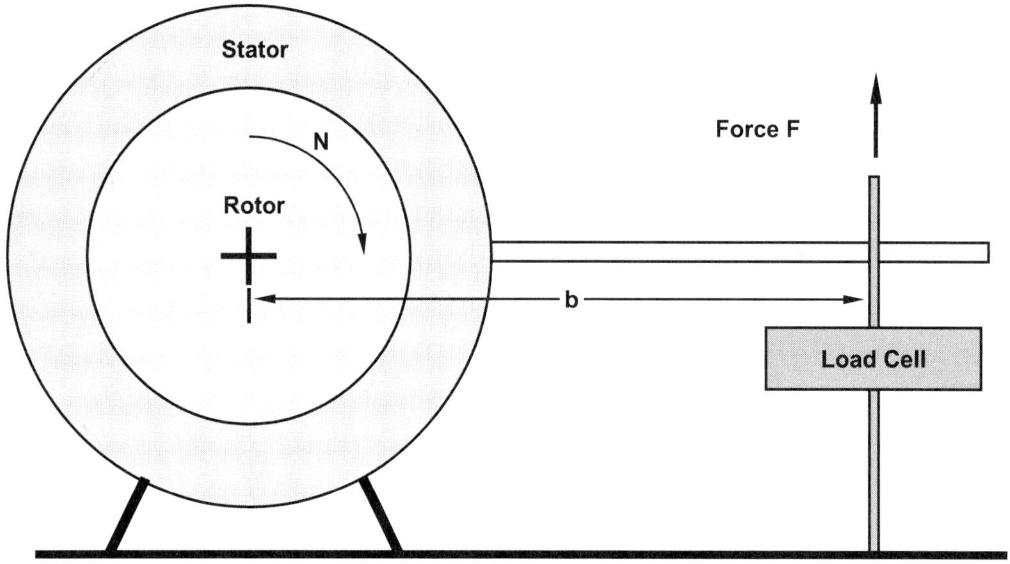

[그림 2-6] 동력계에서 토크의 측정

[그림 2-6]에서 기관이 발생시키는 토크 T는 다음과 같다.

$$T = F \times b \tag{2.15}$$

기관의 출력 P 즉 동력계에서 흡수하는 출력은 토크와 각속도의 곱이므로 다음과 같다.

$$P = 2\pi NT \tag{2.15a}$$

여기서 N은 1초당 크랭크 회전수이다. 이를 국제표준단위계(SI unit)로 나타내면 다음과 같다.

$$P(\text{kW}) = 2\pi N(\text{rev/s})\,T(\text{Nm}) \times 10^{-3} \tag{2.15b}$$

주의할 점은 토크는 일을 하는 기관의 능력치이며 출력은 일이 행해지는 율을 의미한다.

위에서 설명한 방법으로 측정한 기관 출력을 제동마력 P_b라 한다. 제동이라는 용어는 내연기관이 등장한 초기에는 제동(Brake) 장치를 이용하여 축 토크를 측정한 데서 유래한 것이며, 현재에는 이러한 제동 장치를 이용해 측정하지 않고 있다. 따라서 제동이라는 용어의 현대적 의미는 기관이 그 운전 상태를 유지하는데 사용하는 출력(예를 들어 기계적 마찰, 각종 보기류의 구동)을 제하고 순수하게 외부로 전달할 수 있는 출력만을 직접 측정한 상태라는 것이다. 그러므로 제동마력은 기관이 발생시키는 가용한 출력을 의미하기도 한다.

2.3.2 사이클 당 도시일

제동과는 다른 개념으로 도시(圖示)라는 용어를 사용하여 일과 출력을 결정할 수 있다. 도시는 글자 그대로 그림에 나타난 것을 토대로 구하였다는 의미이고 이때 그림은 위에서 언급한 지압선도(또는 $p-v$ 선도, 때로는 $T-s$ 선도)이다. 기관 작동 사이클 동안에 실린더 내 가스 압력 데이터를 이용하여 실린더 압력과 그 상당하는 실린더 체적을 [그림 2-5]와 같이 $p-v$ 선도로 그릴 수 있다. 사이클 당 도시일 $W_{c,i}$(실린더 당)은 선도내부 면적이며 이는 곡선을 적분하여 얻는다. 즉 다음과 같이 구한다.

$$W_{c,i} = \oint p\,dV \tag{2.16}$$

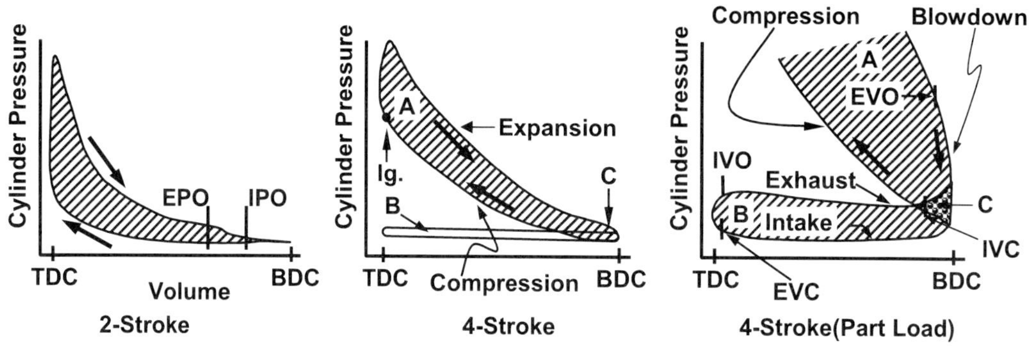

[그림 2-7] 2행정과 4행정의 $p-v$ 선도

2행정 사이클(그림 2-7)이라면 식 (2.16)을 그대로 사용할 수 있다. 4행정 사이클에서는 흡입과 배기 행정이 추가되기 때문에 하면 다음의 2가지 도시마력의 정의가 사용된다.

사이클 당 총(gross) 도시일 $W_{c,ig}$: 압축과 팽창행정에서만 피스톤에 전달되는 일

사이클 당 순(net) 도시일 $W_{c,in}$: 전체 4행정 사이클에서 피스톤에 전달되는 일

[그림 2-7]의 4행정 사이클의 예에서 $W_{c,ig}$는 (면적 A+C)이고 $W_{c,in}$는 (면적 A+C)-(면적 B+C)로 (면적 A-B)이며 각 면적은 양(+)의 값을 갖는 것으로 간주한다. 면적 B+C는 흡입 및 배기 행정 동안 피스톤과 실린더 내의 가스 사이에서 전달된 일로 펌핑(Pumping) 일 W_p라 한다. 자연 흡기식 기관에서는 흡입행정 중 압력이 배기행정 중 압력보다 낮기 때문에 펌핑 일은 실린더 가스로 전달된다. 고부하의 터보 과급 기관의 경우에는 배기압력이 흡입 압력 보다 낮으므로 펌핑 일은 실린더 가스에서 피스톤으로 전달된다.

실린더 당 출력은 사이클 당 도시일과 다음과 같은 관계가 있다.

$$P_i = \frac{W_{c,i}N}{n_R} \tag{2.17}$$

이러한 출력을 도시 마력이라 한다. 즉 실린더 내 가스가 피스톤에 전달하는 일률을 의미한다. 이 마력에는 기관의 마찰, 기관 보기류 구동, (총 도시마력이라면) 펌핑 마력 등을 포함하고 있기 때문에 기관의 축 토크를 바탕으로 결정하는 제동마력과는 다르다.

사이클 당 일이나 출력과 같은 4행정 사이클의 도시 양을 사용할 때는 그것이 어떠한 "도시"인지, 즉 총 도시인지 순 도시인지를 명확히 밝혀야 한다. 일반적으로 총 도시 출력의 정의가 사용되고 있고 본 교재에서는 다음과 같은 이유로 이 정의를 사용하겠다. 도시 양은 우선 압축, 연소, 팽창 과정이 기관 성능에 미치는 영향 등을 명확히 하기 위해 사용된다. 그러므로 총 도시 마력이 가장 적절한 정의가 된다. 이에는 축을 통해 전달되는 유용한 일과 기관의 모든 손실을 극복하는데 이겨내는데 필요한 일이 모두 포함되어 있다. 또한 기관의 표준 시험법에는 제동마력과 마찰 마력을 측정하는 절차가 규정되어 있다.(마찰 마력 시험을 통해 기관의 총 손실 마력과 매우 근접한 값을 얻을 수 있다). 제동마력과 마찰 마력의 합은 도시 마력을 산정하는 다른 방법이 되며, 이렇게 얻어진 값은 총 도시 마력과 매우 근접한 값이다.

제동과 도시라는 용어는 사이클 당 일과 출력에서 사용된 것과 같은 방식으로 평균유효압력, 연료 소비율, 배출가스 등의 다른 파라미터를 나타내는데 쓰인다.

2.3.3 기계 효율

사이클 당 총 도시 일이나 마력의 일부분은 배기가스를 배출하고 신기를 흡입하는데 사용된다. 그 외에 베어링, 피스톤, 기타 기계 부품의 마찰을 극복하며 기관 보기류를 구동하는데도 그 일부가 쓰인다. 이에 필요한 모든 마력은 합하여 마찰 마력 P_f라 한다.

$$P_{ig} = P_b + P_f \tag{2.18}$$

마찰 마력을 정확히 결정하기란 어렵다. 고속기관에 적용하는 방법 중 하나로 동력계로 기관을 강제 구동시켜 모든 마찰 손실을 극복하기 위해 동력계가 공급하는 마력을 측정하는 것이 있다. 시험동안 기관 회전수, 스로틀 개도, 오일 및 냉각수 온도, 대기 조건을 운전 중의 조건과 동일하게 유지한다. 이러한 방법이 정확하지 못한 주원인은 피스톤과 링에 가해지는 가스 압력이 기관 작동중일 때 보다는 낮고 실린더 벽의 오일 온도 또한 강제 구동 조건에서 낮기 때문이다.

기관에서 발휘하는 제동마력과 도시 마력의 비를 기계 효율 η_m이라 한다.

$$\eta_m = \frac{P_b}{P_{ig}} = 1 - \frac{P_f}{P_{ig}} \tag{2.19}$$

마찰 마력에는 가스를 기관에 유입시키고 배출하는 데 필요한 마력을 포함하므로 기계효율은 스로틀 개도뿐만 아니라 기관 설계 및 속도에 좌우된다. 현재 자동차

기관에서 기계효율은 스로틀 전개(WOT : Wide Open Throttle) 시에 90% 이상이며 마찰 저감을 통해 추가적으로 연료소비율을 개선하고자 하는 연구가 활발히 진행되고 있다.

2.3.4 평균유효압력

토크는 기관이 일을 할 수 있는 능력을 판정하는 중요한 지표이지만 이 값은 기관의 크기에 따라 달라진다. 따라서 기관의 크기 즉 배기량에 관계없이 기관의 능력을 비교할 수 있는 척도가 필요하며 이러한 관점에서 사이클 당 일을 사이클 당 실린더 행정체적으로 나눈 평균유효압력(Mean Effective Pressure : MEP)을 사용한다. 압력이라는 용어를 사용하는 이유는 일을 체적으로 나누면 그 단위가 단위 면적 당 힘 즉 압력이 되기 때문이다. 이 평균유효압력은 식(2.19)로부터 다음과 같이 구한다.

$$\text{Work per Cycle} = \frac{Pn_R}{N}$$

여기서 n_R은 실린더 당 매 동력 행정마다 크랭크 회전수이다(2행정 사이클: 1, 4행정 사이클 : 2), 그러므로 평균유효압력은 다음과 같다.

$$\text{MEP} = \frac{Pn_R}{V_d N} \tag{2.20a}$$

SI 단위계로 나타내면 다음과 같다.

$$\text{MEP(kPa)} = \frac{P(\text{kW})n_R \times 10^3}{V_d(\text{dm}^3)N(\text{rev/s})} \tag{2.20b}$$

또한 평균유효압력은 식(2.17)을 이용하여 토크 항으로 표현할 수도 있다.

$$\text{MEP(kPa)} = \frac{2\pi n_R T(\text{Nm})}{V_d(\text{dm}^3)} \tag{2.20c}$$

평균유효압력의 물리적 의미는 [그림 2-8]에 나타낸 바와 같이 기관이 작동할 때 행정에 따라 압력이 변하게 되는데 이 변동하는 압력을 동력을 발생 시키는 유효한 사이클에 걸쳐 평균하여 나타내었다는 것이다. 즉 그림에서 실제 $p-v$선도에서 적분을 통해 구한 총 도시 일(또는 면적)과 유효 압력을 이용해 구한 일(또는 사각형의 면적)은 동일하다.

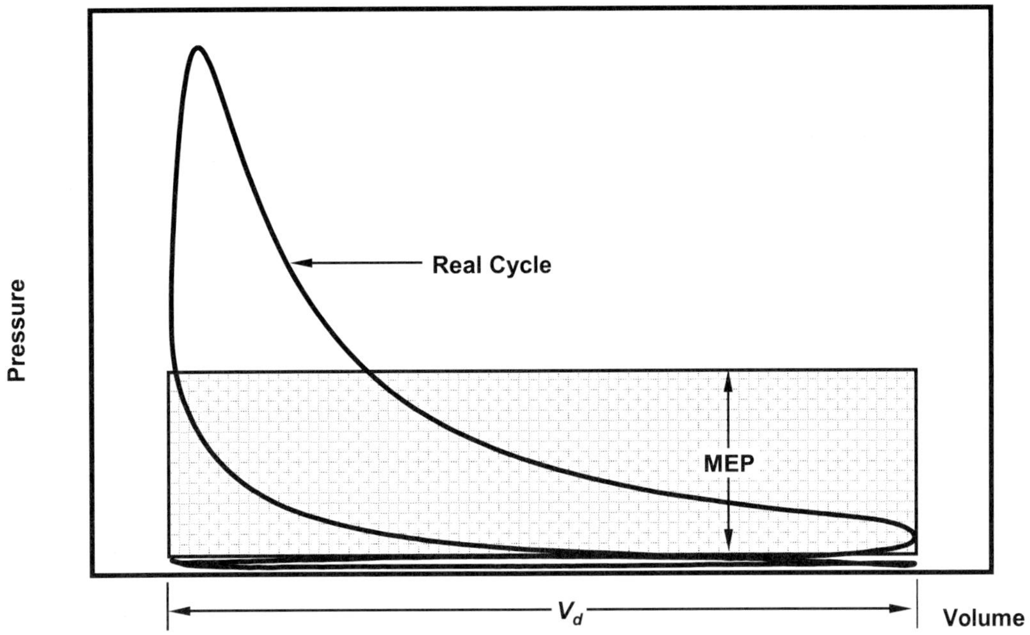

[그림 2-8] 평균유효압력의 정의

기관의 설계가 잘 이루어지면 최대 제동평균유효압력(Brake Mean Effective Pressure : BMEP)은 거의 일정한 값의 범위에서 크게 벗어나지 않고, 기본적으로 기관의 크기에 관계없이 일정하다. 그러므로 특정 기관의 실제 제동평균유효압력을 이 기준과 비교할 수 있으며, 기관을 설계하였을 때 결정한 행정체적의 유효성을 평가할 수 있다. 또한 설계 계산 과정에서 어떤 특정 속도에서 요구되는 토크나 출력을 발생시키기 위해 필요한 배기량을 산정할 때 제동평균유효압력 값을 가정하여 사용할 수도 있다.

대표적인 BMEP 값은 다음과 같다. 자연 흡기식 스파크점화기관의 경우 최대 토크가 발생하는 기관 회전수에서 최댓값은 1050~1200kPa 범위에 있다. 정격 최대 출력에서 BMEP 값은 이보다 10~15% 낮다. 자동차용 터보차저 스파크점화기관의 경우 최대 BMEP는 1250~1700kPa 범위에 있다. 정격 최대 출력에서는 900~1400kPa 범위 내에 있다. 자연 흡기 4행정 디젤 기관의 경우 700~900kPa이며 정격 최대 출력에서는 약 700kPa이다. 터보차저 4행정 디젤 기관의 최대 BMEP는 통상 1000~1200kPa 범위 내에 있으며, 여기에 터보차저 인터쿨러를 장착한 기관은 1400kPa까지 상승한다. 정격 최대 출력에서 BMEP는 약 850−950kPa이다. 2

행정 디젤은 4행정 사이클 기관과 동등한 성능을 보인다. 대형 저속 2행정 사이클 기관은 약 1600kPa에 달한다.

2.3.5 연료 소비율과 효율

연료 소비율은 기관을 시험할 때 단위 시간당 질량 유동 즉 질량 유량을 측정한 것이다. 이보다 더 유용하게 사용할 수 있는 파라미터는 비연료 소비율(Specific Fuel Consumption)로 단위 출력 당 연료의 질량 유량으로 정의된다. 이는 기관이 일을 발생하기 위해 공급되는 연료를 얼마나 효과적으로 사용하고 있는가를 나타내는 지표이다.

$$\mathrm{SFC} = \frac{\dot{m}_f}{P} \tag{2.21}$$

연료 소비율의 단위는 국제표준단위계(SI Unit)로 다음과 같다.

$$\mathrm{SFC(mg/J)} = \frac{\dot{m}_f\mathrm{(g/s)}}{P\mathrm{(kW)}} \tag{2.22}$$

즉 $g/kW \cdot h$이 주로 사용된다.

SFC가 낮을수록 기관의 효율이 높다는 것을 의미한다. 스파크점화기관에서 최고 수준의 제동 연료 소비율(Brake SFC : BSFC)은 약 $72\mu g/J\ =\ 260\ g/kW \cdot h$이다. CI 기관의 경우 이보다 더 낮아 대형 기관에서는 55 $\mu g/J\ =\ 200\ g/kW \cdot h$ 이하가 된다.

SFC에는 단위가 있다. 그러나 요구되는 기관 출력(사이클 당 일 또는 출력)과 이에 필요한 연료의 관계를 무차원 파라미터로 표현하는 것이 더 기본적이며 유용하게 사용될 수 있다. 이러한 목적에서 일반적으로 사이클 당 발생하는 일과 연소과정에서 방출되는 사이클 당 공급되는 연료 에너지양과의 비를 정의하여 사용한다. 연소에 의해 방출되는 공급 연료 에너지는 사이클 당 기관에 공급된 연료 질량에 연료의 발열량을 곱한 값이다. 발열량 Q_{HV}는 연료의 에너지 함유량으로 그 측정 방법은 질량을 알고 있는 연료를 공기와 혼합시켜 완전히 연소시킨 후, 연소생성물이 반응이 시작하기 전의 온도로 내려갈 때까지 연소과정에서 방출한 열에너지를 열량계로 흡수하여 열량을 결정한다.

이러한 기관 효율의 척도를 "연료전환효율 η_f"이라 부르고 다음과 같이 주어진다.

$$\eta_f = \frac{W_c}{m_f Q_{HV}} = \frac{(Pn_R/N)}{(\dot{m}_f n_R/N)Q_{HV}} = \frac{P}{\dot{m}_f Q_{HV}} \tag{2.23}$$

여기서 m_f는 사이클 당 유입되는 연료 질량이다. 식 (2.21)의 $P/\dot{m}_f$을 여기에 대입하면 다음과 같다.

$$\eta_f = \frac{1}{\text{SFC}\ Q_{HV}} \tag{2.24a}$$

SI 단위계로 다음과 같은 것이 사용된다.

$$\eta_f = \frac{1}{\text{SFC(mg/J)}\ Q_{HV}\text{(MJ/kg)}} \tag{2.24b}$$

$$\eta_f = \frac{3600}{\text{SFC(g/kWh)}\ Q_{HV}\text{(MJ/kg)}} \tag{2.24c}$$

기관의 연료로 사용되는 탄화수소 연료의 발열량은 통상 42~44 MJ/kg 정도이다.

사이클 당 기관으로 공급된 연료 에너지는 실제 연소과정이 불완전하기 때문에 연소과정에서 완전히 열에너지 형태로 방출되지 않는다. 연료를 완전히 산화하기 위하여 충분한 공기를 실린더에 공급할 때에 공급된 거의 모든 연료(약 96%이상)가 열에너지 형태의 작동유체로 변환된다. 공기가 불충분하면 연소에 필요한 산소가 부족하여 공급된 연료가 완전히 열에너지로 방출되지 않는다.

2.3.6 공연비와 연공비

기관을 시험할 때 공기의 질량 유량 $\dot{m}_a$와 연료의 질량 유량 $\dot{m}_f$는 모두 정상상태에서 측정된다. 이 때 두 질량 유량의 비를 구하여 기관의 운전 조건을 설명하는데 유용하게 사용할 수 있다.

$$Air/Fuel\,Ratio\,(A/F) = \frac{\dot{m}_a}{\dot{m}_f} \tag{2.25}$$

$$Fuel/Air\,Fatio\,(F/A) = \frac{\dot{m}_f}{\dot{m}_a} \tag{2.26}$$

가솔린을 사용하는 통상의 스파크점화기관은 정상 운전 범위에서 $12 \le A/F \le 14.6$(이론 공연비) $(0.056 \le F/A \le 0.068)$이며 디젤을 사용하는 압축착화기관의 경우 $18 \le A/F \le 70$ $(0.014 \le F/A \le 0.056)$이다. 가솔린을 사용하는 스파크점화기관의 경우 과거에는 연료소비율을 개선하기 위하여 이론 혼합비보다 희박한 공연비에서 운전하는 경우도 있었으나, 현재에는 후처리를 통해 질소산화물의 배출량을 강화된 배기 규제에 맞추는 것이 어려운 관계로 희박 연소 방식은 거의 사용을 하지 않는다.

2.3.7 체적효율

기관의 실린더(행정체적)에 흡입될 수 있는 공기량은 공기 필터, 스로틀 판(스파크점화기관에서), 흡기 다기관, 흡입 포트, 흡기밸브 등을 포함한 흡기계에 의해 제한을 받는다. 이러한 상황에서 흡입 과정의 효율성을 나타내는 지표로 체적효율 η_V를 사용한다. 체적효율은 흡입 과정이 다른 행정과 뚜렷이 구별되는 4행정 사이클 기관에서만 사용된다. 체적효율은 흡기계로 유입되는 공기의 체적 유량을 행정체적으로 나눈 값으로 정의한다.

$$\eta_v = \frac{2\dot{m}_a}{\rho_{a,i} V_d N} \tag{2.27a}$$

여기서 $\rho_{a,i}$는 흡기의 밀도이다. 체적효율은 질량 유량을 이용하여 다음과 같이 나타낼 수도 있다.

$$\eta_v = \frac{m_a}{\rho_{a,i} V_d} \tag{2.27b}$$

여기서 m_a는 사이클 당 실린더로 유입되는 공기 질량이다. 위의 두 식의 계산 결과는 항상 동일하다.

흡기의 밀도는 대기밀도 또는 흡기 다기관의 공기 밀도를 사용할 수 있는데 대기밀도를 사용하는 경우 η_V는 전체 흡기계의 펌프 성능을 나타내고 흡기 다기관의 공기 밀도를 사용하는 경우 흡입포트와 밸브의 펌프 성능을 평가할 수 있다. 통상적으로는 전체 흡기계의 펌프 성능이 중요하므로 대기밀도를 사용한다. 자연 흡기식 스파크점화기관의 최대 η_V는 흡배기 밸브가 다 밸브 화 되면서 90% 이상이고 때로는 튜닝이 잘 된 경우 100%를 넘어 130% 정도까지 이르기도 한다.

2.3.8 충전효율

체적효율과 매우 비슷한 개념으로 충전효율(Charging Efficiency : η_C)이 정의되어 사용되기도 한다. 체적효율은 식 (2.27)에 나타난 바와 같이 공기의 밀도를 현재 시험 중인 대기조건 하에서 구한 반면 충전효율은표준 상태의 공기 밀도를 사용하여 구한다. 이 효율은 기관의 시험 조건에 따라 달라지므로 기관의 성능을 상호 비교할 때보다 기관의 시험을 한 조건을 비교할 때 사용할 수 있다. 체적효율과 충전효율은 기관의 출력 수정 부분에서 다시 논의하기로 한다.

2.3.9 비중량과 비체적

주어진 정격 출력에서 기관의 중량과 체적은 실제 기관을 사용할 때 중요시된다. 하나의 기관을 다른 기관과 비교할 때 다음의 두 가지 지표도 유용하다.

$$\text{Specific weight} = \frac{\text{EngineWeight}}{\text{RatedPower}} \tag{2.28}$$

$$\text{Specific volume} = \frac{\text{EngineVolume}}{\text{RatedPower}} \tag{2.29}$$

이러한 지표를 기관 비교에 유용하게 사용하기 위해서 "기관"이란 용어에 어떤 부품 및 보기류 등이 포함되는지에 대한 일관된 정의가 필요하다. 이러한 지표는 기관을 설계할 때 기관의 재료와 포함시킨 부품의 효율성을 나타낸다.

2.3.10 출력수정계수

동일한 기관에서 기관의 회전수가 같아도 기관으로 유입되는 대기의 온도, 압력, 습도는 기관에 흡입되는 공기의 질량 유동에 영향을 주어 결과적으로 출력에 영향을 미친다. 따라서 기관의 성능을 서로 비교할 때 시험 환경의 영향을 배제하고 정확히 비교하기 위하여, 측정한 출력을 주어진 표준 대기 조건을 이용하여 수정하여야 한다. 즉 대기 조건에 따라 기관의 겉보기 출력은 달라지므로 여기에 수정계수를 적용하여 표준 상태의 대기 조건으로 시험하였을 때와 같아지도록 하는 것으로 이는 기본적으로 흡입 공기 유량을 수정하는 것이다.

여기서는 SAE(Society of Automotive Engineers) 수정 방법을 통해 출력 수정에 대하여 알아보겠다. 수정계수는 오리피스나 유동 저항이 있는 유효면적 A_E를 지나는 1차원 정상 압축성 유동으로부터 구한다.

$$\dot{m} = \frac{A_E p_0}{\sqrt{RT_0}}\left\{\frac{2\gamma}{\gamma-1}\left[\left(\frac{p}{p_0}\right)^{2/\gamma} - \left(\frac{p}{p_0}\right)^{(\gamma+1)/\gamma}\right]\right\}^{1/2} \tag{2.30}$$

이 식을 유도할 때 유체는 가스 상수는 R인 이상기체이며 비열비는 일정하다고 가정하며 p_0와 T_0는 유동 저항 상류의 전압력과 전 온도, p는 유동 저항의 최소 단면적 부분의 압력이다.

기관에서 p/p_0가 스로틀 전개 시 일정하다고 가정하면 동일 흡기계 및 기관에서 건공기 질량 유량 m_a는 다음과 같이 변화한다.

$$\dot{m}_a \propto \frac{p_0}{\sqrt{T_0}} \tag{2.31}$$

공기를 모두 유용하게 사용할 수 있도록 적절한 연료량을 포함한 혼합기가 공급된다면 최대 출력을 발휘하는 스로틀 전개 시 도시마력 P_i는 m_a와 건공기 질량 유량에 비례한다. 따라서 출력은 다음과 같이 수정될 수 있다.

$$P_{i,s} = C_F P_{i,m} \tag{2.32}$$

여기서 하첨자 s와 m은 각각 표준 상태와 측정조건에서의 값을 나타내고 수정계수 C_F는 다음과 같이 주어진다.

$$C_F = \frac{p_{s,d}}{p_m - p_{v,m}}\left(\frac{T_m}{T_s}\right)^{1/2} \tag{2.33}$$

여기서
$p_{s,d}$ = 표준 건공기 절대 압력
p_m = 측정 대기 절대 압력
$p_{v,m}$ = 측정 대기 수증기 분압
T_m = 측정 대기 온도, K
T_s = 표준 대기 온도, K

도시마력을 수정하기 위한 식(2.23)을 이용하여 마찰마력은 변화 없다고 가정하고 정격 제동 출력을 수정한다. 그러면 다음과 같이 수정할 수 있다.

$$P_{b,s} = C_F P_{i,m} - P_{f,m} \tag{2.34}$$

여기서 매우 중요한 것은 체적효율은 수정의 대상이 아니라는 것이다. 그 이유는 체적효율의 정의인 식(2.27)에 나타나 있듯이, 분모 즉 기준이 되는 행정체적에 채워질 수 있는 공기의 체적 또는 질량은 표준상태에서 산정한 값이 아니라 현재 시험 중인 대기상태를 기준으로 한 것이다. 체적효율의 정의가 이러하므로 기관의 구성이나 작동 조건이 동일하다면 체적효율은 항상 일정해야 한다. 실제로 시험 환경에 따라 출력 수정 계수의 변화 폭은 6%에 이르게 되는데 이 값이 1에서 멀어질수록 수정된 값의 오차는 크게 발생한다. 그러나 이 시험 환경이 달라지더라도 체적효율은 변하지 않기 때문에 체적효율을 기관의 흡배기 능력의 지표로써 매우 유용하게 사용할 수 있는 것이다. 이와 반대로 충전효율은 달라지는데 그 이유는 충전효율의 정의가 표준 상태에서 실린더 내에 유입 가능한 공기의 질량에 대한 실제 유입된 공기의 질량이기 때문이며 따라서 $C_F \fallingdotseq \eta_V/\eta_C$의 관계가 성립한다. 출력 수정의 방법은 기타 여러 가지가 있는데 이에 대해서는 기관의 시험법에서 자세히 다루도록 하겠다.

출력 수정과 관련하여 또 하나의 중요한 사항은 스로틀이 장착된 스파크점화기관에서는 전개 시 또는 전 부하 상태에서만 출력 수정을 하고 부분부하에서는 수정을 하지 않는다는 것이다. 그 이유는 전 부하 운전에서는 가능한 한 많은 공기를 흡입하여야 하고 이 흡입 공기량이 기관의 토크와 출력을 결정하므로 흡입 공기량의 변화를 수정해야만 기관이 낼 수 있는 최대 출력을 항상 일정한 기준으로 정의할 수 있다. 반면에 부분부하에서는 필요한 만큼의 출력을 내기 위하여 스로틀에 의해 공기량이 제어되고 이에 맞추어 연료량도 제어되는 상태이므로 출력의 수정은 무의미하다. 예를 들어 대기 밀도의 변화에 따라 흡입 공기 질량이 동일한 체적 유량에 대해서 변화가 발생한다면 그 만큼 스로틀의 개도를 조절하여 공기 질량 유량을 제어한다. 즉 부분부하 운전의 개념은 회전수가 같은 상태에서 동일 토크를 발생시키기 위해서는 항상 동일한 공기 질량을 사용한다는 것이다.

한편 체적효율은 m_a/ρ_a에 비례하고. ρ_a는 p/T에 비례하므로 체적효율 수정계수 CF'을 다음과 같이 사용한다고 기술한 것도 있다.

$$C_F = \frac{\eta_{v,s}}{\eta_{v,m}} = \left(\frac{T_s}{T_m}\right)^{1/2}$$

그러나 ρ_a가 온도와 압력의 함수이지만 m_a에도 이미 ρ_a가 포함되고 있고 따라서 $m_a/\rho_a = V_a$가 되는데 V_a는 실린더 내로 들어온 신기의 체적이므로 이는 온도와 압력에 무관하게 된다. 만일 이 체적효율을 수정하려면 오히려 점성에 따른 벽면 마찰을 고려하는 것이 더 의미가 있다.

2.3.11 비배기와 배기지수

질소산화물(일산화질소, NO, 이산화질소, NO_2, 이 둘과 기타 다른 것들을 모두 통칭하여 NO_x), 이산화탄소, 일산화탄소, 미연탄화수소의 배출 수준은 기관 작동의 중요한 특성들이다. 특히 최근에는 강화되는 배기 규제와 연료소비율 규제(지구온난화 물질인 이산화탄소의 배출량 규제) 이들 배기 성능이 토크나 출력보다 더 중요한 기관의 성능 특성으로 취급되기도 한다.

기관 배기가스 내 기상 배출물의 농도는 대개 백만분의 1(몰 분율의 10^{-6}, ppm) 또는 %(몰 분율의 10^{-2})의 체적단위로 측정한다. 이때 통상적으로 배기 중의 수분을 제외한 건조 배기를 기준으로 한다. 그러나 이러한 농도를 직접 사용하기보다는, 실제 배출되는 질량이 중요하고 또한 배출 수준을 출력 당 배출량(Specific Emission: 비배기)으로 정상화하는 것이 더 의미가 있다. 비배기은 단위출력 당 배출물의 질량 유동으로 다음과 같다.

$$sNO_x = \frac{\dot{m}_{NOx}}{P} \tag{2.35a}$$

$$sCO = \frac{\dot{m}_{CO}}{P} \tag{2.35b}$$

$$sHC = \frac{\dot{m}_{HC}}{P} \tag{2.35c}$$

$$sCO_2 = \frac{\dot{m}_{CO_2}}{P} \tag{2.35d}$$

$$sPart = \frac{\dot{m}_{Part}}{P} \tag{2.35e}$$

도시 및 제동 출력에 대해 이 비배기가 정의된다. 널리 쓰이는 단위는 g/kWh이다.

다른 방식으로 비배기를 연료의 질량 유량으로 정상화할 수 있는데 이 방법에서는 일반적으로 다음과 같은 배기 지수를 사용한다.

$$\mathrm{EI_{NOx}} = \frac{\dot{m}_{\mathrm{NOx}}\,(\mathrm{g/s})}{\dot{m}_f\,(\mathrm{kg/s})} \tag{2.36}$$

CO, CO_2, HC 및 입자상물질(PM)에 대해서도 유사한 표현이 쓰인다.

2.3.12 성능 파라미터간의 관계

위에서 기관 성능에 대하여 정의한 파라미터들 즉 연료소비율, 공연비, 체적효율은 출력, 토크, 평균유효압력이 이들로 표현되기 때문에 매우 중요시된다. 기관 출력, 평균유효압력, 연료전환효율, 연공비, 체적효율 등에 관한 식을 결합하면 다음과 같은 관계가 성립한다. 먼저 출력은 다음과 같다.

$$P = \frac{\eta_f m_a N Q_{HV}(F/A)}{n_R} \tag{2.37}$$

4행정 사이클 기관에서 체적효율을 사용하면 다음과 같다.

$$P = \frac{\eta_f \eta_v N V_d Q_{HV} \rho_{a,i} (F/A)}{2} \tag{2.38}$$

토크 T는 다음과 같이 쓸 수 있다.

$$T = \frac{\eta_f \eta_v V_d Q_{HV} \rho_{a,i} (F/A)}{4\pi} \tag{2.39}$$

평균유효압력 역시 이들 변수를 이용해 표현하면 다음과 같다.

$$mep = \eta_f \eta_v Q_{HV} \rho_{a,i} \ (F/A) \tag{2.40}$$

단위 피스톤 면적에 대한 출력을 비출력이라 부르기도 하며 실린더 크기에 관계없이 기관을 설계할 때 피스톤 면적을 얼마나 유용하게 이용하는지의 척도가 된다. 식 (2.37)에서 비출력은 다음과 같다.

$$\frac{P}{A_p} = \frac{\eta_f \eta_v NL \ Q_{HV} \rho_{a,i} (F/A)}{2} \tag{2.41}$$

평균유효압력을 사용하여 비출력을 나타내면 다음과 같다.

$$\frac{P}{A_p}=\frac{\eta_f \eta_v \bar{S}_p Q_{HV} \rho_{a,i}(F/A)}{4} \tag{2.42}$$

식 (2.41)과 식 (2.42)에서 알 수 있듯이 비출력은 평균유효압력과 평균피스톤 속도와의 곱에 비례한다. 이러한 관계는 다음에 열거한 항목들이 기관 성능에 중대한 영향을 주고 있음을 나타낸다.

1) 높은 연료전환효율
2) 높은 체적효율
3) 흡입 공기 밀도를 높여 동일 배기량에서 출력 증가
4) 기관에서 유용하게 연소될 수 있는 최대 연공비
5) 높은 평균 피스톤 속도

2.4 기관 디자인과 성능 데이터

기관의 성능을 평가할 때 그 기관이 경제성, 신뢰성, 내구성을 만족시키는 상태에서 최대 출력을 표시한다. 그리고 최대 토크 및 최대 토크를 발생시키는 회전수를 사용하기도 한다. 이러한 두 가지 모두 행정체적에 의존하므로 기관의 종류가 같을 때 서로 다른 배기량의 기관을 비교 분석하기 위해서 위에서 언급한 표준화된 성능 파라미터가 유용하게 사용된다. [표 2-2]는 각각 다른 기관의 운전 조건에서 평가하여야 할 중요한 성능 파라미터이다.

상용 기관을 대상으로 하여 스파크 점화와 디젤 기관의 대표적인 성능 데이터를 [표 2-3]에 요약하였다. 기관이 아주 크거나 작은 경우를 제외하면 4행정 사이클이 주로 사용되고 있다. 대형 기관은 터보과급기나 슈퍼과급기를 장착하는데 현재는 이의 적용이 소형으로 확대되는 추세이다. 정격 최대 기관 회전수는 기관 크기가 커짐에 따라 감소하며 최대 평균 피스톤 속도는 대체로 8-15 m/s 범위 내에 있다. 터보과급기와 슈퍼과급기 기관의 최저 제동 평균유효압력은 자연 흡기 기관보다 높다. 스파크점화기관의 최대 연공비가 디젤보다 높아 자연흡기식 스파크점화기관의 최대 BMEP가 더 높다. 기관 크기가 증가함에 따라 열손실과 마찰의 기여도가 감소함으로 인해 제동연료소비율은 감소하고 연료전환효율은 증가한다. 대형 디젤 기관은 약 50%의 제동연료전환효율과 55%의 도시연료전환 율을 얻을 수 있다.

[표 2-2] 기관 운전 조건에 따른 주요 성능 변수

최대 출력		
	평균 피스톤 속도	부품의 관성/기관 마찰에 의한 부하 비교 평가
	제동평균유효압력	체적효율, 연공비(연소 시 공기 이용률), 연료전환효율의 결과 반영. 자연 흡기식 기관의 BMEP는 제한 없음. 과급기관의 BMEP는 높은 가스 압력과 열 부하에 대한 대응 능력.
	단위 피스톤 면적 당 출력	실린더 크기에 무관하게 피스톤 면적의 이용효율 평가
	비중량	사용된 재질의 상대적 경제성
	비체적	기관 공간의 상대적 효율
스로틀 전개 시 전 회전 영역		
	제동평균유효압력	흡배기 능력과 전 영역에서 이의 효율적 이용 능력 평가
주 운전 영역		
	제동연료소비율	연료전환효율 및 마찰의 결과 반영.
	제동비배기	

[표 2-3] 상용기관의 대표적 성능 데이터

용도	작동 사이클	압축비	보어(m)	행정/보어	정격 최대 속도 rev/min	정격 최대 BMEP bar	정격 최대 단위체적당 출력 KW/dm^3	비중량 kg/kW	최대 bSFC $g/kW \cdot h$
				스파크점화기관					
소형(모터사이클 등)	2S, 4S	6-11	0.02-0.085	1.2-0.9	4500-7500	4-10	20-60	5.5-2.5	350
승용차	4S	8-11	0.07-0.1	1.1-0.9	4500-6500	9-12	20-50	4-2	260
트럭	4S	7-9	0.09-0.13	1.2-0.7	3600-5000	6.5-7	25-30	6.5-2.5	300
대형가스	2S, 4S	8-12	0.22-0.45	1.1-1.4	300-900	6.8-12	3-7	23-35	200
반켈	4S	≈9	각 실린더당 0.57 dm^3		6000-8000	9.5-10.5	35-45	1.6-0.9	300
				압축 점화 기관					
승용차	4S	17-23	0.075-0.1	1.2-0.9	4000-5000	5-7.5	18-22	5-2.5	250
트럭(NA)	4S	16-22	0.1-0.15	1.3-0.8	2100-4000	6-9	15-22	7-4	210
트럭(TC)	4S	14-20	0.1-0.15	1.3-0.8	2100-4000	12-18	18-26	7-3.5	200
철도, 산업, 박용	4S, 2S	12-18	0.15-0.4	1.1-1.3	425-1800	7-23	5-20	6-18	190
대형. 박용, 정치	2S	10-12	0.4-1	1.2-3	110-400	9-7	2-8	12-50	180

제3장

SI기관의 성능시험법

3.1 동력계

기관을 일정한 조건하에서 일관성 있게 시험하기 위해서는 우선 기관의 회전수를 일정하게 유지시켜 주고 동시에 부하 즉 토크를 흡수하여 기관이 정상 상태로 작동할 수 있도록 해야 한다. 따라서 속도를 유지하면서 부하를 흡수할 수 있는 장치가 필요한데, 이렇게 원하는 시험 조건으로 기관을 구동하며 시험하기 위해 동력계를 사용한다.

동력계는 직류(Direct Current : DC)동력계와 와전류(Eddy Current : EC)동력계가 주로 사용되고 왔고, 최근에는 직류와 와전류의 장점을 모두 갖춘 교류(Alternative Current : AC)동력계의 사용이 증가되고 있다. 여기서는 기본 특성을 설명하기 위해 직류와 와전류동력계에 대해 설명하겠다.

직류동력계는 직류발전기와 모터가 합쳐진 것으로 기관의 출력을 흡수하기도 하고 또는 기관을 강제로 구동시킬 수 있는 반면 와전류동력계는 구동능력이 없이 단순히 기관의 출력을 흡수하는 능력만 가지고 있다. 그리고 제어 특성상 직류동력계가 와전류에 비해 더 정밀한 제어특성을 지니고 있으므로 직류동력계는 주로 성능시험용으로 사용하고 비교적 구조가 간단하고 가격이 저렴한 와전류동력계는 내구시험 등에 많이 사용되나 제어기술의 발달과 함께 와류동력계의 제어도 정밀해지는 추세여서 이 역시 성능시험에 사용되고 있다. 여기서 직류동력계와 와류동력계의 특징과 원리를 살펴보기로 한다.

3.1.1. 직류동력계

직류동력계는 직류발전기의 고정자(Stator)에 해당하는 부분이 움직일 수 있게 되어 있고 이곳에 토크를 측정할 수 있도록 로드 셀과 같은 장치를 설치하여 부하 측정이 가능하도록 한 것으로 그 원리는 직류 발전기와 동일하다. 이하 원리를 간단히 살펴본다.

일반적으로 자속(Magnetic Flux) 중에서 도체를 움직이면 도체의 운동방향이 이루는 평면과 직각방향으로 기전력이 발생한다. 이 기전력의 크기 V는 다음과 같다.

$$\begin{aligned}\text{기전력}(V) &= \text{도체의 속도}(m/\text{sec}) \cdot \text{자속밀도}(Wb/m^2) \\ &\quad \cdot \text{도체의 기전력 방향의 길이} \cdot \sin\theta\end{aligned} \qquad (3.1)$$

여기서 θ는 자속과 속도의방향이 이루는 각이다.

기전력의 방향은 플레밍의 오른손 법칙에 의해 엄지가 도체의 속도방향, 검지가 방향이면 중지가 기전력의 방향이 된다.

한편 자계 중의 도체에 전류가 흐르면 자계의 방향과 전류의 방향이 이루는 평면에 직각방향으로 도체에 힘이 작용하고, 이 힘이 역방향으로 자계에 반력으로 작용한다. 이 힘의 크기는 다음과 같다.

$$\text{힘}(N) = \text{전류}(A) \cdot \text{도체의 길이}(m) \cdot \text{자속밀도}(Wb/m^2) \cdot \sin\psi \qquad (3.2)$$

힘의 방향은 플레밍의 왼손법칙에 따라 왼손의 검지가 자속방향, 중지가 전류방향이면 엄지가 힘의 방향이 된다.

이것을 간단한 구조로 생각해 보자. [그림 3-1]은 반경이 R인 평면상에 중심 C로 향하는 균일한 자계가 존재하고 이 자계 중에서 어느 도체가 각속도 ω로 회전하는 경우이다. 그림에서 ABCD는 도체이고 축 cc'에 의해 지지되어 그 양끝은 2개로 나누어진 슬립 링(Slip Ring)에 접속되어 있고 이 슬립 링은 브러시(Brush)에 접속되어 있다. 그림에서 자계와 도체 AB(또는 CD)의 운동방향은 항상 직각이다. 여기서 자속밀도를 B라 하면 여기서의 기전력은 다음과 같다.

$$AB\text{사이의 기전력} = CD\text{사이의 기전력} = \frac{1}{2} \cdot b\omega Ba \qquad (3.3)$$

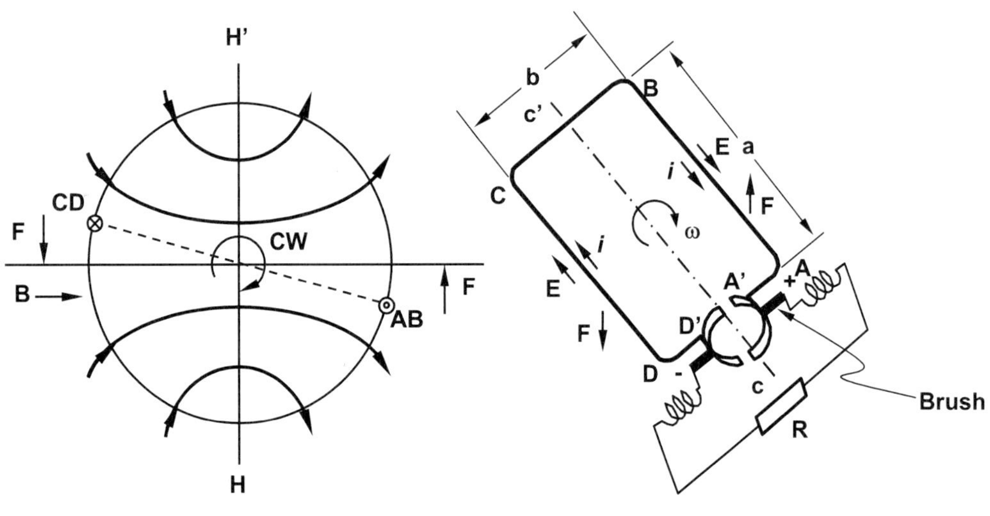

[그림 3-1] 균일 자계 속의 도체

이때 기전력의 방향은 E의 방향이 된다. AA', BC, DD'의 기전력은 서로 상쇄된다. 따라서 슬립 링 양단의 전압 E(즉 브러시 사이의 전압)는 다음과 같다.

$$E = b\omega Ba \tag{3.4}$$

자계내의 전자속을 $\Phi(Wb)$라 하면 이는 다음과 같다.

$$\Phi = \frac{1}{2} b\pi Ba \tag{3.5}$$

따라서 기전력은 다음과 같다.

$$E = \frac{2}{\pi}\Phi\omega \tag{3.6}$$

이 때 우측브러시에는 항상(+) 좌측 브러시에는 (−)이 걸리며 슬립 링을 여러 개로 분할하여 직류전압을 얻는 장치가 정류자이다.

이 브러시 사이에 저항 R을 달면 도체에 흐르는 전류는 다음과 같이 쓸 수 있다.

$$i = \frac{E}{R} \tag{3.7}$$

이 전류에 의해 도체에 걸리는 힘은 다음과 같다.

$$F = iaB \tag{3.8}$$

여기에 식(3.5)를 대입하면 다음과 같다.

$$F = \frac{2i\Phi}{\pi b} \tag{3.9}$$

AB 및 CD에 걸리는 힘의 방향은 [그림 3−2]에 표시된 바와 같이 서로 반대이므로 cc'축을 ω라는 각속도로 구동시키기 위해서는 토크가 필요한데 이 때 토크의 크기는 다음과 같다.

$$T = Fb = \frac{2i\Phi}{\pi} \tag{3.10}$$

이와 동시에 AA', BC, DD'에도 똑같이 힘이 작용하지만 서로 상쇄되어 외부로는 나타나지 않는다. 이상이 직류발전기의 원리이다.

이 때 저항 R에서 소비되는 전력 P_e를 구하면 다음과 같다.

$$P_e = Ei = E\frac{E}{R} = \frac{(\frac{2}{\pi}\Phi\omega)^2}{R} \tag{3.11}$$

그리고 축 cc'을 구동시키는데 필요한 동력 P_m은 축의 마찰을 무시하면 다음과 같다.

$$P_m = \omega T = \frac{\omega \cdot 2iE\Phi}{\pi} = \frac{\omega \cdot 2E\Phi}{\pi R}$$

$$= 2\omega \cdot \frac{2}{\pi}\Phi\omega \cdot \frac{\Phi}{\pi R} = \frac{(\frac{2}{\pi}\Phi\omega)^2}{R} \tag{3.12}$$

이때 $P_e = P_m$이 되어 cc'축에 공급되는 기계적인 동력은 모두 전력으로 변환되어 저항 R에서 주울(Joule)열로 소비된다.

다음에 [그림 3-2]와 같이 [그림 3-1]의 장치에 저항 R과 직렬로 전원 V를 접속한 경우에 대하여 생각해 보자.

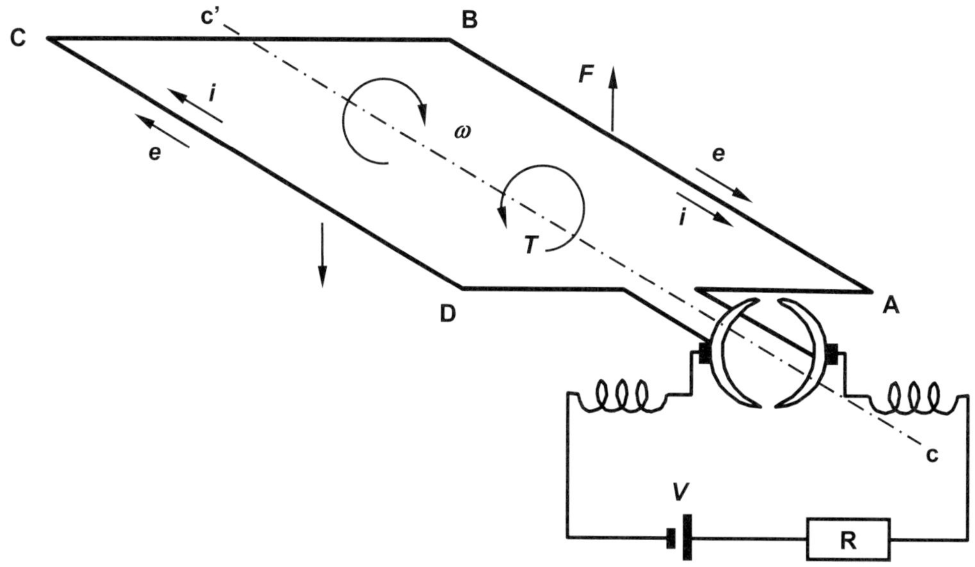

[그림 3-2] 전원을 공급하는 경우

cc'축이 각속도 ω로 회전하고 있다고 가정하면 브러시 사이의 전압은 [그림 3-1]의 경우와 마찬가지로 식 (3.6)으로 표시된다.($E=2/\pi\Phi\omega$) 따라서 회로에 흐르는 전류는 다음과 같다.

$$i=\frac{E-V}{R} \tag{3.13}$$

cc'축에 작용하는 토크도 도시된 방향을 (+)로 보면 다음과 같다.

$$T=\frac{2i\Phi}{\pi} \tag{3.14}$$

따라서 cc'축을 구동하는데 필요한 토크는 다음과 같은 경우가 있다.

a) $E>V$ 이면 (+)

b) $E=V$ 이면 0

c) $E<V$ 이면 (−)

$E<V$인 경우에 cc'축을 구동하는데 필요한 토크가 (−)로 되는 것은 도체 ABCD에 의해 cc'축이 구동된다는 것이다. 다시 말하면 유기된 기전력의 방향과 반대 방향으로 전류가 흐르면 [그림 3-2]의 장치는 cc'축에서 구동 토크가 발생한다. 이것이 직류 전동기의 원리이고 동력계의 강제구동(Motoring) 상태에 해당하는 것이다. 장치에 공급되는 전력 P_e는 다음과 같다.

$$P_e=Ei=E\cdot\frac{E-V}{R}=\frac{2}{\pi}\Phi\omega\frac{E-V}{R} \tag{3.15}$$

이때 축에서 발생하는 기계적 동력은 다음과 같다.

$$P_m=T\omega=\frac{2(E-V)\Phi}{\pi R}\omega=\frac{2}{\pi}\Phi\omega\frac{(E-V)}{R}=P_e \tag{3.16}$$

따라서 전동기의 경우도 전력과 동력이 같아진다. 즉 [그림 3-1]의 발전기는 [그림 3-2]의 장치에서 외부 전원 V가 0이 되는 경우에 해당한다.

실제로 직류 발전기는 [그림 3-2]의 도체 ABCD 대신 철심에 여러 겹으로 감겨진 코일이 사용되는데, 이것은 원주 상에 균일하게 분포되어 있으며 이것을 전기자

(Armature)라 한다. 그리고 항상 이들 코일에서 유기되는 전압의 합이 브러시 사이에서 얻어지도록 정류자(Commutator) 쪽에 코일이 접속하게 되어 있다. 또 계자는 주극에 감겨진 코일로 전류를 흘려 만든다. 자극 및 자기 회로는 고정자(Stator)라 한다. 자기 회로는 통상 주강으로 만들고 구조재료를 겸하도록 되어있으며 이를 계철(Yoke)이라고 부른다.

식 (3.6)과 식 (3.14)의 우변을 몇 배 곱하면 잘 알려진 직류 발전기의 특성식을 얻을 수 있는데 그것은 다음과 같다.

$$E = K\Phi\omega \tag{3.17}$$

$$i = \frac{E - V}{R} \tag{3.18}$$

$$T = K\Phi i \tag{3.19}$$

여기서

K : 상수, E : 기전력 i : 전류
T : 구동하는데 필요한 토크
Φ : 전자속, ω : 각속도
V : 외부 전원의 전압, R : 회로저항

직류동력계의 구조를 간단히 나타내면 [그림 3-3]과 같다. 동력계가 구동될 때 전기자와 축이 일체가 되어 회전하고 고정자는 동력계의 프레임에 고정되어 있으며 이 프레임에 토크를 측정할 수 있게 로드 셀 등이 장착되어 있다. 프레임 자체는 하부의 베드에 올려져 있는데, 통상 잔류 응력 등을 제거하여 정밀하게 토크를 측정하기 위하여 베드와 프레임의 사이로 고압의 오일을 공급하여 프레임이 베드에서 떠 있는 상태로 만들어 준다.(Oil Floating Type)

이제 직류동력계의 특성에 대하여 간단히 알아보겠다. 전술한 바와 같이 직류동력계는 직류발전기이며 동시에 직류전동기인데, 이것은 동력계가 기계적 동력을 흡수하여 발전할 수도 있고 역으로 외부전원으로부터 전력을 공급받아 구동도 할 수 있다는 것을 의미한다. 이 직류동력계의 기본특성은 최고속도와 최고 출력 그리고 기본 회전수(Base RPM)로 주어지며, 이를 이용해 직류동력계의 특성곡선을 구할 수 있는데 이것을 [그림 3-4]에 나타내었다.

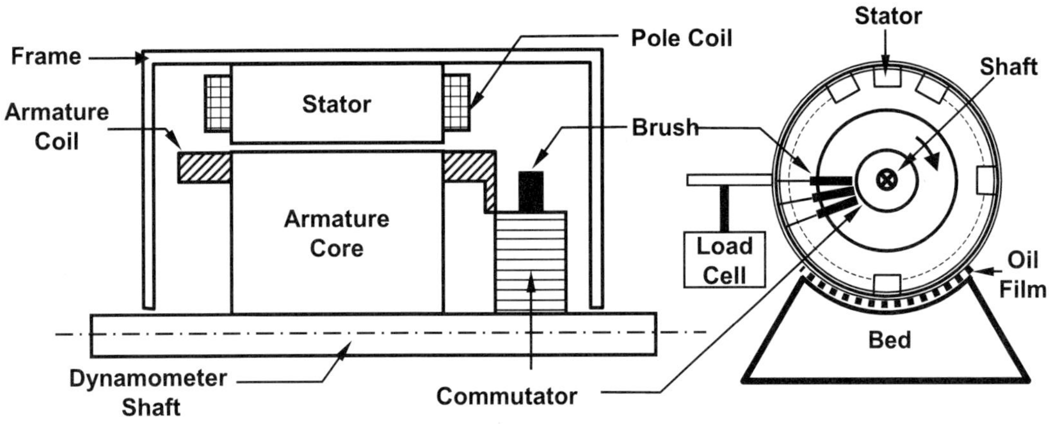

[그림 3-3] 직류동력계의 기본구조

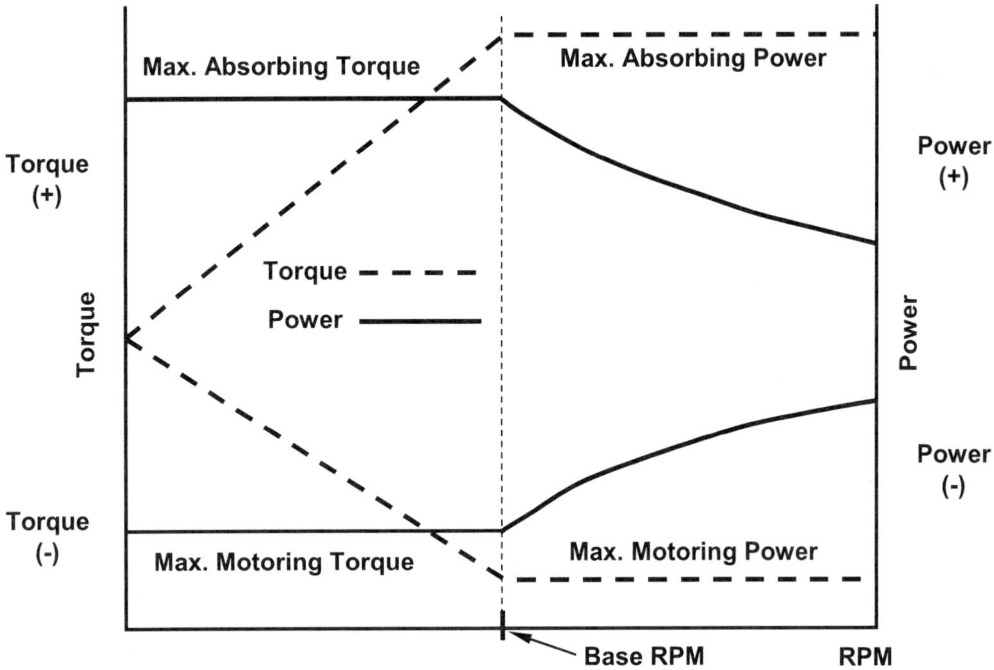

[그림 3-4] 직류동력계의 특성곡선

직류동력계의 기본 특성은 특정 회전수까지는 토크의 흡수 또는 구동능력을 일정하게 유지하다가 그 회전수를 너머서면 출력(Power)을 일정하게 유지하며 토크의 흡수 또는 구동 능력을 떨어뜨리는데 이 회전수를 기본 회전수(Base RPM)라고 한다. 전기적으로는 기본 회전수까지는 (3.19)식의 $T = K\Phi i$ 에서 전류(i, $i = V/R$ 이므로 결국은 전압 V), 그리고 (3.17)식의 $E = K\Phi\omega$에서 Φ를 각각 제어하는데, 이때 회전수의 증가에 따라 전자속(Φ)을 줄이는 것이 아니라 전압을 높여서(즉 전류를 증가시키면서) 흡수, 구동능력을 최대로 유지한다. 기본 회전수를 너머서면 전압(전류)은 이미 포화되었으므로 속도를 높이기 전압은 일정하게 유지하면서 전자속(Φ)을 줄여 제어하게 되는데, 이에 따라 흡수 또는 구동하는 토크는 줄어들게 되고 출력 일정하게 유지된다. 즉 기본 회전수는 전압(전류)이 포화되는 회전수를 의미한다.

예를 들어 흡수능력 130 kW, 구동능력 120 kW, 기본 회전수 3700 rpm, 최고속도 8000 rpm인 직류 동력계의 특성을 구해보자. 최고 토크는 다음과 같다.

흡수 능력 :

$$T_a = \frac{P}{2\pi N} = \frac{130 \cdot 1000}{2 \cdot \pi \cdot \frac{3700}{60}} = 333.5Nm$$

구동 능력 :

$$T_m = \frac{P}{2\pi N} = \frac{120 \cdot 1000}{2 \cdot \pi \cdot \frac{3700}{60}} = 309.7Nm$$

최고속도에서의 토크는 다음과 같다.

흡수 능력 :

$$T_a = \frac{P}{2\pi N} = \frac{130 \cdot 1000}{2 \cdot \pi \cdot \frac{8000}{60}} = 155.2Nm$$

구동 능력 :

$$T_m = \frac{P}{2\pi N} = \frac{120 \cdot 1000}{2 \cdot \pi \cdot \frac{8000}{60}} = 143.2Nm$$

여기서 동력계로 기관을 시험할 때 기관의 전부하 성능의 출력과 토크가 전 회전수 영역에서 동력계의 출력 및 토크의 흡수능력 범위 내에 있어야 한다. 또한 토크의 경우는 흡수 능력의 80~90%를 넘지 않는 범위에서 운전을 하는 것이 바람직한데 그 이유는 감속운전을 하는 경우 Φ를 증가시켜 속도를 줄이기 때문에 흡수 토크가 순간적으로 증가하여 동력계의 흡수 능력을 넘어설 가능성이 있기 때문이다. 즉 흡수 능력의 90% 정도로 운전하고 있는 상황이라도 경우에 따라 100%를 넘어서고 동력계에 이상을 초래할 수 있다. 이 운전범위와 흡수 능력은 와전류동력계도 직류동력계와 동일하다.

직류동력계는 전압과 자속을 동시에 제어하며 또한 전압제어의 반응시간이 자속제어보다 빠르기 때문에(전압은 50 rad/sec, 자속은 $20rad/sec$ 정도) 자속만 제어하는 와전류동력계(직류동력계와 유사한 $20rad/sec$)에 비해 훨씬 정밀한 제어가 가능하다.

3.1.2 와전류동력계

와전류동력계는 직류동력계와는 달리 흡수 능력만 가지고 있을 뿐 구동능력이 없는 것이 특징이다. 와전류동력계와 직류동력계의 흡수구동원리는 기본적으로 동일하지만 와전류동력계는 흡수방식에 따라 여러 형태(로터의 형상, 냉각방식)가 존재하게 된다. 먼저 원리를 설명하면 다음과 같다.

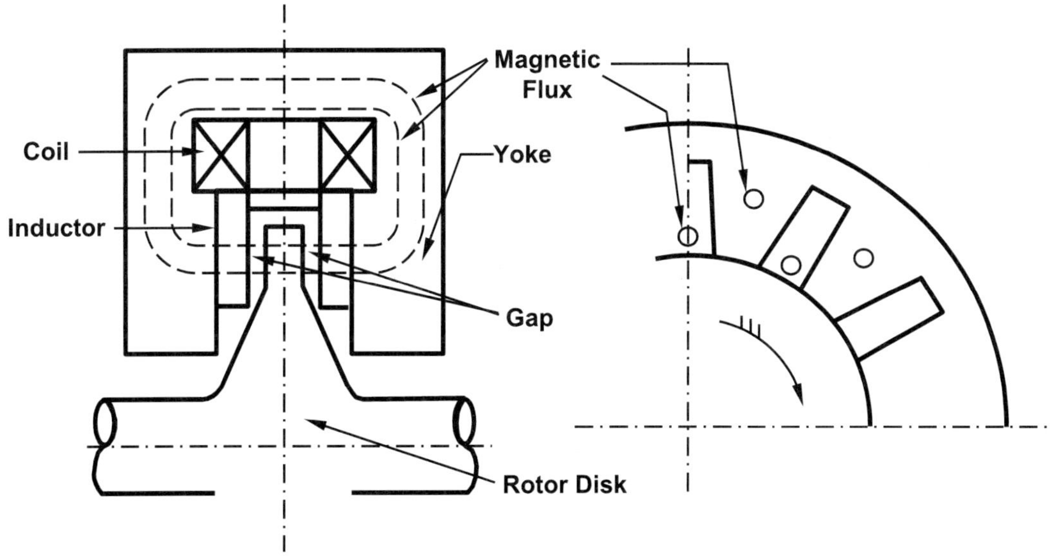

[그림 3-5] 와전류동력계의 원리

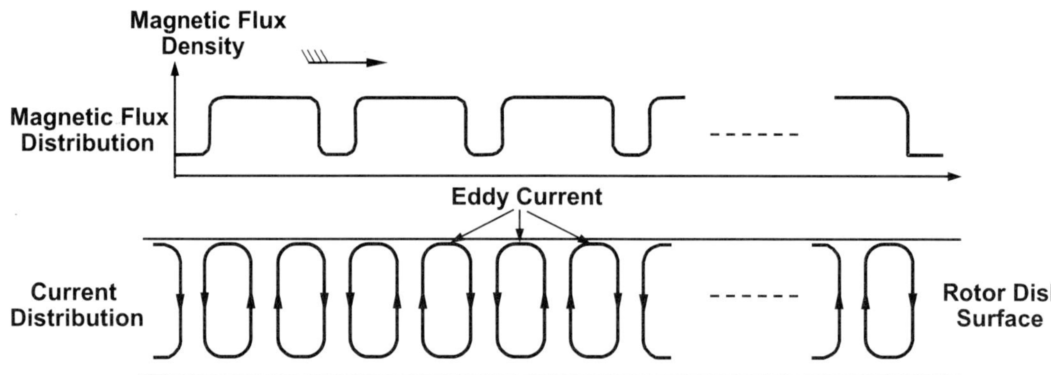

[그림 3-6] 와전류의 발생

[그림 3-5]에서 코일에 전류가 흐르면 코일 주위에 자속이 형성된다. 이 자속은 폐자로를 이루어 계철(Yoke), 유도자(Inductor), 간극(Gap), 회전자(Rotor)를 통해 흐르게 된다. 그런데 유도자의 형상이 기어(Gear)의 이(齒)와 같이 생겼기 때문에 회전자의 디스크에 걸리는 자속은 모두 디스크의 표면에서 일정하지 않게 된다. 즉 디스크와 계철 사이에 유도자(Inductor)의 이가 존재하면 강한 자속이 발생하고 이가 없으면 약한 자속이 발생한다. 이 상태에서 회전자(Rotor)가 회전하면 회전자의 표면에는 이 자속의 변화를 방해하는 방향으로 전류가 흐르는데 이 전류의 모양이 [그림 3-6]에 도시된 바와 같이 동그랗게 소용돌이 모양으로 생기기 때문에 와전류(Eddy Current, EC : 渦電流)라고 부른다.

이 와전류에 의해 회전방향과는 반대의 방향으로 반발력이 발생하고 이 힘을 토크 측정기로 측정하여 기관의 출력을 측정한다. 형성된 와전류는 디스크의 표면을 흐르면서 대부분 열로 소모되며 이 열을 식혀주기 위해 물로 냉각을 하게 된다.

와전류동력계의 종류는 회전자의 형식에 따라 원통형과 디스크 형으로 나누고 다시 냉각방식에 따라 직접냉각형과 간접냉각형으로 나눌 수 있다. 이것을 [그림 3-7]에 나타내었다. 직접냉각형의 회전자는 매끈하게 되어있고 고정자(Stator)에 유도자(Inductor)가 부착되어 있으며 회전자의 표면에서 와전류가 발생한다. 이러한 형식은 냉각효율은 좋으나 회전자가 회전할 때 물에 의한 저항이 크기 때문에 작은 출력을 측정하기는 곤란하다. 간접냉각형은 회전자에 유도자가 부착되어 있고 회전자 주위에 따로 링(Ring)을 삽입하여 여기서 와전류를 발생시키고 이 부위를 냉각하게 된다. 많은 냉각수를 필요로 하나 회전자의 회전 시 저항이 적으므로 작은 출력의 측정이 용이하다.

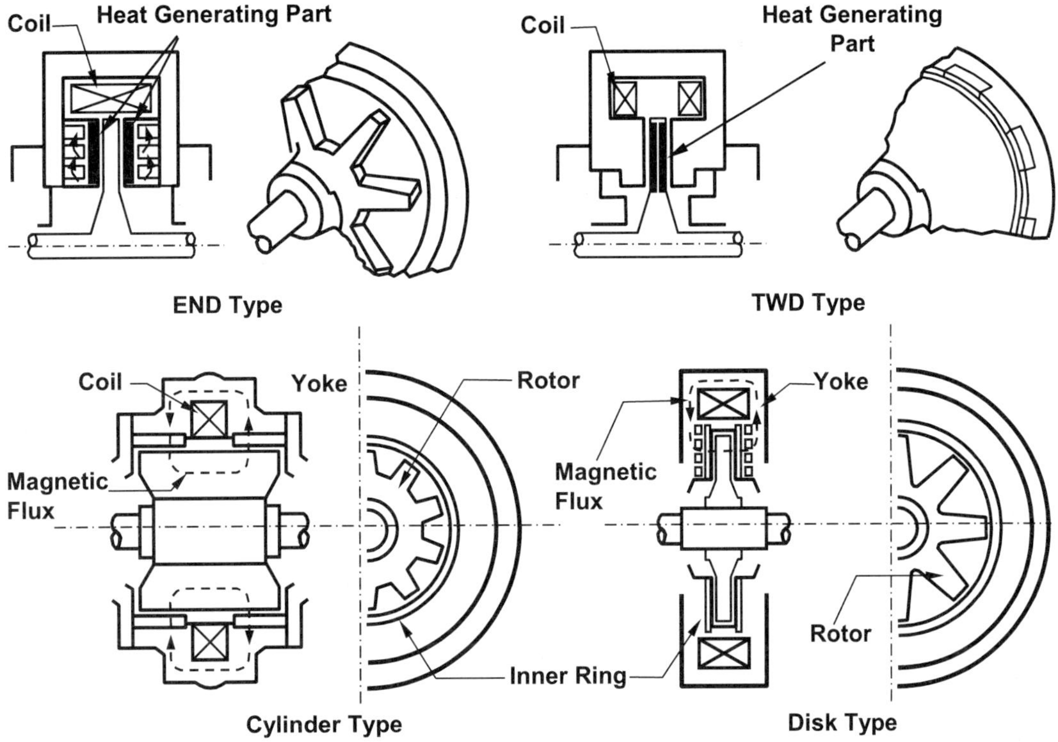

[그림 3-7] 와전류동력계의 여러 종류

3.1.3 동력계와 기관 운전의 결합

동력계는 직류동력계의 경우 자속(Φ)과 전류(또는 전압), 와전류동력계의 경우 자속(Φ)을 제어하여 회전수와 토크를 제어한다.

동력계는 회전수 조절기(Regulator)와 토크 조절기를 모두 가지고 있으나 두 개를 동시에 사용할 수는 없고 그 중 하나를 선택하여 사용한다. 따라서 동력계로 제어되는 것은 회전수나 토크 중 하나이고 나머지 제어되지 않는 성분은 기관 측에서 제어되어야 한다. 이것을 하나씩 살펴보기로 하자.

동력계의 제어형태는 전술한 바와 같이 회전수, 토크가 있고 기관 측의 제어는 스로틀을 조정하여 회전수와 토크를 제어한다. 각 성분의 제어특성은 스로틀에 의한 제어보다 동력계에 의한 제어가 훨씬 정밀하고 안정된 특성을 나타낸다. 이 제어 모드를 조합하면 다음과 같은 경우가 생긴다.

1) 동력계 회전수 - 스로틀 고정위치(Position)

이 상태에서는 기관의 토크에 관계없이 동력계에서는 회전수만 일정하게 유지한다. 그리고 기관의 스로틀은 분압기(Potentiometer)를 조정하여 여기서 나온 기준전압(Reference Voltage)에 해당하는 위치(즉 스로틀 개도)로 움직여 고정되게 한다. 따라서 수동으로 기관의 개도를 조정해야하며, 회전수는 동력계에 제어되기 때문에 매우 안정된 특성을 유지하게 되고, 스로틀의 개도가 변하면 기관으로 들어가는 공기량이 차이가 나므로 토크가 변한다. 따라서 모든 기관 운전조건의 변화(공연비, 점화시기, 분사시기 등)는 토크 변화로 나타난다. 이 조합은 전개(WOT : Wide Open Throttle) 성능 그리고 대부분의 부분부하 시험에 쓰이고 있으며 가장 정밀하게 시험할 수 있는 모드이다.

2) 동력계 회전수 - 스로틀 토크

이 상태에서도 동력계는 회전수만 일정하게 유지한다. 스로틀은 <동력계 회전수 - 스로틀 고정위치(Position)>의 경우 스로틀 조절용 분압기를 조정하면 직접 스로틀이 작동하지만 이 모드에서는 분압기의 전압이 토크 설정의 기준이 되어 그 전압에 해당하는 토크가 기관에서 발생하도록 스로틀의 개도가 자동으로 제어된다. 따라서 모든 기관 운전조건의 변화(공연비, 점화시기, 분사시기 등)는 스로틀 개도의 변화로 나타난다. 따라서 토크가 원하는 값에 설정되었는지는 Position 모드에 비해 상당시간 기관이 안정될 때까지 기다려보아야 하며 안정이 되었더라도 스로틀의 개도는 목표점을 맞추기 위해 계속해서 변한다. 한편 토크의 제어특성은 빠른 제어특성을 얻기 위해서는 스로틀 제어의 게인(Gain)을 크게 설정하여야하고 안정된 토크 제어 특성을 얻기 위해서는 게인이 작게 설정되어야 한다. 따라서 빠른 반응특성과 안정된 반응특성의 사이에서 게인이 최적으로 설정되었다 하더라도 고정위치(Position) 모드에 비해서는 운전 상태의 변동이 심하여 정밀 계측(흡기 압력, 공연비, 연비 등)과 시험조건의 정밀설정(점화시기, 공연비)에 불리하고, 안정성이 떨어지는 기관에 사용할 경우 시험이 불가능한 경우도 있다. 그리고 실제로 동력계가 목표로 하고 있는 토크 값이 얼마인지 파악되지도 않는다. 부분부하성능 시험시 시험자의 편의를 위하여 선택하는 경우가 많으나 가능하면 고정위치(Position) 모드로 시험하는 것이 바람직하다.

3) 동력계 회전수 - 기관 회전수

조합 상으로 가능하나 실제로는 운전이 불가능하다.

4) 동력계 토크 - 스로틀 Position

동력계는 토크를 일정하게 유지하고 스로틀도 분압기에서 설정한 값을 유지하는 모드다. 스로틀 개도의 변화는 바로 기관의 회전수 변화로 나타나며 모든 기관 운전 조건의 변화도 모두 기관의 회전수 변화로 나타난다. 동력계의 토크는 토크 기준 분압기로 설정한다. 조합도 가능하고 운전도 가능한 모드지만 실제 실험에서는 쓰이지 않는다.

5) 동력계 토크 - 스로틀 회전수

<동력계 회전수 - 스로틀 토크>의 경우와는 반대로 동력계는 토크를 일정하게 유지하고 기관의 스로틀 개도를 바꾸어 회전수를 조정한다. 동력계가 토크를 제어하기 때문에 토크는 매우 정밀하게 제어된다. 그러나 기관 운전에서 스로틀 개도 변화에 따른 토크의 반응시간이 회전수의 반응시간보다 훨씬 빠르기 때문에(바꿔 말하면 스로틀 변화에 따른 기관의 회전수 변화는 그 반응이 매우 느리다) 외견상 회전수도 매우 안정되게 유지되는 것 같아도 스로틀을 비롯해 기타 기관의 운전조건이 매우 심하게 변하기 때문에 실제 실험에서는 유용성이 없다.

6) 동력계 토크 - 기관 토크

<동력계 회전수 - 기관 회전수>와 마찬가지로 운전이 불가능하다.

3.2 주변 장치

3.2.1 연료유량계

연료유량계는 크게 질량식과 체적식으로 구별할 수 있는데 질량식은 용기에 일단 연료를 채우고 그 무게를 단 후 측정기간 동안 용기 무게의 변화를 측정하여 그것으로 연료소비량을 계산한다. 질량식 연료유량계는 일정시간에 소모된 질량, 또는 평균값 및 순간 소모량을 측정할 수 있는 데, 질량의 반화를 감지하기 위해 로드 셀을 이용하기도 하고 균형추에 연결된 연료 용기의 위치 변화를 축전지 브리지(Capacitor Bridge)로 감지하여 이것을 중량으로 환산하기도 한다. [그림 3-8]에 축전지 브리지를 사용하는 AVL사의 연료유량계의 개략도를 도시하였다. 기관 시험 시 연료소비량은 질량을 기준으로 하기 때문에 질량식으로 측정한 연료소비량은 연료의 온도에 관계없이 바로 데이터로 사용될 수 있다. 그러나 연료의 온도가 30℃를 넘으면 연료 공급관 내부에 기포가 발생하여 측정에 오차가 생길 수 있기 때문에 이 온도 이하로 연료온도를 낮춰 주어야 한다.

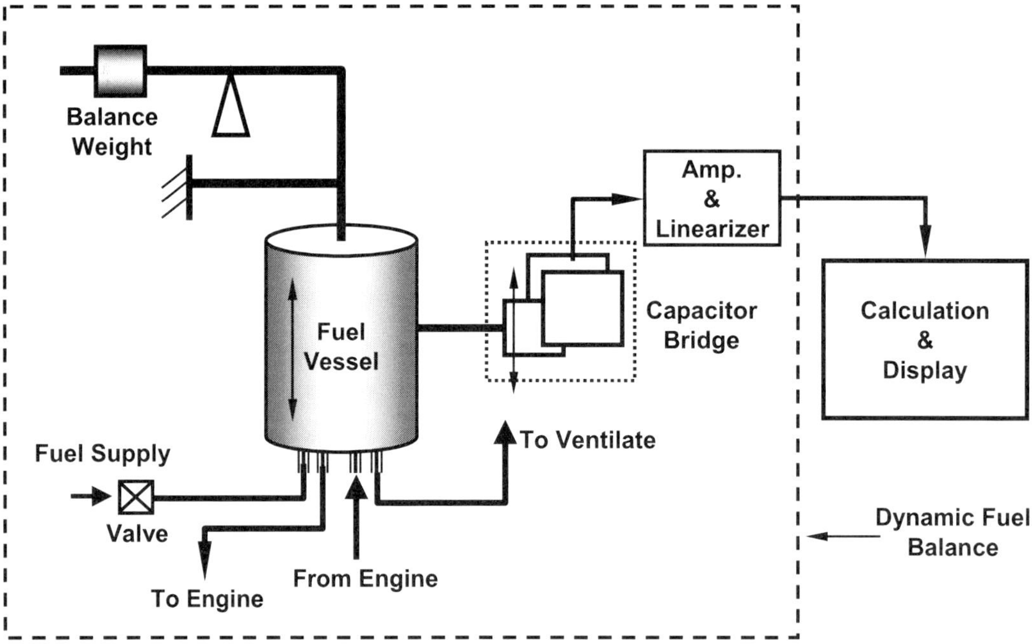

[그림 3-8] 축전지 브리지를 사용한 질량식 연료유량계
(AVL의 Dynamic Fuel Balance)

체적식은 대개 소형의 실린더가 있고 이 실린더에 연료가 채워지고 빠져나가면서 실린더 내부의 피스톤을 구동하고 이 피스톤에 로터(Rotor)를 연결하여 회전수를 측정함으로써 연료 체적유량을 측정한다. 이렇게 측정한 유량을 기관의 시험 데이터로 사용하기 위해서는 연료의 온도를 정확히 측정하여 온도에 따른 비중의 변화를 보상해야하며 질량식에 비해서도 기포 등의 영향을 크게 받는다. 그러므로 연료의 냉각과 온도의 측정에 주의하여야 한다. 통상 체적식은 용기에 채우는 양이 많아 재충전 횟수가 적고 너른 범위의 기관에 사용할 수 있다는 장점이 있다.

연료유량을 측정할 때 주의하여야 할 점은 일단 적정 온도를 유지하여 기포 발생 등에 의한 측정 오차를 줄이고, 또한 충분히 긴 시간동안 연료를 측정하여야 정확한 측정이 가능하다는 것이다. 연료소비량은 기관의 연비뿐만 아니라 배기의 계산에도 사용되므로 매우 정확하게 측정할 필요가 있다. 측정기간의 설정에는 특별한 기준은 없고 상황에 따라 측정기간을 달리하여야 하는데 통상 질량식의 경우는 연료유량계의 1회 최대 측정량의 30% 이상이 한 번의 측정기간 중에 측정될 수 있도록 그리고 체적식도 동일 조건에서 측정을 반복하였을 때 1% 이하의 편차가 생기는 시간을 설정하여 측정을 하도록 한다.

3.2.2 가스분석기

기관을 시험하면서 배기가스를 정확히 측정하는 것은 유해 배출물의 값을 얻는 것 외에도 연소 상태의 파악과 공연비의 설정에 매우 중요하다. 특별한 이유가 없는 한 주로 이산화탄소(CO_2), 일산화탄소(CO), 산소(O_2), 미연탄화수소(Unburned HC) 그리고 질소산화물(NOx) 다섯 가지를 측정한다. 이중 CO, THC, NOx는 배기 규제물질이며 CO_2, CO, O_2, THC는 공연비의 결정을 위해 필요하다. 분석기는 크게 배기가스 채집 부분과 분석부분으로 나누어져 있다.

1) 가스분석기의 채집계

가스 채집계(Sampling System)은 건식(Dry Type)과 습식(Wet Type)으로 크게 나눌 수 있는데, 방식에 따라서 채집방법만 다른 것이 아니라 이를 이용해 데이터를 계산하는 방법도 다르므로 매우 중요하다.

먼저 건식은 채집된 가스 중의 수분을 모두 제거한 후 건조한 배기가스를 대상으로 농도를 측정하는 것으로, 필터, 냉각기. 펌프 등으로 이루어져 있으며 하나의 채집 라인으로 모든 분석기에 요구되는 배출가스를 채집한다. 채집 가스 속의 수분을 제거하는 이유는 농도 측정 시 수분의 간섭과 오염 등을 방지하기 위하여 일부 분석 성분에 있어서는 필수적이다. 대체로 수분의 제거를 위해서는 채집된 가스를 냉각하여 수분을 응축 제거한다.(Water Trap) 습식은 배출가스 분석 성분 중에서 HC (혹은 NOx 포함) 분석기로 보내는 모든 관을 가열하여 채집된 가스가 관내에서 응축되는 것을 방지하도록 채집가스의 온도를 약 120℃ 정도로 유지시킨다. 고온을 유지하는 이유는 건식의 채집계에서는 고분자인 탄화수소가 벽에 응축되거나 전체 채집 가스보다 느리게 움직이는 것을 막기 위함이다. 고온의 가스를 채집하기 위하여 고온 필터 등이 요구되며, 건식의 채집 부분도 함께 구비되어야 하므로 가격이 비싸다. 또한 건조와 습 상태에서 측정한 농도도 수분의 유무 때문에 서로 비교할 때 보정이 필요하다. 그러나 습식은 수분의 제거를 위해 워터 트랩(Water Trap)을 설치할 필요가 없기 때문에 대체로 건식보다는 빠른 응답특성을 지닌다는 장점을 가지고 있다.

2) 분석기의 종류

일반적으로 연료로 사용하는 가솔린은 여러 종류의 탄화수소(HC)로 구성되어 있다. 이 HC의 구성은 정해진 것이 아니라 원유의 산지별 그리고 계절적으로 크게 변하기 때문에 그 정확한 성분을 모두 파악하는 것은 불가능하며 따라서 이 성분을 표시할 때도 수소원자 대 탄소원자의 비(Hydrogen-Carbon Atomic Ratio : HCR)

로 나타낸다. 일반적으로 가솔린, 디젤유의 HCR은 1.80 ~ 1.85 사이이며 이를 나타낼 때 $CH_{1.8}$, $CH_{1.85}$와 같이 쓰기도 한다. 주로 미연 연료 성분인 HC 의 종류는 수백 가지에 이르고 이것을 성분별로 분석하는 것은 불가능하며 C_xH_y 형태를 가진 모든 물질을 총 탄화수소(Total Hydrocarbon)라 칭한다. 단위로는 ppmc를 사용하는 데, 이것은 농도가 몰을 기준으로 한 것에 비하여 탄소수를 기준으로 하여 표시하는 방법이다. 예를 들어 C_3H_8 100ppm은 3*100=300ppmc에 해당한다.

NOx는 질소산화물을 총칭하는 것으로 주로 NO와 NO_2이며 가솔린 기관 연소에서 배출되는 가스의 대부분은 NO이다.

각 배기 성분에 대한 측정방법은 아래와 같다.

i) NDIR(Non-Dispersive Infra Red : 비분산적외선 검출법)

서로 대칭이 되는 원소로 결합된 가스는 어느 특정 지역의 파장에서만 적외선을 흡수하는 성질이 있는 데 이러한 성질을 이용하여 채집 가스의 농도를 측정한다.

적외선 흡수량은 가스의 농도와 측정 셀(Cell)의 길이에 의하여 정해지며, 수분 등의 간섭의 영향을 잘 받을 수 있으므로 건식으로 채집 채집한 가스의 농도를 측정한다. 측정 출력은 농도에 비례하지 않기 때문에 항상 직선화(Linearizing)가 필요하다.

ii) FID(Flame Ionization Detector : 화염이온화 검출법)

유기 탄소 화합물이 수소 불꽃에 의해 고온에서 이온화하는 현상을 이용한 것으로 탄소의 숫자에 비례하는 값을 보인다. 즉 일종의 탄소 계수기(Carbon Counter)이다. 성분에 따라 약간의 감도 차이는 존재한다.

건식과 습식의 분석기를 사용하며 출력은 직선성이 매우 우수하다. 수소화염을 만들기 위하여 수소와 헬륨이 혼합된 연료가 필요하다.

iii) CLD(Chemi-Lumincent Detector : 화학발광법)

NO와 오존 (O_3)의 반응에 의하여 NO_2가 생성될 때 생기는 화학 발광을 측정하는 방법을 이용하는 검출장치이다. NO_2는 측정 전에 고온에서 NO로 변환되어 측정된다.

대부분 건식을 사용하며, 우수한 직선성을 가지고 있다.

iv) MPA(Magnetic Pressure Analyser : 자기압력법)

MPA는 산소가 가지는 자화성을 이용하여 자기장을 걸면 그곳으로 산소가 모여들어 그 부분의 압력이 상승하는 것을 이용한 것이며 건식을 사용되며 우수한 직선성을 가진다.

v) Polagraphy

산소가 박막을 통과하며 농도에 따라 전압 변화를 나타내는 원리를 이용한 것으로 센서의 수명이 있다. 건식으로 채집된 가스를 사용되며 직선성이 우수하다.

3.3. 기관 시험법 및 데이터 처리

기관을 시험할 때 정확한 데이터의 측정과 처리는 아무리 강조하여도 지나치지 않다. 이절에서는 표준적인 기관의 시험법과 측정법에 대해 기술한다.

3.3.1. 용어의 정리

다음은 기관 시험 시 자주 사용하는 용어를 정리한 것이다.

MBT(Minimum Spark Advance for Best Torque 또는 Maximum Brake Torque) : 최적점화시기 또는 토크가 최대로 되는 최소한의 점화 진각.

LBT(Leanest Air / Fuel Ratio for Best Torque) : 출력이 최대로 되는 가장 희박한 공연비를 의미한다. 완전연소가 일어난다면 이론 혼합비에서의 발열량이 가장 크고 따라서 이론 혼합비에서 최대의 토크가 발생하여야 하는데 실제로는 λ=0.9 정도의 과농 혼합기에서 최대 토크가 나온다. 그 이유는 고온에서 발생하는 CO_2의 열해리(Thermal Dissociation) 현상 때문에 CO_2가 CO와 O로 분리되면서 열을 흡수하기 때문이다. 따라서 LBT라 함은 이론 공연비보다 희박한 공연비를 말하는 것이 아니라 과농 혼합기 중에서 최대 출력이 나오는 가장 희박한 공연비를 말한다.

MAP(Manifold Absolute Pressure) : 흡기관 부압의 절대압력

DBL(Detonation Border Line) : 노킹이 발생하기 시작하는 점화시기

MEP(Mean Effective Pressure) : 평균유효압력. 이 개념을 이용하여 다음의 세 가지를 사용한다.

BMEP(Brake MEP) : 크랭크축에서의 출력. 즉 동력계에서 측정되는 값

IMEP(Indicative MEP) : 도시출력, 연소실에서 측정된 압력으로 계산 가능

FMEP(Friction MEP) : 마찰 손실, 강제구동으로 측정 가능. 기관을 시험한 데이

터를 처리할 때는 통상 관습적으로 BMEP = IMEP − FMEP로 두어 BMEP와 IMEP의 차이를 그 발생 원인에 관계없이 모두 FMEP로 간주하기도 한다.

BSFC(Brake Specific Fuel Consumption) : 1시간당 연료 소비율 / 발생 축마력

공연비 : 공급된 공기 중량 / 공급된 연료 중량. 통상 화학 등에서는 부피 비(몰 비, 농도)를 사용하나 기관 시험에서는 중량 비를 사용한다.

공기과잉율 (λ) : λ=실제의 공기량 / 이론 공기 중량 = 공연비 / 이론 공연비

이론 공연비 : 이론적으로 연료가 완전 연소할 때의 공연비

압축비 (r_c) = Maximum Cylinder Volume / Minimum Cylinder Volume

NA(Naturally Aspirated) : 자연 흡기식

TC(Turbo Charged) : 터보 과급

SC(Super Charged) : 과급

WOT(Wide Open Throttle) : 스로틀 전개 또는 전부하

3.3.2 시험 환경의 측정

시험 환경의 측정은 모든 시험 데이터 측정 중에서 가장 중요하고 기본이 되는 사항이다. 이는 비단 기관의 시험뿐만 아니라 모든 열-유체 현상의 측정에 공통적인 사항이며, 시험 환경이 정확히 측정되어야만 이를 이용해 수정 및 처리된 데이터의 신뢰도를 높일 수 있다. 여기에는 대기압의 측정과 습도의 측정을 위한 건구, 습구 온도의 측정이 기본이 된다. 원론적으로 시험 환경은 시험이 진행되는 동안의 시험실 내의 시간적 공간적 평균을 사용하여야 하지만 현재는 시간적 평균은 데이터 획득 장치(Data Aquisition System : DAS)에 의해 시험 당시의 모든 환경 관련 데이터가 바로 컴퓨터 등으로 수집되므로 각 시험 조건에서 그때마다 측정하는 것이 더 정확하다고 할 수 있다. 공간적 평균은 현실적으로 구현하는 것이 어려우므로 평균점으로 볼 수 있는 지점을 신중히 선택하여야 한다. 특히 기관을 시험할 때는 고온의 배기가스가 배출되므로, 온도를 측정하는 경우 배기관으로부터 복사열의 영향을 받지 않는 지점에서 측정을 해야 한다. 아울러 습구 온도를 측정할 때는 과도한 대류의 영향이 존재하지 않도록 세심히 주의를 기울어야한다.

대기압은 이중 가장 중요한 항목으로 대기압을 측정하는 압력계는 항상 정확하게 교정(Calibration)되어 있어야 한다.

3.3.3 기타 데이터의 측정

아래의 그림에 기관을 시험할 때 데이터를 얻는 대략적인 측정위치를 나타내었다. 주의해야할 점은 첫째, 관내의 온도를 측정할 때 열전대의 삽입 깊이는 평균온도를 측정하기 위해 내경의 1/3 위치에 열전대의 측정 점이 위치하게 한다. 특히 배기 온도의 경우 관의 직경방향으로 온도의 구배가 매우 크기 때문에 세심히 삽입할 필요가 있고 길이 방향으로도 아주 큰 구배가 존재하므로 배기 포트에서부터 측정위치까지의 길이도 가능한 한 변경하지 않는 것이 좋다. 만일 불가피한 상황이 아니라면 한 번 장착된 상태로 계속해서 사용하는 것이 바람직하다. 공기 청정기(Air Cleaner)의 온도는 체적효율의 계산에 사용되므로 역시 주의 깊게 관찰한다.

배기관은 공동 배기에 직접 연결하여 사용하지 않는 것이 바람직하다. 그 이유는 공동배기관 자체가 거대한 배기계로 작용하여 기관의 성능특성을 왜곡시킬 수 있기 때문이다.

불가피하게 공동 배기를 이용할 때는 최고 출력이 나타나는 운전 조건에서 배압을 미리 설정한 후, 이 조건으로 운전을 하면서 밸브 등으로 배압을 설정된 값에 맞도록 조정한 후 시험한다.

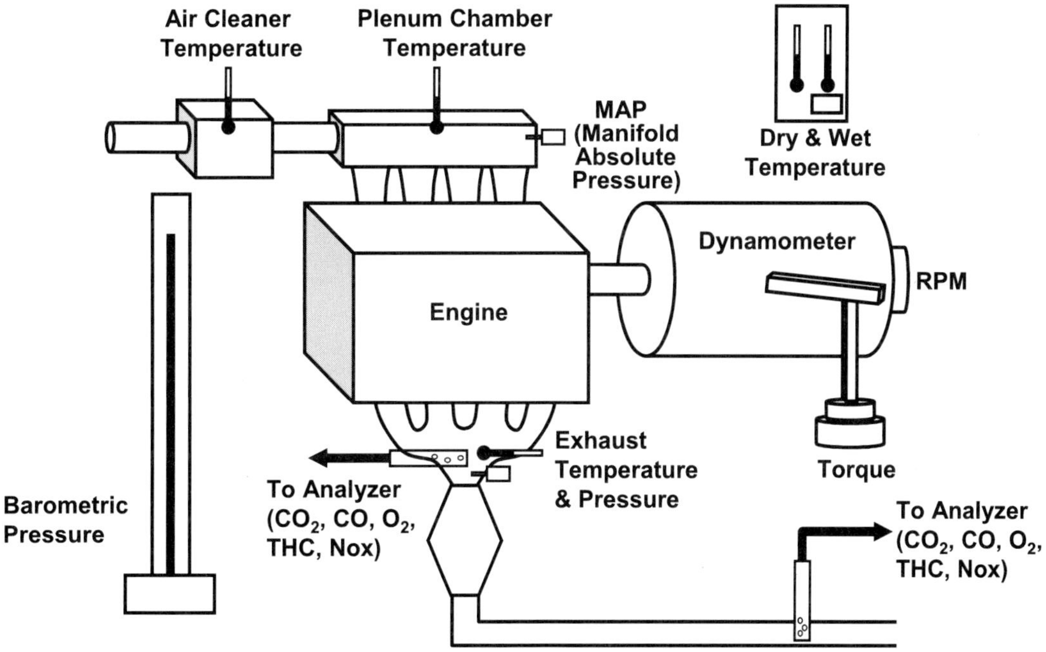

[그림 3-9] 기관 시험 시 측정의 대략적 위치

배기의 채집은 충분히 배기 성분이 안정된 곳에서 가능하면, 배기관의 뒤에서 측정하여야 하는데 이유는 온도가 높은 곳에서는 계속 배기 성분들이 반응을 하고 있기 때문이다. 만일 배기 매니폴드에 근접하여 촉매가 장착된 경우(CCC: Closely Couples Catalyst) 불가피하게 촉매의 앞에서 측정하는 경우도 있다. 공연비 분포 등을 측정할 때도 가능하면 배기 포트에서 측정위치까지의 거리를 일정하게 유지하여 데이터의 비교가 가능하도록 하여야 한다.

3.3.4. 시험 조건의 설정

특별한 경우를 제외하고 아래의 조건으로 시험을 행한다.

1) 배기 장치 : 시험 의뢰자가 명시하거나 특별한 목적이 없는 한 일반적으로 실험실 장치나 표준 자동차 배기 장치에 있는 다기관을 사용한다. 실험실의 장치를 사용하는 경우 배기 후방의 압력은 의뢰자에 의하여 특별히 명시되지 않는 한 최소값이 되게 한다. 배기 후방의 압력과 온도는 배기 다기관 출구의 20cm 이내에서 측정되어야 하며 이 배기 장치는 절대 누출이 없어야 한다.
2) 흡기 장치 : 시험 의뢰자가 명시하거나 특별한 목적이 없는 한 일반적으로 다기관, 스로틀 바디, 호스, 공기 청정기 등을 포함하는 완전한 표준 자동차 장치를 갖추어야 한다. 흡입 공기의 온도는 공기 청정기 내에서 측정하여야 한다.
3) 의뢰자가 명시하지 않는 한 발전기가 장착되어야 한다.
4) EGR 장치는 떼어 내거나 사용하지 않는다.
5) 냉각수 온도조절기(Coolant thermostat)를 제거한다.
6) 연료 분사량과 점화시기를 조절할 수 있는 장치가 필요하다.
7) 일반적으로 납을 포함하지 않은 91RON (최소)을 사용한다. RON, MON, 납의 함량, 비중 그리고 증발 특성이 연료 검사 정보로 알려져 있어야 한다.
8) 일반적으로 API - SF 분류에 따른 SAE Low30 Multi-garde 사용한다.
9) 기관으로부터 배출되는 냉각수의 온도는 실험자 의뢰자에 의하여 명시되지 않는 한 82±3℃의 온도를 유지해야 한다. 냉각수 온도의 경우 이 범위를 벗어나면 부분부하 시 HC 배기의 측정에 그리고 전부하 성능 시험 시에는 DBL에 영향을 준다.
10) 윤활유 공급관(Main Gallery)으로 들어가는 윤활유의 온도는 실험의뢰자에 의하여 명시되지 않는 한 87±3℃의 온도를 유지해야 한다. 윤활유의 경우 온

도에 따라 FMEP가 달라지므로 정확한 데이터의 비교를 위해서 가능하면 87±3℃가 아니더라도 기준을 두어 항상 일정 범위를 유지하여야 한다.

11) 배기가스 분석기로 CO(%), O_2(%), CO_2(%), THC(ppmc), NOx(ppm)등의 측정이 필요하다.

3.3.5. 전부하 성능 시험

전 부하 성능 시험의 기본적인 개념은 모든 기관의 시험 조건이 출력의 극대화를 지향한다는 것이다. 이것은 공연비, 점화시기 등이 LBT, MBT 또는 DBL이 결정된 상황이라면 결국 흡입공기량이 출력을 좌우하게 된다는 것을 의미한다.(스파크 점화기관의 경우만. 디젤기관은 연료량으로 부하를 제어하므로 이와 다름) 그런데 시험을 행할 당시의 환경에 따라 기관의 흡입공기량은 차이가 나게 되는데 그 이유는 공기의 밀도, 습도가 환경에 따라 달라지므로 실제로 기관에 흡입되는 건조공기의 중량이 달라지기 때문이다. 따라서 흡입공기량을 표준상태로 수정하여야 시험환경의 영향을 배제하여 데이터를 비교할 수 있다.

전부하 성능에서 가장 중요한 데이터는 출력 또는 토크이다. 따라서 출력의 정확한 측정과 이의 수정에 영향을 줄 수 있는 다른 데이터의 측정에 유의하여야 한다.

이러한 수정에는 여러 방법이 있는데 그중 많이 사용하는 것이 SAE, JIS, DIN으로 각각의 수정 방법은 다음과 같다.

1) SAE 수정

SAE 수정의 표준상태는 대기압 99.47kPa(29.38 *in.*Hg. 746.3 mmHg), 대기온도 29.4℃(85°F)이다. 이는 고도 약 152m(500*ft*)에 해당하는 조건이다. 이때 수증기 분압은 1.3 kPa(0.38 *in.*Hg. 9.7 mmHg)이다.

SAE 수정의 특징은 마찰손실을 포함하여 수정을 한다는 것인데, 위에서 기관을 시험할 때 BMEP = IMEP – FMEP 로 둔다고 하였으므로 결국 IMEP가 수정의 대상이다. IMEP를 수정하는 이유는 실린더에 충전되는 공기량은 실질적으로 IMEP에 영향을 주고 반면 공기의 충전 양이 마찰 손실에 미치는 영향은 무시할 만하므로 측정된 BMEP에 FMEP를 더하여 구한 IMEP를 수정하고 여기서 마찰에 의한 손실을 다시 고려하는 것이다. 이러한 맥락에서 이 방법은 가장 원칙에 충실한 수정방법이라 할 수 있다. 따라서 SAE 방법을 이용하여 수정을 하는 경우 반드시 마찰손실에 대한 부분을 포함하여 수정해야만 정확한 수정이 되므로 단순히 수정계수만 구한 후 측정한 출력 즉 BMEP만을 수정하는 일이 없도록 주의하여야 한다. 수정에 사용되는 수증기 분압을 구하기 위해서는 건습구 온도계와 대기압으로부터 습도를 구하여야 하는데 이 방법은 3.4.2절에 기술하였다.

SAE 수정 방법은 다음과 같다.

수정계수: C_s

$$C_s = \frac{98.18}{P_a - P_w} \sqrt{\frac{T}{302.6}} \tag{3.20}$$

여기서 P_a : 대기압(kPa)

P_w: 수증기 분압(kPa)

T: 흡입공기온도(K)

수정방법은 앞서 언급한 바와 같이 도시평균유효압력에 대해 수정을 하는 것이므로 다음과 같다.

$$P_0 = C_s\,(P + P_f\,) - P_f \tag{3.21}$$

여기서 P_0 : 수정된 출력

P : 측정된 출력

P_f : 측정된 마찰마력

마찰 손실은 기관을 강제 구동하여 측정한 마찰 토크 값을 사용하는 것이 원칙이지만 마찰 토크를 측정할 수 없는 경우 기관의 총 출력 중 85%가 순 출력으로 나타나 측정된다고 가정한다. 따라서 마찰손실은 $P_f/P = 15/85$ 에서 $P_f = 0.18P$가 되므로 수정된 출력은 다음과 같다.

$$P_0 = C_s \cdot 1.18P - 0.18P \tag{3.22}$$

수정의 대상은 출력r(kW) 또는 토크(Nm)이다

SAE의 기관 시험법에는 총 출력과 순 출력을 측정하는 두 가지 방법이 있는데 그 차이를 [표 3-1]에 나타내었다.

[표 3-1] SAE 총 출력과 순 출력의 시험조건

총 출력	순 출력
기관의 운전이 가능한 최소한의 부품 상태(Bare Engine)로 시험. 플라이 휠, 연료 펌프, 윤활유 펌프를 포함하고 공기청정기, 냉각 팬, 라디에이터, 배기 소음기 등은 장착하지 않음.	기관의 운전에 필요한 모든 부품을 갖춘 상태(Fully Equiped Engine)로 시험. 즉 생산 라인에서 생산된 기관과 같은 상태. 공기청정기, 냉각 팬, 라디에이터, 배기 소음기 등을 모두 장착..

SAE 수정은 JIS의 기준과 동일한 기준에서 비교하고자 할 때 다음과 같이 기준조건을 건조 대기압 99 kPa, 기준온도 25℃로 변경하여 사용하기도 한다.

$$C_s = \frac{99}{P_a - P_w} \sqrt{\frac{T}{298.15}} \tag{3.23}$$

2) JIS 수정

JIS 수정은 건조 대기압 99 kPa(743mmHg), 대기온도 25℃를 기준으로 한다.

수정계수 : k

$$k = (\frac{99}{P_a - P_w})^{1.2} \ (\frac{T}{298})^{0.6} \tag{3.24}$$

여기서 P_a : 대기압(kPa)

P_w:수증기 분압(kPa)

T: ~흡입공기온도(K)

수정방법

$$P_0 = k \cdot P \tag{3.25}$$

JIS의 기관 시험법도 총 출력과 순 출력 측정 방법 두 가지가 있으며 그 조건은 [표 3-2]와 같다.

[표 3-2] JIS 총 출력과 순 출력의 시험조건

<table>
<tr><th colspan="3"></th><th>총 출력</th><th>순 출력</th></tr>
<tr><td rowspan="13">장착 상태
○ : 장착
× : 미 장착
– : 장착/미장착 무방
△ : 타 부품을 장착하여도 무방</td><td rowspan="2">흡기계</td><td>블로우 바이 가스 환원장치</td><td>–</td><td>○</td></tr>
<tr><td>공기 청정기</td><td>–</td><td>○</td></tr>
<tr><td rowspan="3">배기계</td><td>배기 다기관</td><td>△</td><td>○</td></tr>
<tr><td>소음기</td><td>△</td><td>○</td></tr>
<tr><td>테일(Tail) 관</td><td>△</td><td>○</td></tr>
<tr><td rowspan="5">냉각 장치</td><td>방열기(Radiator)</td><td>×</td><td>○</td></tr>
<tr><td>팬</td><td>×</td><td>○</td></tr>
<tr><td>팬 카울(Cowl)</td><td>×</td><td>○</td></tr>
<tr><td>펌프</td><td>○</td><td>○</td></tr>
<tr><td>온도조절기(Thermostat)</td><td>○</td><td>○</td></tr>
<tr><td colspan="2">윤활유 냉각기</td><td>○</td><td>○</td></tr>
<tr><td colspan="2">전기 장치</td><td>○</td><td>○</td></tr>
<tr><td colspan="2">공해 방지 장치</td><td>○</td><td>○</td></tr>
</table>

3) DIN 수정

DIN 수정의 특징은 습도를 포함하지 않고 수정하는 것이다. 기준은 대기압 101.3 kPa, 대기 온도 20℃이다.

수정계수 : K

$$K = \frac{101.325}{b}\sqrt{\frac{T}{293.15}} \tag{3.26}$$

여기서 b : 측정 대기압(kPa)

T: ~흡입공기온도(K)

수정방법

$$P_0 = K \cdot P \tag{3.27}$$

DIN의 기관 시험 조건은 통상의 운전에 필요한 흡-배기계를 모두 장착한 상태로 측정하여야 한다. 즉 공기청정기, 팬, 소음기 등이 장착되어 있어야 한다.

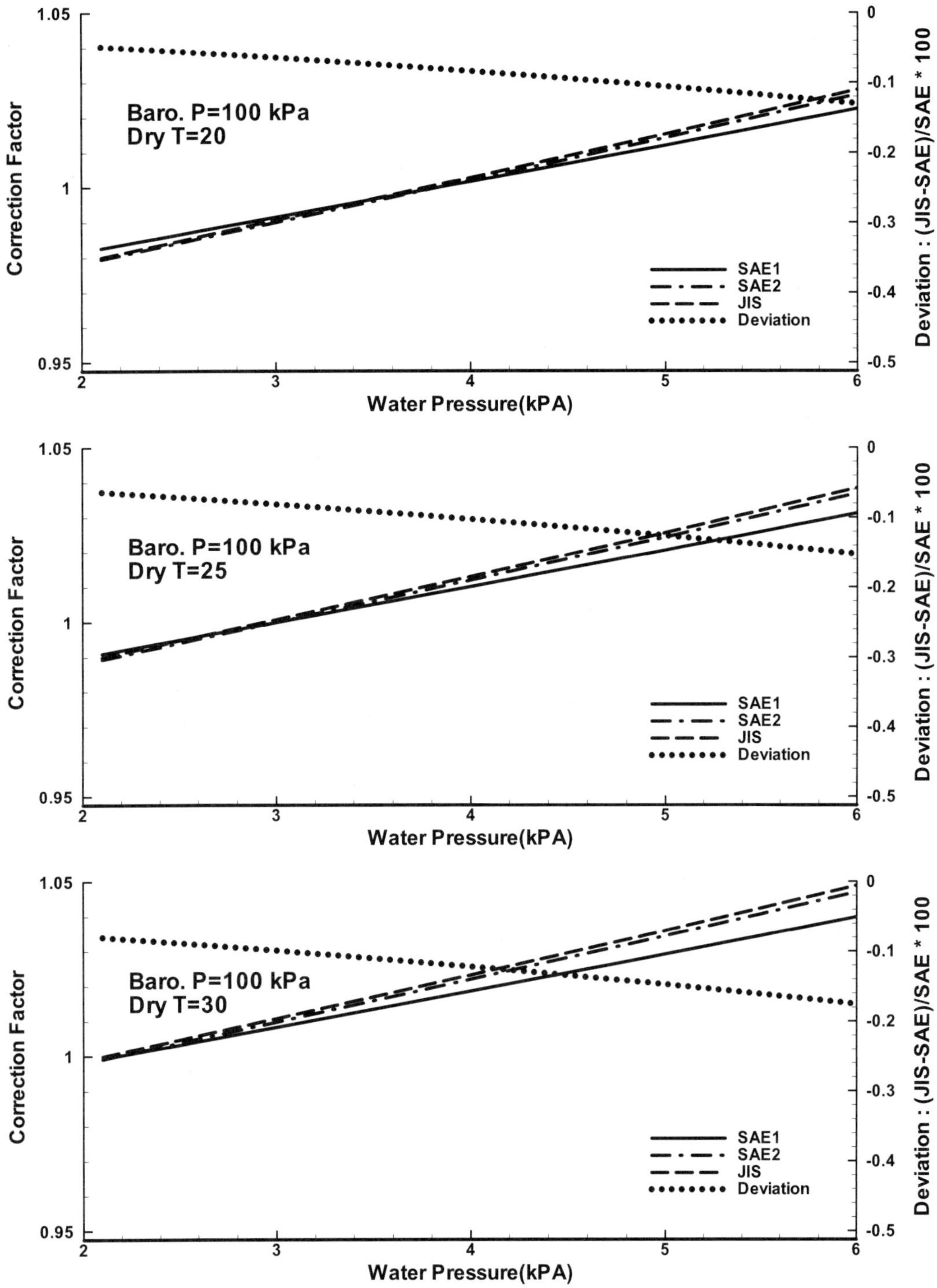

[그림 3-10] SAE-JIS 수정 계수의 비교

통상 SAE와 JIS 수정 방법을 많이 사용하고 이 둘의 수정 결과는 거의 차이가 없다. [그림 3-10]은 두 방법으로 구한 수정계수를 대기압, 대기 온도 및 습도에 따라 비교한 것이다. 그림에서 SAE1은 마찰손실을 고려하지 않고 단순이 측정된 출력에 수정계수를 곱한 경우이고 SAE2는 마찰손실을 고려하여 수정한 경우이다. 먼저 그림에서 알 수 있듯이 JIS 수정과 마찰 손실을 포함한 SAE 수정의 결과는 대기 온도가 높고 수증기 분압이 클수록 편차가 증가하지만 그 차이가 최대 0.2%를 넘지 않는다. 따라서 어느 방법을 사용하여 수정을 해도 동일한 결과를 얻을 수 있다. 다만 SAE 수정을 사용하는 경우 반드시 마찰을 고려하지 않는다면 대기 온도가 높을수록 그리고 수증기 분압이 클수록 수정계수의 오차가 증가한다. 따라서 SAE 수정에서는 반드시 도시출력을 수정하고 이어 여기서 마찰손실을 감하는 방법을 사용해야 정확한 값을 얻을 수 있다.

4) 전부하 시험 절차

전부하 시험은 아래와 같은 순서와 방법으로 한다.

① 기관 냉각수와 윤활유의 온도를 정상적인 작동 온도로 난기한 후 회전수를 운전 가능한 최소 회전수로 설정한다.(통상 1000~1500 RPM)

② 스로틀을 완전히 열고 (WOT), LBT가 되는 연료 분사량을 구하고 MBT가 되는 점화시기를 구한다.

③ 이 상태에서 1-2분 동안 계속하여 기관이 안정되면, 데이터를 취득한다. 점화시기를 2도씩 진각시키면서 각 상태에서 기관이 안정되길 기다려 안정된 상태에서 데이터를 기록한다.

④ DBL이 나타나지 않으면 점화시기를 MBT보다 8도까지 더욱 진각 시켜본다. DBL시기나 노킹이 일어났는지에 대하여 시험 결과에 명시한다.

⑤ ① ~ ④의 과정을 일정한 회전수 간격(500 또는 600RPM)으로 기관의 최대 속도까지 올려가며 시행한다.

주의 : 주로 저속에서 DBL 점화시기가 MBT보다 먼저 발생하는데, 이 경우 DBL 이상 점화시기를 진각하면 기관에 손상을 줄 수 있으므로 이러한 운전은 회피한다. 모든 요구되는 데이터는 LBT / (DBL−2°)에서의 데이터를 기록한다.

3.3.6. 부분부하 성능시험

전부하가 아닌 부분부하성능인 경우에는 출력에 대한 보정을 하지 않는다. 그 이유는 부분부하의 경우 실험조건에 맞추기 위하여 기관의 흡입 건조공기중량을 제어하면서 시험을 하기 때문이다. 에를 들어 온도가 낮고 습도가 낮아 동일한 스로틀 개도에 대해 흡입공기량이 많은 경우에는 스로틀을 조금 닫아 시험하게 되고 반대의 경우는 스로틀을 더 열어서 시험하기 때문이다. 기타의 데이터 처리 방법은 부분부하와 전부하 모두 동일하다.

주의하여야 할 점은 대부분 부분부하 시험은 일정한 BMEP 상태를 유지하면서 시험을 하는데 속도도 일정한 상태이므로 결국 기관의 배기량에 따라 토크를 일정하게 유지하면서 시험을 하는 것이다. 따라서 부분부하 성능 시험을 할 때 기관의 운전상태가 달라져 토크가 변하는 경우 스로틀을 조정하여 다시 설정된 토크로 맞추어야 한다. 이와 달리 고정 스로틀 개도로 시험을 하는 경우도 있는데 이러한 데이터와는 직접 비교가 불가능하다.

부분부하시험에서 가장 중요한 데이터는 연료소비율과 배기 특성이므로 이에 관련된 항목들의 정확한 측정이 시험의 질을 좌우하므로 이들 값의 정확한 측정과 함께 데이터를 수정하고 처리할 때 연비와 배기에 영향을 줄 수 있는 다른 데이터들의 측정에 유의하여야 한다. 부분부하 실험의 경우 대표적으로 다음과 같은 시험항목과 절차가 있다.

1) 혼합비 반응특성 시험(Mixture Response Test)

일명 공연비 변경(A/F Swing) 시험이라고도 한다. 이 시험은 용어 그대로 공연비에 따른 기관의 성능특성을 파악하는 시험이며 가장 널리 쓰이는 부분부하 성능시험이기도 하다. 시험 방법은 다음과 같다.

① 기관 냉각수와 오일의 온도를 정상적인 작동 온도로 난기한다.

② 시험조건으로 주어진 속도와 부하가 되도록 RPM과 토크를 조정한다.(통상 3600 RPM/4.0 Bar Bmep, 2400/2.5, 2000/2.0,1800/2.0, 1200/1.5 등이 사용된다.)

③ 공연비를 측정한다. (가스분석기에서 측정된 배기 성분 데이터로부터 Spindt 식이나 Eltinge 차트를 이용하여 공연비를 계산하거나 공연비 측정기(λ - Meter)를 이용하여 공연비를 측정한다.)

④ 공연비가 λ=0.9(가솔린의 경우 약 A/F=13) 정도가 되도록 연료량을 조절한다.

⑤ 시험 조건에 명시된 토크가 나오도록 스로틀을 조절한다.

⑥ 공연비를 확인한다. 만일 13 : 1 (±0.3)이 아니면 다시 연료량을 조절한 다음 스로틀을 조절한다.

⑦ 공연비와 속도, 토크가 명시된 값에 일치하도록 (4)~(6)의 과정을 계속한다.

⑧ MBT의 점화시기를 찾는다. 명시된 속도와 토크가 되도록 스로틀을 조절한다.

⑨ 연료량, 스로틀 개도, 점화시기의 조정을 반복하여 MBT 점화시기에서 속도와 토크와 공연비를 원하는 값으로 동시에 일치되도록 한다. 기관을 2-3분 동안 안정되도록 한 다음 요구되는 모든 값들을 기록한다.

⑩ 위 전 과정을 공연비를 1 정도씩 증가시키면서, 즉 14 : 1, 15 : 1 등으로 반복하여 기관이 희박연소한계에 이를 때까지 계속한다.

희박연소한계를 결정하는 방법에는 여러 가지가 있다. 먼저 가스분석기에서 측정되는 미연탄화수소(Unburned HC)의 변동과 토크의 변화를 기준으로 희박연소한계를 결정하는 방법이 있다. 다기통 기관에서 통상적으로 희박연소한계에는 모든 기통이 동시에 도달하는 것이 아니라 항상 특정한 1개 기통에서 먼저 도달하고, 이 경우에도 실화(Misfire)보다는 부분 연소(Partial Burn) 현상이 먼저 나타난다. 부분연소가 발생하면 주기적으로 배기 성분 특히 HC값이 순간적으로 증가하는 스파이크(Spike) 현상이 발생하는데 이러한 스파이크가 발생하기 시작하는 공연비를 희박연소한계로 정의할 수 있다. 또는 부분 연소가 발생하면 이는 토크의 변동으로 이어지는데 이때 변동 폭도 공연비 증가에 따라 급하게 발생한다. 따라서 토크 변동 폭이 ±5%를 넘어서는 공연비를 희박연소한계로 결정할 수도 있다. 대부분의 경우 HC의 스파이크와 토크 변동 폭의 확대가 발생하는 공연비는 거의 일치한다. 따라서 실제로 이 두 현상이 동시에 발생하는 공연비를 희박연소한계로 정의할 수도 있다. 때로 연소 안정성이 매우 양호하여 희박연소한계가 높은 기관의 경우 기관의 경우 HC의 스파이크도 불분명하고 토크의 변동도 공연비 증가에 따라 서서히 증가하는 경우도 있다. 이럴 때는 공연비에 따른 HC 배출량을 그래프로 그리고 기울기가 급격히 변하는 지점을 희박연소한계로 정의하기도 한다. 대부분 아주 예외적인 경우 즉 기관의 연소 안정성이 극도로 불량하거나 반대로 높은 경우를 제외하면 이 세 가지 방법에 의한 희박연소한계의 결정은 상당히 잘 일치하여, 판정 방법에 따라 그리고 시험을 행하는 개인에 따라 공연비 ±0.2 정도의 오차를 가지고 있다.

희박연소한계를 결정하는 다른 방법은 실린더의 압력을 측정하여 IMEP의 COV (Coefficient of Variation)로 기준을 삼는 것이다. 이럴 경우, 다기통 기관에서 한

기통만 선택하여 압력을 측정하면 압력 측정의 대상이 되는 실린더의 대표성이 문제(Cylinder-to-Cylinder Variation : 실린더 간 변동)가 되는 경우가 있다. 따라서 이 때는 모든 기통의 압력을 측정하여 결정해야 한다.

2) 배기재순환률 반응 특성 시험(EGR Response Test)

공연비 변경 시험과 마찬가지로 배기재순환(Exhaust Gas Recirculation : EGR)율에 따른 기관의 특성변화를 관찰하는 시험이다. 이때 공연비 변경 시험과는 달리 공연비(통상의 경우에는 이론 공연비로)는 일정하게 유지하여야 순수하게 EGR 율에 따른 변화를 추출해 낼 수 있다. 시험방법은 다음과 같다.

① 기관을 충분히 난기한 후 시험할 회전수 및 부하를 설정한다.(통상 3600 RPM/4.0 Bar Bmep, 2400/2.5, 2000/2.0,1800/2.0, 1200/1.5 등이 쓰인다)

② 공연비를 이론공연비에 맞춘다.

③ MBT의 점화시기를 찾는다

④ EGR 율을 0에서 2~3% 간격으로 부분연소(Partial Burn 또는 Misfire)가 일어날 때까지 EGR 율을 변경하면서 요구되는 모든 값들을 기록한다.

⑤ 속도와 부하를 변경하면서 ① ~ ④를 반복한다.

EGR 율의 한계를 결정하는 방법도 희박연소한계를 결정하는 방법과 크게 다르지 않다. EGR 율을 결정하는 방법에는 여러 가지가 있지만 그 중 한 가지를 소개하면 다음과 같다.

$$\text{EGR Rate} = \frac{CO_2(L) - CO_2b}{CO_2(H) - CO_2b} \times 100 \tag{3.28}$$

여기서 $CO_2(H)$: 배기 다기관 내 CO_2 농도

$CO_2(L)$: EGR을 할 때 흡기 다기관 내의 CO_2 농도

CO_2b : EGR을 하지 않았을 때 흡기 다기관 내의 CO_2 농도. 즉 대기 중 CO_2 농도.

이 시험은 특히 데이터 중에서도 NOx, HC, 연료소비율의 변화를 세밀하게 추적하여야 한다. 통상 EGR을 사용할 때는 HC가 증가하므로 이의 억제를 위해 점화시기를 지연시키는 경우가 많은데 이 때문에 배기재순환률 반응 특성 시험 시에는 점화시기 반응 시험(Spark Timing Response Test)을 각 EGR 율에서 병행하여 하는 경우가 많다.

EGR 율을 결정하기 위해서는 흡기관 내 CO_2의 농도를 측정해야 한다. 농도의 측정을 위해 가스 분석기 등을 이용하여 흡기관 내에서 공기를 연속적으로 채집하는 경우, 채집되는 양 만큼 흡입 공기량에 변화가 발생하기 때문에 토크, 공연비 등 기관의 운전 상태가 달라진다. 따라서 EGR 율의 결정을 위해 흡기관 내 공기의 채집은 일단 채집을 하지 않는 상태에서 기관의 모든 데이터를 기록한 후에 별도로 측정하는 것이 바람직하다.

3) 점화시기 반응 시험(Spark Timing Response Test)

점화시기 변경시험(S/A Swing Test)이라고도 한다. 이는 정해진 공연비에서 점화시기가 MBT보다 진각 또는 지연되었을 때의 기관의 성능변화 특성을 구하는 시험이다. 점화시기 변경시험의 목적도 역시 배기 제어에 있으므로 이 시험 시에도 특히 배기, 연비의 변화에 각별한 주의를 기울여야한다.

① 기관 냉각수와 오일의 온도를 정상적인 작동 온도로 난기 운전한다.

② 시험하려는 속도와 부하가 되도록 RPM과 토크를 조정한다.(통상 3600 RPM /4.0 Bar Bmep, 2400/2.5, 2000/2.0,1800/2.0, 1200/1.5 등이 쓰인다.)

③ 공연비를 이론공연비(Stoichiometric)로 설정하고 시험조건의 속도와 토크를 유지하면서 MBT를 찾는다.

④ 점화시기를 MBT−12°로 후퇴하고, 공연비를 이론공연비로 맞추고 시험조건의 속도와 토크를 유지하도록 스로틀을 조절한다. 기관이 안정되기를 2−3분 정도 기다린 후, 요구되는 데이터를 기록한다.

⑤ 점화시기를 3~4° 씩 증가시켜 MBT+12°까지 진각시킨다. 각 단계에서 공연비를 이론공연비로 맞추고 속도와 토크를 유지하면서 명시된 토크와 속도가 나오도록 스로틀을 조절한 후 기관이 안정되기를 2~3분 정도 기다린 후, 요구되는 데이터를 기록한다.

3.4 기관 시험데이터 처리

기관 성능에 대한 데이터를 얻은 후 이 데이터도 정확한 처리과정을 거쳐야 물리적으로 의미가 있고 상호 비교 가능한 데이터로 가공이 가능하게 된다. 이절에서는 표준적인 데이터 처리 방법에 대해 기술한다.

3.4.1 수집 및 처리 데이터

통상적으로 기관을 시험할 때 얻어야 될 데이터는 20개를 넘지 않는다. 많은 데이터를 수집하여 저장하는 것 보다 필요한 데이터만 정확히 수집하는 것이 더욱 중요하다. 기관의 성능시험을 할 때 수집해야할 데이터와 이를 바탕으로 처리한 데이터는 다음과 같다

1) 기관 회전수(RPM)
2) 기관 토크(Nm)
3) 연료소비량(g 또는 cc) : 연료 온도에 주의.
4) 연료소비량 측정 시간(sec) : 충분히 긴 시간 필요
5) 공기청정기 온도 : 체적효율 계산에 필요
6) 서지 탱크(Surge Tank 또는 Plenum Chamber) 온도
7) 배기 온도
8) 배기압
9) 미연탄화수소(THC)
10) 일산화탄소(CO) 농도
11) 일산화탄소(CO_2) 농도
12) 산소(O_2) 농도
13) 질소산화물(NOx)) 농도
14) 점화시기(S/A)
15) 건구 온도
16) 습구 온도
17) 대기압

이상 17개의 데이터는 반드시 측정해야할 항목들이고 그 외에 시험목적에 따라 CO_2 High-Low(EGR 시험 시), 공기 질량 유동 등을 추가할 수 있다.

이 데이터를 이용하여 다음과 같은 데이터를 얻는다.

1) 출력(Power, kW)
2) 제동평균유효압력(BMEP, kPa)
3) 수정된 토크
4) 제동연료소비율(BSFC)

5) 미연탄화수소 제동비배기(BSHC)
6) 일산화탄소 제동비배기(BSCO)
7) 이산화탄소 제동비배기($BSCO_2$)
8) 질소산화물 제동비배기(BSNOx)
9) 공연비(AFR)
10) 체적효율
11) 제동 열효율(또는 연료전환효율)
12) 제동공기소모율(BSAC)
13) 충전 효율
14) 포화증기압
15) 상대습도

이외에 EGR율 등도 추가할 수 있다.

다음에 출력수정 이외에 기타의 데이터를 수정하거나 처리하는 방법에 대해 알아보겠다.

3.4.2 습도의 계산

습도는 전부하 성능에서는 건조 공기중량의 계산에 그리고 부분부하에서는 NOx의 배출량을 계산할 때 매우 중요한 요소이므로 주의를 기울여 측정하고 계산하여야 한다. NOx의 경우 우리나라 기후에서는 계절적으로 습도에 따라 수정계수가 0.6~1.2 까지 변하므로 NOx 배출량의 결정은 분석기로 측정하는 것 보다 수정계수를 정확히 구하는 것이 더 중요하다.

습도를 계산할 때 수증기 분압은 건구 온도와 습구 온도 그리고 대기압을 이용하여 다음과 같은 식을 이용하여 구한다. 이 식은 Keenan-Keyes의 증기압 표를 최소제곱법(Least Square)으로 구한 것으로 −7℃~43℃ 온도 범위에서 ±0.003 kPa정도의 오차를 보인다. 먼저 건구온도와 습구온도에서의 포화증기압을 다음과 같이 구한다.

$$P_{db} = Exp\left(-12.150799 \ln T_d + \sum_{i=1}^{i=10} CW(i)\, T_d^{\,i-3}\right)$$
$$P_{wb} = Exp\left(-12.150799 \ln T_w + \sum_{i=1}^{i=10} CW(i)\, T_w^{\,i-3}\right) \qquad (3.29)$$

여기서　　P_{db} : 건구온도 T_d 에서의 포화수증기압(Pa)

P_{wb} : 건구온도 T_w 에서의 포화수증기압(Pa)

T_d : 건구온도(K)

T_w : 습구온도(K)

$CW(1) = -8499.22,\ CW(2) = -7423.1865,$
$CW(3) = 96.1635147,\ CW(4) = .024917646,$
$CW(5) = -.000013160119,\ CW(6) = -.000000011460454,$
$CW(7) = 2.1701289 \times 10^{-11},\ CW(8) = -3.610258 \times 10^{-15},$
$CW(9) = 3.8504519 \times 10^{-18},\ CW(10) = -1.4317 \times 10^{-2}$

실제의 증기압은 Ferrel의 방정식으로 다음과 같이 구한다.

$$P_w(kPa) = [P_{wb} - 0.00066 \times (T_{db} - T_{wb}) \times P_a \times 1000 \times (1 + 0.00115 \times (T_{wd} - 273.15))] \div 1000 \tag{3.30}$$

최종적으로 퍼센트로 표현되는 상대습도는 그 온도에서 최대로 포함할 수 있는 증기압에 대한 실제로 포함된 증기압이므로 다음과 같다.

$$RH = \frac{P_w}{P_{db}} \times 100000 \tag{3.31}$$

3.4.3 제동출력(Power, kW)

제동 출력은 기관의 총 출력에서 기관이 운전되는데 필요한 모든 마찰 마력과 손실을 빼고 순수하게 구동축에서 외부로 전달된 출력으로 실제 사용 가능한 출력이다.

$$\begin{aligned} P &= 2\pi \frac{RPM}{60 \times 1000} T\ [kW] \\ &= 2\pi \frac{RPM}{60 \times 1000} T \div 0.7355\ \ [PS] \\ &= 2\pi \frac{RPM}{60 \times 1000} T \div 0.74569\ \ [HP] \end{aligned} \tag{3.32}$$

3.4.4 제동평균유효압력(BMEP, kPa)

평균유효압력의 물리적 의미는 [그림 2-7]에 나타낸 바와 같이 기관이 작동할 때 행정에 따라 압력이 변하게 되는데 이 변동하는 압력을 동력을 발생 시키는 유효한 사이클에 걸쳐 평균하여 나타내었다는 것이다.

$$\mathrm{BMEP} = \frac{P}{\frac{RPM}{60} SV} \frac{NC}{2} \tag{3.33}$$

여기서 SV : 배기량($\frac{\pi B^2}{4} L \times$ (No. of Cyl.)) 또는 $V_d \times$ (No. of Cyl)

NC : 행정 수

이때 측정된 출력대신 수정된 출력을 사용하면 수정된 BMEP를 구할 수 있다.

3.4.5 수정된 토크 (Nm)

측정된 토크에 수정계수를 곱하여 구할 수도 있고 수정된 출력을 이용해 다음과 같이 구할 수도 있다.

$$T_0 = \frac{P_0 \times 159.155}{\frac{RPM}{60}} \tag{3.34}$$

3.4.6 제동연료소비율(BSFC, g/kWh)

연료소비율은 직접 연료의 소비량을 측정하여 결정할 수도 있으나 그렇지 못한 경우 흡입공기량과 공연비를 통해 간접적으로 구할 수도 있다. 연료소비량, 공연비 그리고 공기소비량(또는 체적효율) 3가지는 (공연비)=(공기소비량)/(연료소비량)의 관계를 통해 2가지를 알면 나머지를 구할 수 있다.

1) 연료소비량을 측정한 경우

$$\mathrm{BSFC} = \frac{m_f \times 3600}{\Delta t\, P} = \frac{V_f \times 3600 \times \rho_f}{\Delta t\, P} \ (g/kWh) \tag{3.35}$$

여기서 m_f : 측정 시간 동안 소비된 연료 질량(g)

V_f : 측정 시간 동안 소비된 연료 체적(cc)

Δt : 연료소비량 측정 시간(sec)

ρ_f : 연료의 비중(가솔린은 표준상태에서 0.749, 메탄올 0.797 액화천연가스 0.806)

P : 측정된 출력

주의할 점은 스파크 점화기관의 경우 BSFC의 계산에 수정된 출력을 사용하지 않고 측정된 출력을 사용하며 압축착화의 경우 BSFC도 수정을 하여 사용한다는 것이다.

공기소비량(kg/sec)은 공연비를 구하였다면 다음 식으로 계산할 수 있다.

$$\dot{m}_a = \text{BSFC} \times P/3600/1000 \times AFR \tag{3.36}$$

2) 흡입공기량을 측정한 경우

가스를 연료로 사용하는 경우 질량식 그리고 체적식으로 가스 유량을 정확히 측정하는 것은 대단히 어렵다. 이런 경우 공기유량계로 흡입공기 질량을 측정하고, (공연비)=(공기소비량)/(연료소비량)의 관계를 이용해 다음과 같이 구할 수 있다.

$$\text{BSFC} = \frac{\dot{m}_a \times 1000}{AFR \times P} (g/kWh) \tag{3.37}$$

여기서 $\dot{m}_a$: 유량계에서 측정되고 온도, 습도, 대기압에 대한 수정을 한 공기 질량유량(kg/sec)

3.4.7 공연비 (AFR)

공연비는 통상적으로 식(3.38)로 구하는데 이 식은 Spindt에 의해 제안된 식으로 통상 Spindt式이라 부른다.

$$AF_{Sp} = FB\ [11.492 \times FC \frac{1 + \frac{R}{2} + Q}{1 + R} + 120 \times FH \frac{1}{3.5 + R}] \tag{3.38a}$$

여기서 FB는 총 배기 중 기연(Burned) 부분의 몰 비, FC는 연료 중 탄소가 차지하는 중량비, 그리고 FH는 연료 중 수소가 차지하는 중량비, R은 기연성분 중 CO_2와 CO의 비율로 각각 다음과 같이 정의된다.

$$FB = \frac{CO(\%) + CO_2(\%)}{CO(\%) + CO_2(\%) + THC(ppm) \times 10^{-4}}$$

$$FC = \frac{12.01}{12.01 + \frac{2.016 \times m}{2}}$$

$$FH = 1 - FC$$

$$R = \frac{CO(\%)}{CO_2(\%)}$$

$$Q = \frac{O_2(\%)}{CO_2(\%)}$$

이때 m은 연료 중 탄소와 수소의 원자수 비(Hydrogen-Carbon Atomic Ratio : HCR)이다.

만일 알코올(메탄올, 에탄올) 같이 연료에 산소가 포함되어있다면 이 식은 다음과 같이 수정하여 사용한다.

$$AF_{Sp} = FB[11.492 \times FC\frac{1 + \frac{R}{2} + Q}{1 + R} + 120 \times FH\frac{1}{3.5 + R} - 11.492 \times FC \times \frac{n}{2}] \quad (3.38b)$$

여기서 n은 연료 중 탄소와 산소의 원자수 비(Oxygen-Carbon Atomic Ratio : OCR)이고 FC와 FH의 정의는 다음과 같이 달라진다.

$$FC = \frac{12.011}{12.011 + 1.00797 \times m + 15.999 \times n}$$

$$FH = \frac{1.00797}{12.011 + 1.00797 \times m + 15.999 \times n}$$

산소의 측정이 불가능한 경우 탄소의 균형(Carbon Balance)에 의한 다음의 식을 사용하여 공연비의 계산이 가능하다.

$$AF_C = \frac{M_a}{M_f}\left[\frac{100 - CO/2 + 3(H_2O)/2}{CO + CO_2 + THC \times 10^{-4}} - \frac{(H_2O)_a}{CO + CO_2 + THC \times 10^{-4}} + \frac{m}{2}\right] \tag{3.39}$$

여기서 M_a는 공기의 분자량으로 28.96을, M_f는 연료의 분자량으로 $M_f = 12.011 + 1.00797 \times m$을 사용한다.

식 (3.39)에는 H_2O가 포함되어 있는데 분석기를 통한 물의 양은 측정이 불가능하므로 수성가스 반응상수 K를 도입하여 다음의 식을 이용하여 구한다.

$$H_2O = \frac{m}{2}\frac{CO_2 + CO}{\frac{CO}{K \cdot CO_2} + 1} \tag{3.40}$$

실제의 경우 상기 식 (3.39)은 이론혼합비 보다 과농한 영역에서 오차가 크게 발생하므로 대신 식 (3.41a)과 같이 수정된 식이 사용되고 여기에 미연탄화수소의 보상을 추가하여 식 (3.41b)과 같은 계산식을 사용하기도 한다.

$$AF_{C1} = \frac{M_a}{M_f}\frac{100}{CO + CO_2 + THC \times 10^{-4}} + \frac{m}{2} - \frac{1.8 \times CO}{CO + CO_2} \tag{3.41a}$$

$$AF_{C2} = \frac{100\frac{M_a}{M_f} - 3.05 \times THC \times 10^{-4}}{CO + CO_2 + THC \times 10^{-4}} + \frac{m}{2} - \frac{1.8 \times CO}{CO + CO_2} \tag{3.41b}$$

이때에도 연료 중에 산소가 포함되어 있다면 위의 탄소 균형식은 아래와 같이 수정하여 사용할 수 있다.

$$AF_{C1} = \frac{M_a}{M_f}\frac{100}{CO + CO_2 + THC \times 10^{-4}} + \frac{m}{2} - \frac{3}{2}n - \frac{1.8 \times CO}{CO + CO_2} \tag{3.41c}$$

$$AF_{C2} = \frac{100\frac{M_a}{M_f} - 3.05 \times THC \times 10^{-4}}{CO + CO_2 + THC \times 10^{-4}} + \frac{m}{2} - \frac{3}{2}n - \frac{1.8 \times CO}{CO + CO_2} \tag{3.41d}$$

산소의 균형으로 유도된 식은 탄소균형을 이용한 식과 기원이 같으며 아래의 식 (3.42)와 같다.

$$AF_0 = 4.773\frac{M_a}{M_f}\frac{CO_2 + CO/2 + (H_20)/2}{CO + CO_2 + THC \times 10^{-4}} + 4.773\frac{M_a}{M_f}\frac{NO/2 + NO_2/2 + O_2}{CO + CO_2 + THC \times 10^{-4}} \tag{3.42}$$

다른 식과는 달리 NO를 포함하고 있는 특징을 가지고 있으며 이는 산소 균형을 이용하기 때문에 나온 결과이다. 이식은 모든 공연비 계산식 중에서 가장 큰 오차가 발생하므로 가급적 사용하지 않는 것이 바람직하다.

한편 [그림 3-11]에 나타낸 바와 같이 공연비 λ=1.16(가솔린의 경우 공연비 17)까지 배기 성분 중 CO+CO_2+THC의 값은 HC 및 연소상태에 관계없이 공연비와 거의 직선적 관계를 가진다. HC는 Y축(공연비 축)의 절편에만 영향을 주고 그 절편의 차이도 공연비 17까지만 회귀분석을 하여 일차식을 유도할 때 기울기의 크기와 정확히 일치한다. 따라서 이를 바탕으로 CO+CO_2+THC와 공연비의 관계를 회귀 분석하여 식으로 나타내면 다음과 같은 일차식을 얻을 수 있다.

$$AF_{LG} = 31.18 - 1.09(CO + CO_2 + \frac{THC}{10^4}) \tag{3.43a}$$

$$AF_{LM} = 14.19 - 0.52(CO + CO_2 + \frac{THC}{10^4}) \tag{3.43b}$$

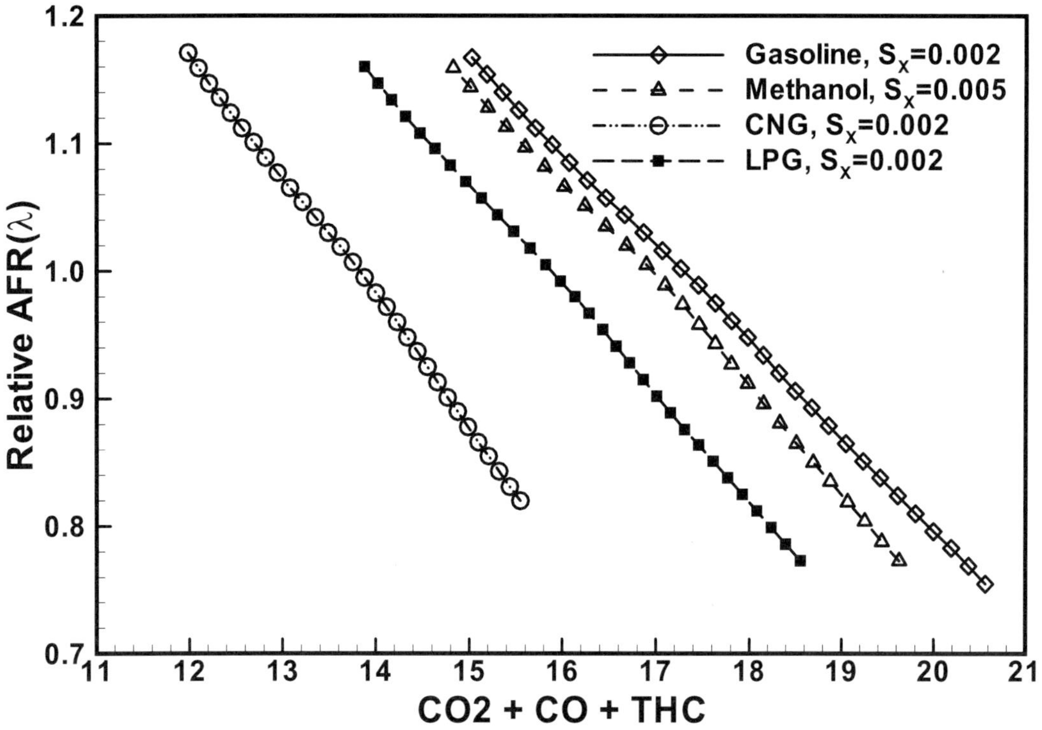

[그림 3-11] $CO+CO_2+THC$와 공연비의 관계

$$AF_{LN} = 36.58 - 1.66(\mathrm{CO} + \mathrm{CO_2} + \frac{\mathrm{THC}}{10^4}) \tag{3.43c}$$

$$AF_{LL} = 33.19 - 1.28\,(CO + CO_2 + \frac{THC}{10^4}) \tag{3.43d}$$

식 (3.43a)~(3.43d)는 각각 가솔린(HCR=1.86), 메탄올(HCR=4, OCR=1), 천연가스(HCR=3.87) 그리고 LPG(HCR=2.55)에 적용이 가능하다.

이상에서 살펴본 바와 같이 여러 계산방식에 따라 결정된 공연비는 각각 고유한 특성을 나타내고 있는데 산소 균형식은 매우 큰 오차를 지니고 있으며, 탄소 균형으로 유도된 식은 수정한 식인 경우 충분히 현재의 Spindt방식과 호환 가능하고 일차식도 λ=1.16 이하에서는 충분히 정확도를 가진다.

3.4.8 배기 측정 값 및 공연비의 검증

기관의 시험에서 정확한 공연비의 결정은 매우 중요하다. 공연비는 배기 특성을 좌우하고 촉매의 정화 효율에 영향을 주는 것 외에도 기관의 시험에서는 이를 토대로 체적효율을 계산하므로 잘못된 배기가스 측정 결과는 기관 성능을 나타내는데 심각한 오류를 발생시키기 때문이다. 그리고 가스분석기로 배기 성분을 측정할 때는 다른 시험 데이터의 측정에 비해 오차가 발생할 소지가 매우 많다. 실제 시험에서 가장 많이 봉착하는 문제는 채집 관의 누설, NDIR (주로 CO, CO_2)의 직선성 확보 문제, 채집관의 오염 등이다.

배기 성분이 정확히 측정되었다면 Spindt식에 의한 공연비 계산은 매우 정확하다. 그러나 Spindt식은 배기 성분의 값을 임의로 대입하여도 공연비는 계산되게 되어 있다. 따라서 일차적으로 Spindt와 반대의 개념에서 출발한 Eltinge 차트를 이용하여 주요 배기 성분인 CO, CO_2, O_2의 값을 확인하여야 하고 이어 HC, NOx를 확인하는 과정이 필요하다.

[그림 3-12]에 가솔린에 대한 Eltinge 차트를 나타내었다.

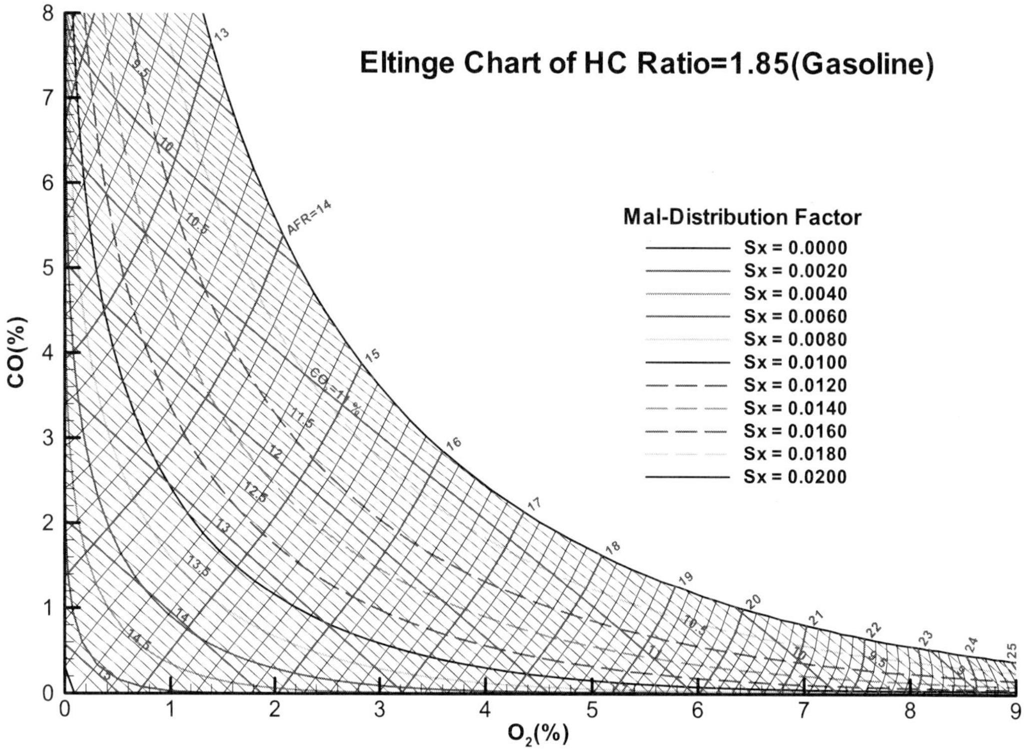

[그림 3-12] 가솔린 연료에 대한 Eltinge 차트

Eltinge 차트는 여타 공연비 결정 방법과는 달리 배기조성으로부터 공연비를 산정하지 않고 공연비가 주어졌을 때 배기 조성을 구하는 방법을 제안하였다. 추가로 Eltinge는 혼합기가 불균일하게 분포되었다는 또 하나의 가정을 추가하였는데 즉 주어진 공연비에서 혼합기는 명목상의 공연비(평균 공연비)를 중심으로 가우스(Gauss) 분포를 하고 있다고 가정하였다. 이 가정에 따라 일정 공연비에서 한 주어진 분포(Maldistribution factor 또는 표준편차)에 따라 배기 성분을 계산하면 그 공연비와 혼합기 분포상태를 만족시키는 배기 조성은 오직 한 가지 조합만 존재한다. 결과적으로 배기 성분 (Eltinge에서는 O_2, CO_2, CO)과 공연비 그리고 혼합기 분포 상태 다섯 중 두 가지가 결정되면 이것을 만족하는 나머지 성분 또는 공연비 등은 단 한 가지 조합만 존재하게 된다.

이에 따라 다른 방법들이 배기 조성에 대하여 아무런 정보를 제공하지 못하는 것에 비해 Eltinge 차트에서는 공연비에 따라 배기 조성이 결정되고 아울러 공연비 분포 상태를 달리함으로써 물리적으로 가능한 모든 조성을 제시하고 있기 때문에 가장 포괄적인 데이터를 제시하고 있고 이러한 특성을 이용하여 가스 분석을 통해 얻은 배기 데이터와 공연비의 오차 및 측정 장치의 이상 유무를 점검할 수 있다. Eltinge 차트만으로 정확한 공연비를 판정할 수는 없는데 그 이유는 이 차트에는 미연탄화수소가 발생하지 않은 완전연소를 가정하고 작성되었기 때문이다. 그러나 적절한 방법으로 미연 탄화수소를 보상하면 매우 정확한 공연비의 산출이 가능하다. 일단 차트를 이용해 공연비를 판정하는 방법은 다음과 같다.

[표 3-3] 배기 성분과 공연비

CO_2 (%)	O_2 (%)	CO (%)	THC (ppmc)	NOx ppm	AF_{Sp}*	AF_{El}**	AF_{El}***
14.20	0.83	0.64	2054	1441	14.64	14.82	14.62

* : AFR by Spindt

** : AFR by Eltinge without HC Correction

*** : AFR by Eltinge with HC Correction

[표 3-3]에는 실제 가솔린 기관의 시험을 통해 얻은 배기 데이터와 Spindt 및 Eltinge 차트에서 판독한 공연비가 제시되어 있다. Eltinge 차트를 통한 공연비 판독은 [그림 3-13]에 나타낸 바와 같이 분석기 등을 통해 읽은 배기 값 즉 O_2, CO, CO_2에 해당하는 점을 각각 차트에서 찾아 각 축에서 O_2 값은 수직으로 CO는 수평

으로 연장하고 CO_2는 차트에 사선으로 나타난 선에 평행하게 연장하면 세 배기 값에 의해 삼각형이 그려진다. 이 삼각형의 중심을 구하고 우상향으로 그려진 동일 공연비 선을 참고하여 공연비를 결정한다. 제시된 예에서는 차트를 통해 판독한 공연비는 14.82로 이는 Spindt 식으로 계산한 공연비와 약 1.4% 정도 오차가 있다.

만일 미연 탄화수소를 보상하면 더 정확하게 공연비를 판정할 수 있는데 다음과 같은 식을 이용해 미연 성분을 보상한다.

$$\overline{O}_2 = O_2 + 100 \cdot \frac{a}{CUT} \cdot THC \times 10^{-6} \tag{3.44a}$$

$$\overline{CO}_2 = CO_2 - 100 \cdot \frac{1}{CUT} \cdot THC \times 10^{-6} \tag{3.44b}$$

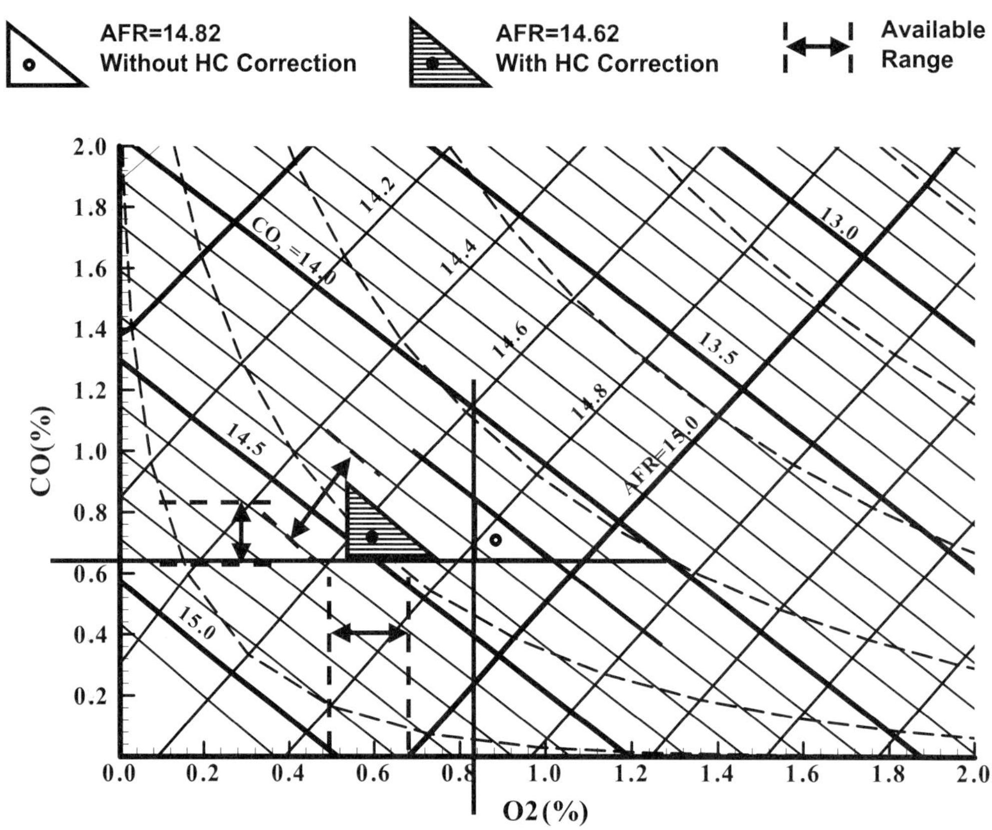

[그림 3-13] Eltinge 차트를 이용한 공연비의 판독과 배기 분석 값의 점검

여기서 $a=(1+m/4-n/2)$이고 $\overline{O}_2$와 $\overline{CO}_2$ 측정된 미연 탄화수소가 모두 연소되었다고 가정하였을 때의 수정된 산소와 이산화탄소의 농도이다. 이 값을 이용해 다시 공연비를 판독하면 그림에서 빗금 친 삼각형의 형태가 그려지고 공연비는 14.62가 되며, 이 값은 Spindt 식으로 판정한 공연비와 거의 차이가 없다. 공연비를 결정하고 난 이후 분석기의 지시치가 오차의 범위 내에서 이상 없이 작동하였는지 또는 채집과정 중에 누출의 문제 등이 발생하였는지를 차트를 통해 점검하는 과정은 다음과 같다.

보상된 공연비 또는 보상되지 않은 공연비에서 오차가 없다고 가정한 배기 성분을 유추한다. 여기서 보상된 공연비를 기준으로 하여 예를 들기로 한다. 판독된 공연비에서 차트를 만족시키는 배기 성분의 조합은 CO_2, O_2, CO 각각 14.49, 0.56 0.70%이다. 통상 분석기는 1% 이내의 오차 또는 지시치의 흔들림(drift)을 허용하고 CO_2의 경우 대략 15% 그리고 O_2, CO의 경우 10% 내외의 범위를 사용하므로 오차를 고려하면 CO_2는 14.35~14.65 O_2는 0.45~0.65 CO는 0.60~0.80 사이의 값이 분석기에서 읽혀야 한다. 이 가용 범위도 [그림 3-13]에 나타내었고 이 범위를 벗어난 배기 값이 측정된 경우 배기 분석 장치를 전체적으로 점검해야 한다. 이에 대해서는 뒤에 자세히 논의하겠다.

통상적으로 배기가스 중에는 미연 성분이 존재하고 분석기의 오차가 없다고 가정하여도 미연 성분에 의한 CO_2, O_2의 변화가 있으므로 촉매를 거치지 않은 경우 차트에서 배기 성분이 한 점으로 모일 수는 없다. 분석기를 통해 읽은 배기 값으로 공연비를 결정할 때 삼각형의 형태에 따라 각 배기의 지시치는 실제의 배기와 비교할 때 [표 3-4]과 같은 상태를 나타낸다.

차트상의 임의의 공연비는 완전 소를 가정한 것이고 여기에 미연 성분이 존재한다면 실제 배기 상태에서는 CO_2는 줄어들고 O_2는 증가하며 나타날 것이다. 이를 차트에 반영하면 차트의 삼각형의 모양은 항상 정의 삼각형(◺)이 나오게 되어 있다.

[표 3-4] 삼각형의 형태와 배기 측정치와의 관계

Exhaust Values	Triangle Orientation	
	◺	◹
O_2	lower	higher
CO	lower	higher
CO_2	lower	higher

[표 3-5] 분석기 측정 오차의 유무에 따른 배기 측정값

	CO_2	O_2	CO	THC	AF_{Sp}	AF_{El}
W/ Error	13.18	0.81	0.66	1898	14.63	-
W/O Error	14.28	0.77	0.69	1960	14.58	14.57

그 외에 NOx에 의한 효과를 고려하면 정의 삼각형은 O_2가 낮아지는 방향으로 작용하므로 그 크기가 더 커지는 경향이 있다. 역삼각형은 통상 이론 공연비 부근에서 나타나지 않고 주로 희박영역이나 과농 영역에서 관찰된다.

위에서 Eltinge 차트 상에서 배기 측정값이 가용 값의 범위를 벗어난 경우 분석기의 오차 또는 배기계나 채집 과정 중의 누출을 점검해야 한다. 통상 누출이 일어난 경우 O_2의 지시치가 비정상적으로 크게 나타나므로 쉽게 판정할 수 있고 기타의 경우 스판(span) 또는 NDIR에서 직선성의 확인이 필요하다. 이제 차트를 이용해 배기 측정의 정확성을 판별하는 구체적 방법에 대해 알아보기로 하겠다.

실제 분석기 사용 중에 CO_2의 스판(span)의 변동으로 지시치가 흔들린 원래의 값과 보정된 값을 [표 3-5]에 나타내었다. 이렇게 측정에 오류가 있는 경우에 대해 Spindt 식는 14.63으로 공연비를 계산하였는데 결과적으로 실제 값과 비슷하기는 하나 이는 우연의 일치이다. 실제로 이 부근에서 비슷한 계산 결과를 보여주는 탄소 균형식을 이용하면 공연비는 15.76으로 계산된다. 그러나 어떤 경우라도 공연비는 계산되고 Spindt 식만으로는 검증은 불가능하다.

그러나 이 경우 Eltinge 차트를 보면 삼각형이 너무 크고 정의 모양이므로 CO_2가 대폭 적게 측정되었거나 또는 O_2는 적게 그리고 CO는 과다하게 측정된 경우이고 어떤 경우든 공연비의 판독은 불가능하다. 이를 [그림 3-14]에 나타내었다. O_2가 적게 동시에 CO는 과다하게 측정되는 경우는 가능성이 희박하고 CO_2값이 정확하다면 O_2는 2.5%, CO는 0.1% 근방일 것이므로 16 근방의 공연비를 가지는데 이러한 가능성도 거의 없으므로 CO_2가 적게 측정되었음을 쉽게 추론할 수 있다.

이에 따라 분석기의 스판을 다시 점검하고 재 측정한 결과 의미 있는 배기 값을 얻었으며 이를 근거로 한 공연비는 AF_{El}=14.56, AF_{Sp}=14.58, AF_{C1}=14.64이다.

CO_2 이외의 다른 성분도 이와 유사한 방법으로 행하여질 수 있다. 또한 동시에 3개의 분석기가 오차의 허용 범위를 벗어나면서 동시에 차트 상에 의미 있는 배기 조성을 나타내는 상황은 거의 발생하지 않을 것이므로 차트의 분석을 통해 분석기의 지시치를 항상 검증할 수 있다.

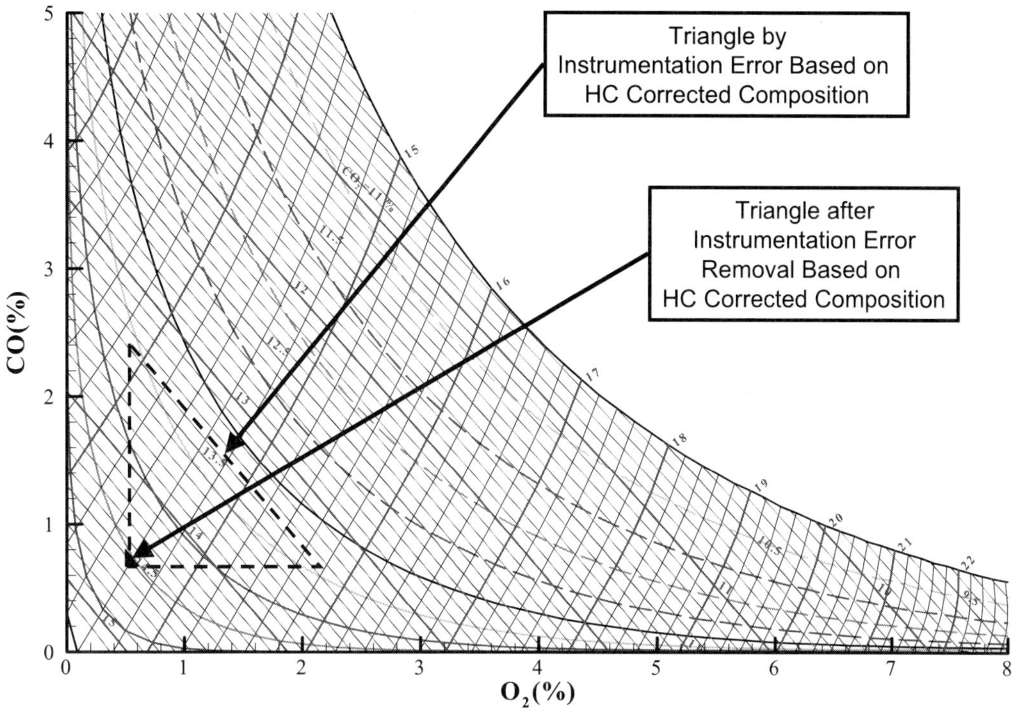

[그림 3-14] 분석기 측정 오차의 유무에 따른 Eltinge 차트 상의 삼각형 형태

배기 채집관에서 누출이 발생하는 경우는 실제 공연비를 희박하게 운전하여 잉여 공기가 연료와 반응을 하지 않고 배출된 경우와 동일한 상황으로 볼 수 있으므로 양자의 배기조성이 열해리의 영향을 제외하면 이론적으로 동일하기 때문에 쉽게 판단이 되지 않는다. 예를 들어 분석기의 채집 과정 중 5%, 10%의 공기 누출이 있는 경우를 가정하고 이를 실제의 데이터를 이용하여 다음의 [표 3-6]과 같은 가상의 배기 측정값을 구성하였다.

[표 3-6] 이론 공연비 및 희박공연비에서 누출이 있는 경우 배기 측정 값

	Leakage	CO_2	O_2	CO	THC	AF_{Sp}	AF_{El}
Sto.	0	14.28	0.77	0.69	1960	14.58	14.56
	5%	13.60	1.73	0.66	1860	15.27	15.30
	10%	12.98	2.61	0.63	1780	15.96	15.95
Lean	0	12.01	4.75	0.13	2189	18.05	18.04
	5%	11.44	5.52	0.12	2080	18.90	18.88
	10%	10.92	6.23	0.12	1990	19.74	19.70

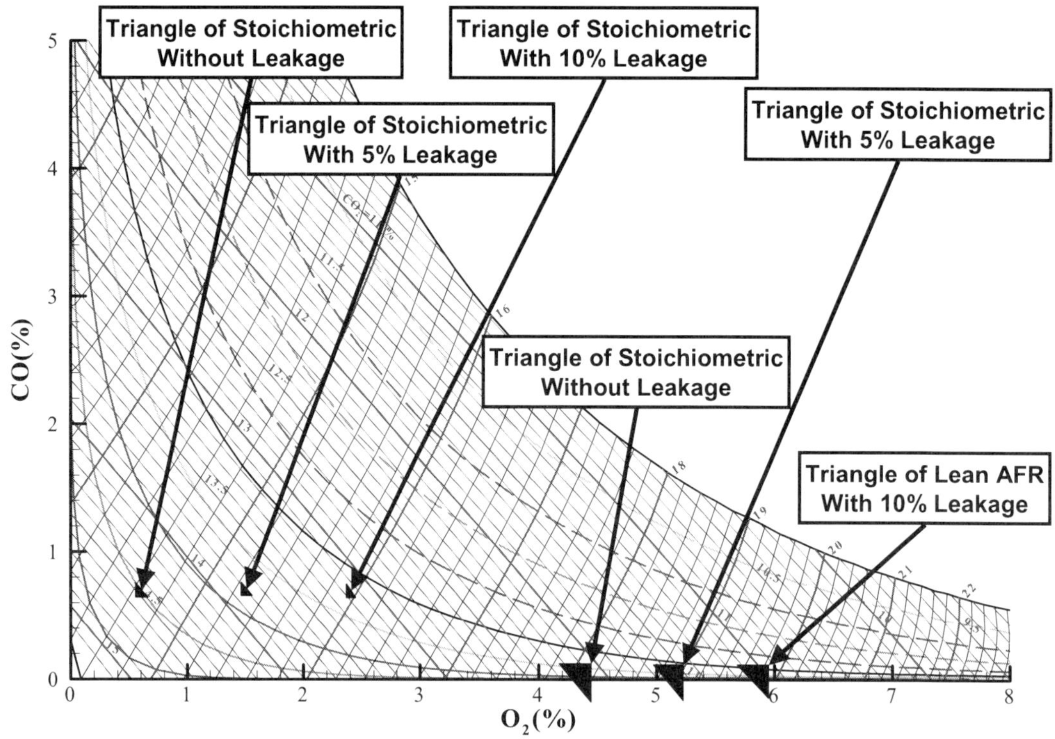

[그림 3-15] 누출 유무에 따른 Eltinge 차트 상의 삼각형 형성

이론 공연비인 경우 차트에서 공연비를 찾을 수 있으나 삼각형의 크기나 형태로 지시치의 오류를 찾을 수 없다. 누출에 의해 삼각형의 위치만 바뀌고 크기는 거의 변화가 없다. 다만 O_2가 2%를 넘어가면 이 때의 공연비는 통상 16 이상이고 이 공연비에서 CO의 농도는 0.1% 근방이므로 O_2의 농도에 비해 CO의 농도가 지나치게 높으므로 먼저 CO의 분석기를 확인하고 이어 누출 여부를 판단할 수 있다. 이 경우를 [그림 3-15]에 나타내었다.

만일 희박 공연비에서 누출이 발생한 경우 차트에서 공연비를 찾을 수 있고 역시 삼각형의 크기나 형태로 지시치의 오류를 찾는 것은 불가능하다. 이 경우도 [그림 3-15]에 나타내었다.

그리고 공연비 16을 넘어서면 CO의 값이 거의 일정하기 때문에 이론공연비나 과농혼합기의 경우와 같이 이를 통한 판단은 어려우며 다만 공연비를 다시 농후한 영역으로 설정하고 O_2와 CO의 값을 비교하면 누출을 판단할 수 있다.

3.4.9 제동열효율 또는 연료전환효율(BTE, η_f, %)

$$\eta_f = \frac{3600 \times 1000}{\mathrm{BSFC} \times Q_{HV}} \times 100 \qquad (3.45)$$

여기서 Q_{HV}는 연료의 발열량으로 가솔린은 $44000 kJ/kg$, 메탄올은 19500 kJ/kg 그리고 천연가스는 $48726 kJ/kg$을 사용한다.

3.4.10 체적효율(η_v)

체적효율은 가장 이상적인 상태에서 기관에 흡입될 수 있는 공기량에 대한 실제 들어온 공기량을 말한다. 결국 체적효율의 비교를 통하여 기관의 흡입능력을 비교할 수 있으므로 기관의 흡배기계 설계의 효율성을 판별할 수 있다.

$$\eta_v = \frac{\dot{m}_a}{SV \times \rho_{a,i} \times N} \times 100 \qquad (3.46)$$

여기서 SV : 배기량($\frac{\pi B^2}{4} L \times$ (No. of Cyl.)) 또는 $V_d \times$ (No. of Cyl)

NC : 행정 수

$\rho_{a,i}$: 흡입공기 밀도 ($\rho_{a,i} = \frac{P_a}{T_{ac} \cdot .287}$)

T_{ac} : 공기청정기의 공기 온도

P_a : 대기압

N : 기관 회전수($rev./sec$)

이때 흡입 공기의 질량유량은 연료소비율과 공연비를 이용해 계산한다.

체적효율은 매우 중요한 파라미터이고 실질적으로 기관 성능 개발의 많은 부분은 이 체적효율을 향상시키고자 하는 것이다. 따라서 기관을 시험하여 얻은 데이터를 이용해 계산한 체적효율은 충분히 작은 오차를 가지고 있을수록 그 유용성이 크다. 이러한 관점에서 식 (3.45)로 계산한 체적효율의 오차에 대해 검토해 보겠다. 앞에서 본 바와 같이 체적효율 판정을 결정할 때 연료소비량, 공기 밀도 그리고 공연비를 이용하므로 판정의 오차는 연료량 측정, 밀도 계산, 공연비 계산에서 오는 것이다.

통상적으로 사용하는 질량식 연료유량계는 정적 상태에서 보정 오차(공칭)는 0.04% 정도이고 연료를 측정하는 동적 상태에서도 충분히 긴 측정시간동안 충분한 양을 측정하면 오차가 0.4%를 넘지 않는다. 따라서 질량식이므로 측정 중에 연료 온도가 심각히 변하거나 시험 중에 기관의 운전 상태가 달라져 공급되는 연료의 질량 유량이 변하지만 않는다면 연료량 오차는 관리할 수 있다.

이상기체 상태방정식에 의한 밀도계산의 오차는 두 가지인데, 이상기체 상태방정식 자체의 오차 (즉, $\rho = P/ZRT$ 에서 $Z=1$)와 압력 및 온도측정의 오차이다. 이 중 상태방정식 자체의 오차는 항상 일관성이 있으므로 논외로 하고, 대략 절대압 0.1 kPa당 0.1%, 온도 1 ℃ 당 0.3% 정도의 오차를 가져온다고 볼 수 있다. 절대압 측정은 수은 기압계의 경우 0.1kPa까지 정확하므로 0.1%, 온도측정 오차가 0.5℃ 정도 있다고 해도 절대온도에 미치는 영향 역시 0.15% 정도이므로, 밀도측정의 오류는 최대 0.25% 정도이다.

연료량, 압력과 온도가 정확하다면 마지막으로 공연비 식의 오차를 판정해야 한다. 배기가스의 농도를 측정하여 공연비를 추정하는 방법에는 여러 가지가 있는데, 그 중 식(3.37)의 Spindt 식이 널리 쓰이며 매우 정확하다고 알려져 있다. 그런데, 실제로 가스분석기의 측정값은 어느 정도의 오차를 내포하고 있으므로 공연비 식에는 오차가 수반될 수 있다. 시험 중에 분석기의 스팬(span) 값은 1% 미만의 드리프트(drift)가 허용된다. 이 때의 오차를 판정해 보자.

공연비 계산식(3.37)은 복잡하지만, CO, CO_2, O_2, THC, HCR 등의 변수에 대하여 미분 가능하다. 연료의 HCR을 정확히 모르는 오류를 감안하고 분석기 스팬 값의 드리프트가 ε % 있다고 가정하여, 각 변수를 측정값과 실제 값으로 나누면 다음과 같다. 여기서 m은 HCR이다.

$$m = m_o \times (1 + \epsilon_1/100)$$

$$CO_2 = CO_{2o} \times (1 + \epsilon_2/100)$$

$$CO = CO_o \times (1 + \epsilon_3/100)$$

$$O_2 = O_{2o} \times (1 + \epsilon_4/100)$$

$$THC = THC_o \times (1 + \epsilon_5/100)$$

여기서 하첨자 o는 실제 값을 의미하고 m_o= 1.85로 두었다.

위 식을 공연비 식에 대입하고 각각의 ε 값에 대해 미분하면 각 변수의 오차(%)에 대한 공연비의 오차를 예측할 수 있다. 해석적인 미분을 수행하면 모든 값에 대한 1차 및 2차 미분($\frac{\partial^2 AF}{\partial \epsilon_i \partial \epsilon_j}$)을 얻을 수 있으며, 결과를 보면 모든 2차 미분 값은 정확히 0이거나 1차 미분 값에 비하여 상당히 작았다. 2차 미분 값이 1차 미분 값에 비해 적다는 것은 두 가지 의미를 갖는다.

첫째, 1차 미분의 값을 이용하여 선형화된 근사식을 만들었을 때 즉 $AF \simeq AF_O + \sum_{i=1}^{5} \frac{\partial AF}{\partial \epsilon_i} \times \epsilon_i$로 근사할 때 ε 값이 어느 정도 커져도 실제의 Spindt 식과 그 오차가 거의 없다. 둘째, 여러 변수에 의한 오차가 복합적으로 작용할 때 그 값은 각각의 오차에 의한 영향의 합과 같다. 이 오차율은 m_o, CO_{2O} 등의 실제 값, 즉 실제 공연비에만 영향을 받는다. 기존의 시험결과를 이용하여 몇 가지 공연비 값을 얻는 배기값에 대해 위 방법을 적용하고, 그 오차를 판정한 결과를 아래의 [표 3-7]에 나타내었다. 이것을 보면, 배기가스 측정값 오차가 공연비 오차에 미치는 영향은 농후한 쪽에서는 CO_2와 CO가 크며, 희박한 쪽에서는 CO_2와 O_2가 큰 것을 알 수 있다.

[표 3-7] Spindt 식의 오차 분석

기준 AF_0	1% Error에 의한 AF 판정오차					최대 오차 AF	최대 AF err%
	HCR	CO_2	CO	O_2	THC		
13.00	.0243	.0121	−.0115	.0012	−.0020	13.05	.394
14.49	.0253	.0005	−.0022	.0039	−.0022	14.53	.237
15.59	.0245	−.0105	−.0007	.0131	−.0022	15.64	.324
16.63	.0227	−.0210	−.0008	.0239	−.0026	16.71	.424
17.50	.0214	−.0296	−.0009	.0329	−.0030	17.58	.499
18.44	.0200	−.0389	−.0011	.0428	−.0037	18.54	.573
19.73	.0180	−.0514	−.0013	.0567	−.0052	19.86	.667
20.60	.0164	−.0596	−.0014	.0667	−.0070	20.75	.728
21.03	.0156	−.0635	−.0015	.0718	−.0082	21.19	.758

이론공연비 부근에서는 이 오차가 최소가 되며, 각각의 배기가스 농도오차가 부호가 달라 서로 상쇄되지 않고 최대의 오차를 얻는 조건을 가정하여도, 최악의 조건에서 공연비 13.0에서 0.4%, 공연비 14.5에서 0.2%, 21.0 부근에서 0.8% 이내임을 알 수 있다. 또한, 동일한 시험유를 공급하는 동안에는 HCR이 일정하므로, 상대비교에서 HCR의 영향을 배제하면 최대오차는 공연비 13.0에서 0.2%, 공연비 14.5에서 0.1%, 공연비 21.0에서 0.7% 정도가 된다.

결론적으로, 배기 분석기의 스팬 드리프트를 1% 내에서 유지한다면, 체적효율의 재현성은 최대 0.85 % (밀도측정오차 0.25% + 연료소모율 오차 0.4% + 배기 측정오차 0.2%) 이내로 들어오게 된다. 따라서 Spindt 식이 갖는 근본적인 오차를 무시하면, 체적효율은 상당히 정확하게 측정되며, 재현성이 확보될 수 있다.따라서 이와 같은 방식으로 결정한 체적효율은 배기분석기와 연료유량계 그리고 기타 시험환경의 측정시스템이 적절히 관리되면 1% 이내의 오차를 갖게 된다.

3.4.11 제동공기소비율(BSAC, kg/kWh)

제동공기소비율도 공연비, 연료소비량 관계에서 다음과 같이 구할 수 있다.

$$\mathrm{BSAC} = \frac{\mathrm{BSFC} \times \mathrm{AFR}}{1000} = \frac{\dot{m}_a \times 3600}{P} \tag{3.47}$$

3.4.12 충전효율(η_c, %)

충전효율은 흡입 공기량을 표준 대기상태의 량으로 환산한 것으로 결국 출력보정계수와 거의 같은 개념으로 볼 수도 있다. 같은 기관을 다른 환경에서 시험했다면 충전효율은 서로 차이가 나야하고 반대로 체적효율은 같아야 한다.

다음의 식은 표준 상태를 온도 20℃, 대기압 101.313kPa, 그리고 습도 60%로 보았을 때 충전효율을 계산한 식이다.

$$\eta_c = \eta_v \; \frac{293.15}{T_a + 273.15} \frac{P_a - P_w}{101.325 - 1.39965} \tag{3.48}$$

만일 표준 상태를 3.3.5절에서 다룬 각 수정 계수와 동일한 조건을 사용하였다면 다음과 같은 관계식이 성립할 것이다.

$$C_F \fallingdotseq \eta_V / \eta_C$$

3.4.13 제동 비배기(BSHC, BSCO, BSCO₂, BSNOx, kg/kWh)

배기 성분을 농도만으로 판단하면 실제 배출되는 양에 대한 기준이 없기 때문에 측정된 배기 성분을 중량으로 환산하여야 의미가 있다. 이것은 시간 당 그리고 출력 당 배기 물질의 배출량을 중량으로 나타낸 것이다.

$$\mathrm{BSHC} = \frac{\dot{m}_{\mathrm{HC}}}{P} \tag{3.49a}$$

$$\mathrm{BSCO} = \frac{\dot{m}_{\mathrm{CO}}}{P} \tag{3.49b}$$

$$\mathrm{BSCO_2} = \frac{\dot{m}_{\mathrm{CO_2}}}{P} \tag{3.49c}$$

$$\mathrm{BSNOx} = \frac{\dot{m}_{\mathrm{NOx}}}{P} \tag{3.49d}$$

여기서 $\dot{m}_{\mathrm{HC}}$: 배기 중 미연탄화수소의 질량 유량($= \frac{\mathrm{THC_D\,(ppmc)}}{10000}\frac{\dot{m}_f}{Ex_t}$)

$\dot{m}_{\mathrm{CO}}$: 배기 중 일산화탄소의 질량 유량 ($= \frac{M_{\mathrm{CO}}(\mathrm{CO}\,(\%))\dot{m}_f}{M_f \times Ex_t}$)

$\dot{m}_{\mathrm{CO_2}}$: 배기 중 이산화탄소의 질량 유량 ($= \frac{M_{\mathrm{CO_2}}(\mathrm{CO_2}\,(\%))\dot{m}_f}{M_f \times Ex_t}$)

$\dot{m}_{\mathrm{NOx}}$: 배기 중 질소산화물의 질량 유량

($= \frac{M_{\mathrm{NOx}}K_{\mathrm{NOx}}(\mathrm{NOx\,(ppm)})\dot{m}_f}{M_f \times Ex_t \times 1000}$)

$\dot{m}_f$: 연료의 질량 유량($= \mathrm{BSFC} \times P$, g/kWh)

Ex_t : 배기성분의 몰 비를 구하기 위한 가상의 건조 배기 총 몰 수

($= \mathrm{CO_2}\,(\%) + \mathrm{CO}\,(\%) + \frac{\mathrm{HC_D\,(ppmc)}}{10000}$)

$\mathrm{HC_D}$: 건식 측정을 기준으로 한 미연탄화수소의 농도

($= \mathrm{THC} \times K_w$)

K_w : 건-습식 변환 계수

K_{NOx} : 질소산화물 수정계수

M_f : 탄소원자 수 1을 기준으로 한 연료의 분자량

$(= 12.011 + HCR \times 1.008)$

M_a : 공기의 분자량(28.96)

M_{CO} : 일산화탄소의 분자량(28.01)

$M_{\mathrm{CO_2}}$: 이산화탄소의 분자량(44.01)

M_{NOx} : 질소산화물의 분자량(46.01)

위의 비배기를 구하는 방법 중 K_w와 K_{NOx}는 각각 다음과 같다.

1) 건-습식 변환 계수(Wet-Dry Conversion Factor, K_w)

THC 분석기 중 습식은 FID의 경우 채집하여 분석하는 반응속도를 빨리 하기 위해 가열 채집관(Heated Sampling Line)을 사용하여 수분의 제거 없이 배기를 분석한다. 이러한 경우 수분의 영향을 제거하기 위해 건-습식 변환 계수를 사용하여 건식 측정과 습식 측정의 차이를 보상하는데 이때 기준은 건식으로 건식 측정의 경우 K_w=1이다. 습식으로 측정한 경우는 다음과 같이 계수를 구하여 건식 기준으로 변환하여야 한다.

$$K_w = 1 + \frac{H_1 + H_2}{H_3} \tag{3.50}$$

여기서
$$H_1 = m\left\{\frac{\mathrm{CO_2}(\%)}{100} + \frac{\mathrm{CO}(\%)}{100}\right\}$$

$$H_2 = 2\frac{y}{\phi}\left[\frac{\mathrm{CO_2}(\%)}{100} + \frac{\mathrm{CO}(\%)}{100} + \frac{\mathrm{THC}}{10000}\right]\left(1 + \frac{m}{4}\right)$$

$$H_3 = \left[\frac{\mathrm{CO}(\%)}{\mathrm{CO_2}(\%) \times 3.5} + 1\right] \times 2$$

$$y = \frac{P_w}{P_a - P_w}$$

$$\phi = \frac{(A/F)_s}{(A/F)_{actual}}$$

[표 3-8] 이론 공연비에서 THC의 건-습식 변환 계수(P_a=101.2 kPa, 가솔린)

T_d	Temperature Difference between Dry & Wet($T_d - T_w$)										
	0.0	1.0	2.0	3.0	4.0	5.0	6.0	7.0	8.0	9.0	10.0
15.0	1.14	1.14	1.14	1.14	1.14	1.14	1.14	1.14	1.14	1.14	1.14
16.0	1.15	1.14	1.14	1.14	1.14	1.14	1.14	1.14	1.14	1.14	1.14
17.0	1.15	1.15	1.14	1.14	1.14	1.14	1.14	1.14	1.14	1.14	1.14
18.0	1.15	1.15	1.14	1.14	1.14	1.14	1.14	1.14	1.14	1.14	1.14
19.0	1.15	1.15	1.15	1.14	1.14	1.14	1.14	1.14	1.14	1.14	1.14
20.0	1.15	1.15	1.15	1.14	1.14	1.14	1.14	1.14	1.14	1.14	1.14
21.0	1.15	1.15	1.15	1.15	1.14	1.14	1.14	1.14	1.14	1.14	1.14
22.0	1.15	1.15	1.15	1.15	1.15	1.14	1.14	1.14	1.14	1.14	1.14
23.0	1.15	1.15	1.15	1.15	1.15	1.14	1.14	1.14	1.14	1.14	1.14
24.0	1.15	1.15	1.15	1.15	1.15	1.15	1.14	1.14	1.14	1.14	1.14
25.0	1.15	1.15	1.15	1.15	1.15	1.15	1.15	1.14	1.14	1.14	1.14
26.0	1.15	1.15	1.15	1.15	1.15	1.15	1.15	1.14	1.14	1.14	1.14
27.0	1.15	1.15	1.15	1.15	1.15	1.15	1.15	1.15	1.14	1.14	1.14
28.0	1.16	1.15	1.15	1.15	1.15	1.15	1.15	1.15	1.15	1.14	1.14
29.0	1.16	1.16	1.15	1.15	1.15	1.15	1.15	1.15	1.15	1.14	1.14
30.0	1.16	1.16	1.15	1.15	1.15	1.15	1.15	1.15	1.15	1.15	1.14
31.0	1.16	1.16	1.16	1.15	1.15	1.15	1.15	1.15	1.15	1.15	1.15
32.0	1.16	1.16	1.16	1.16	1.15	1.15	1.15	1.15	1.15	1.15	1.15
33.0	1.16	1.16	1.16	1.16	1.16	1.15	1.15	1.15	1.15	1.15	1.15
34.0	1.16	1.16	1.16	1.16	1.16	1.16	1.15	1.15	1.15	1.15	1.15
35.0	1.17	1.16	1.16	1.16	1.16	1.16	1.15	1.15	1.15	1.15	1.15

[표 3-8]에 기압 101.2kPa에서 대기 온도 및 건습구 온도차에 따른 가솔린의 건-습식 변환계수를 나타내었다. 연료와 공연비에 따라 차이가 있지만 표에서 보듯이 가솔린 연료의 경우 이론공연비라면 대기 온도 15~35℃ 범위에서 이 값이 1.14~1.16의 범위에 있는데, 이는 습식의 경우 배기 중 수분의 영향으로 건식 측정 농도의 86~88% 수준의 값을 나타내고 있음을 알 수 있다.

2) NOx 수정계수(NOx Correction Factor, K_{NOx})

위에서 언급했듯이 NOx의 발생은 습도의 영향을 크게 받기 때문에 측정보다 오히려 정확한 시험 환경측정에 의한 정확한 수정계수의 결정이 더 중요하다. NOx의 수정계수는 다음과 같다.

$$K_{\mathrm{NOx}} = 0.6272 + 0.00629 \times G - 0.000017 \times G^2 \tag{3.51}$$

여기서 $G = \dfrac{453.59}{0.0648} \times H$

$$H = 0.622 \times \frac{P_w}{P_a - P_w}$$

이식을 이용하여 대기조건에 따라 수정계수를 구한 것을 [그림 3-16]에 나타내었다. 그림에 나타난 바와 같이 대기압이 1기압일 때 대기 온도 10~40℃ 범위에서 NOx 수정계수는 0.642~1.209까지 변화할 수 있다. 이는 동일한 농도 측정값이 최대 88%까지 변할 수 있다는 것을 의미한다. 만일 시험실 환경이 공기 조화가 잘 이루어지지 않는 곳이라면 더 큰 변화가 발생할 수 있고 공조가 잘 이루어져 통상 20~30℃ 범위로 시험실 환경이 제어되더라도 0.661~1.209까지 변화가 가능하며 이 때도 측정값의 변화는 83%에 이르게 된다. 따라서 NOx 측정값의 정확도는 분석기의 관리도 중요하지만 정확한 시험 환경의 측정을 통해 정확한 수정계수를 구하는 것이 더 중요하다고도 볼 수 있다.

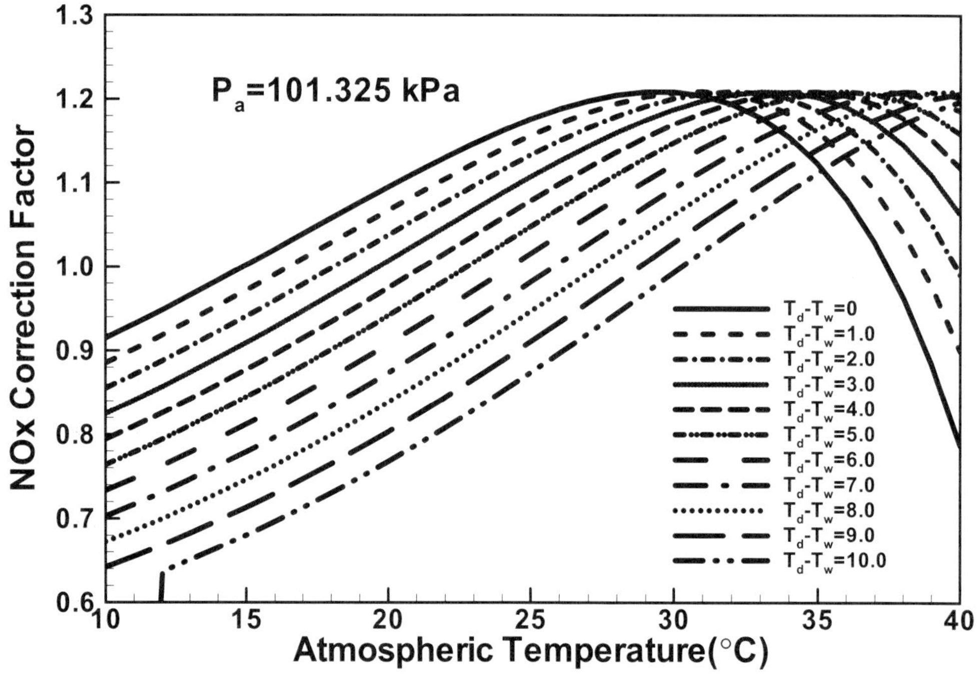

[그림 3-16] 대기조건 변화에 따른 NOx 수정계수의 변화($P_a = 101.325kPa$)

3.4.14 기관의 성능시험 그래프

기관의 성능 시험을 한 후 각종 데이터를 체계적으로 그래프로 나타내어야 이를 바탕으로 성능 해석을 용이하게 할 수 있다. [그림 3-17]에 통상적으로 많이 사용되는 전부하성능 시험결과 그래프를 제시하였다.

그림에 나타낸 바와 같이 전부하성능에 관련된 주요 데이터는 모두 기관회전수의 변화에 따라 나타내고 이들 데이터를 모두 나타내기 위해서는 총 4페이지 정도의 그래프가 사용된다. 첫 장에는 전부하 성능의 가장 주요한 요소인 출력, 제동평균유효압력 그리고 연료소비율을 나타내는데 제동평균유효압력 대신 토크를 사용할 수도 있다. 그러나 토크에는 배기량에 의한 영향이 배제되어 있지 않기 때문에 가급적 평균유효압력을 사용하는 것이 바람직하다.

두 번째 장에는 주로 흡기계의 성능 및 흡기에 관련된 사항으로 체적효율, 충전효율 그리고 제동공기소비율 등을 나타낸다. 세 번째에는 기관의 성능에 영향을 주는 주요 인자인 공연비와 점화시기를 도시하고 여기에 배기온도를 추가한다. 마지막 장에는 시험 당시의 환경을 나타내는 항목들로 흡기관의 절대 압과 공기청정기의 온도를 나타내는데 이 둘은 체적효율을 결정할 때 사용되는 데이터들이다. 추가로 배압을 나타낸다.

통상 단순한 성능의 파악을 위해서는 첫 2장의 그래프로 충분하지만 데이터의 질과 시험 당시 환경의 영향 그리고 시험 조건의 정확한 설정 여부를 판단하기 위해서는 4장의 그래프가 모두 필요하다.

[그림 3-18]에는 통상적인 부분부하 성능시험의 결과를 나타낸 그래프를 예로 제시하였다. 부분부하의 경우 기관의 회전수와 부하(토크)를 일정하게 유지하면서 시험하기 때문에 모든 데이터의 변화는 시험의 주요 변경 인자에 대해 나타낸다. 즉 반응시험(혼합비, 점화시기, EGR)의 종류에 따라 이 값의 변화에 대한 데이터의 변화를 나타낸다. [그림 3-13]의 예는 혼합비 반응시험이므로 모든 데이터는 혼합비(공연비)의 변화에 대해 나타낸다.

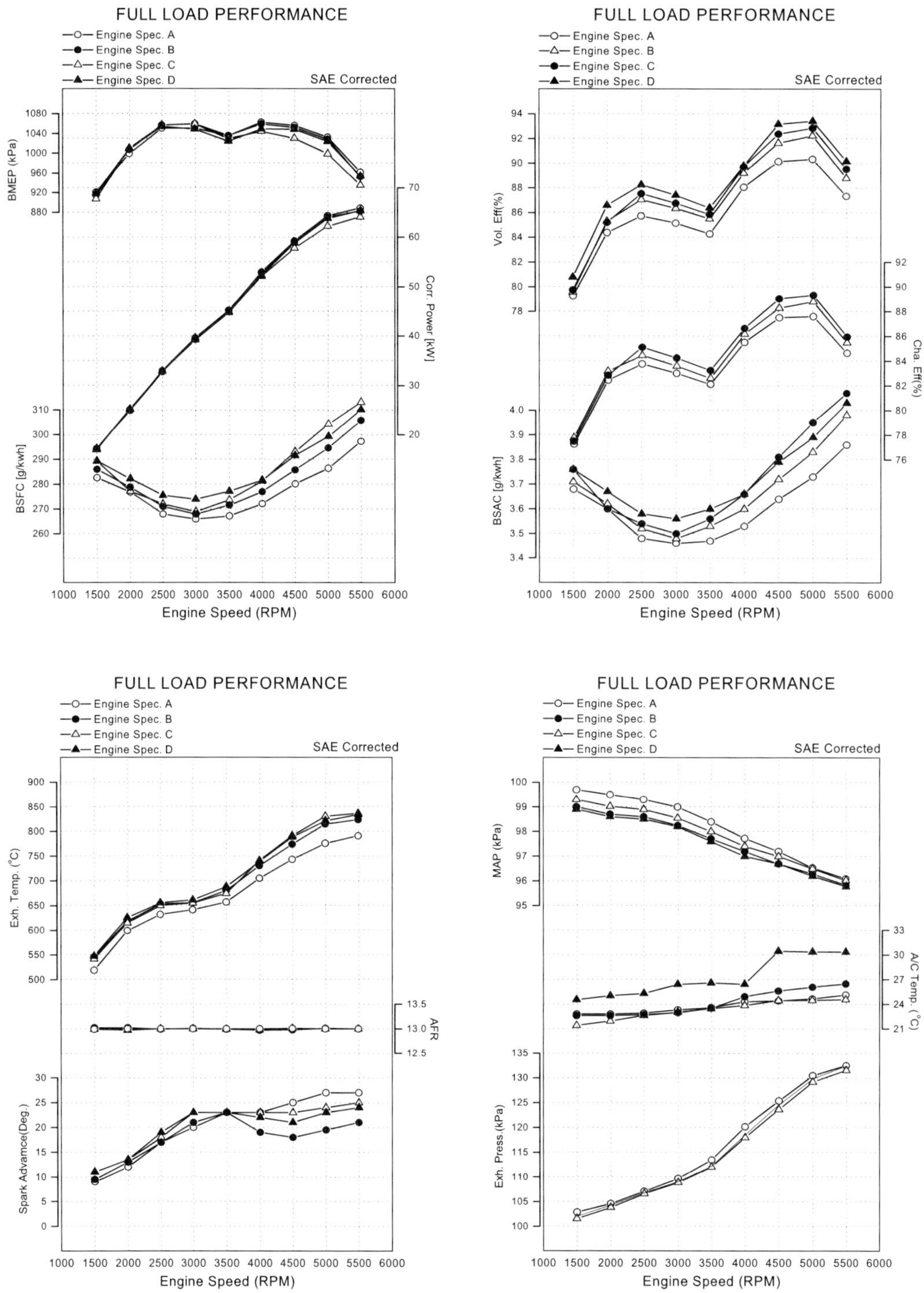

[그림 3-17] 기관 전개성능 시험 결과 그래프의 예

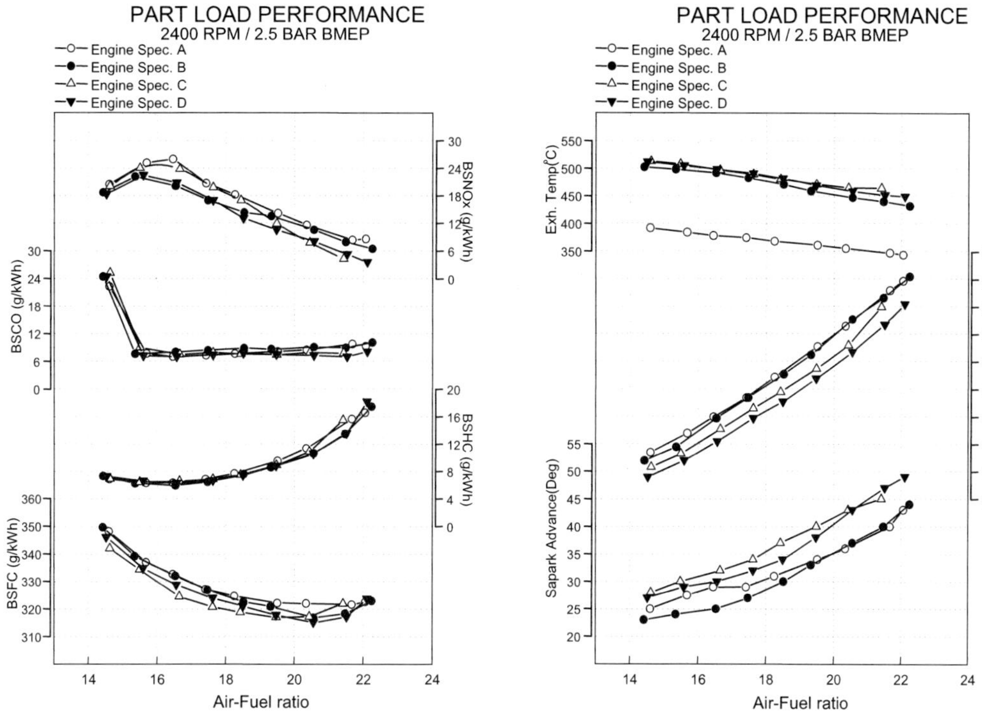

[그림 3-18] 기관 부분부하성능 시험 결과 그래프의 예

첫 장에는 부분부하의 주요 성능 지표인 각종 비배기(BSHC, BSCO, BSNOx)와 제동연료소비율을 주로 도시하는데 앞에서도 언급한 바와 같이 배기 성분의 농도 값은 측정 장비와 환경에 따라 적절한 수정 처리를 거치지 않으면 그 값을 신뢰할 수 없기 때문에 각종 배기 값을 농도로 나타내는 일은 가급적 피해야 한다.

두 번째 장에는 각종 시험환경을 나타내는데 전술한 바와 같이 체적효율은 부분부하에서 의미가 없는 항목이므로 이에 대한 데이터는 나타내지 않고 점화시기, 흡기관 절대압 및 배기온도 등을 나타낸다. 전부하와 마찬가지로 단순한 성능 비교에는 1장의 그래프로 충분하나 심도 있는 분석을 위해서는 두 장의 데이터를 모두 활용하여야 한다.

제 4 장

연료와 공기 및 연소

4.1 화염의 특징

기관 실린더 내부의 연료-공기 혼합기의 연소는 기관의 출력, 효율, 배기량에 중대한 영향을 주는 과정이므로 기관의 작동을 이해하기 위해서는 연소 현상에 관련된 배경 지식이 반드시 필요하다. 여기서 다루는 두 가지 형태의 기관 즉 스파크점화기관과 압축착화기관에서는 이러한 연소 현상들이 서로 다르다. 스파크점화기관에서는 연료는 통상 기관의 흡기계 안에서 공기와 혼합된다. 이러한 연료-공기 혼합기를 압축한 후 전기방전에 의하여 연소과정이 개시된다. 즉 화염은 불꽃방전에 의해 열핵(kernel)으로부터 시작되어서 실린더를 가로질러 연소실 벽으로 전파해 간다. 화염이 벽면에 도달하면 벽면으로의 열전달과 활성종의 소멸이 지배적 과정이 되어 소염된다. 이상 연소현상 즉 미연혼합기로 화염이 전파되기 전에 상당한 양의 연료-공기 혼합기의 자발적인 연소 또한 발생할 수 있다. 이러한 자발 연소현상 또는 자기 폭발 연소현상은 노킹의 원인이 되어 실린더 내에 높은 압력을 발생시키기 때문에 기관 손상을 일으킬 수도 있다.

압축착화기관에서는 압축행정 말기에 고압, 고온의 실린더내의 공기로 연료를 분사한다. 분사 초기에 먼저 도입된 연료가 고온의 공기에 의해 증발되어 주위의 공기와 혼합되고, 이러한 혼합기 중 연소에 적합한 조건을 갖춘 부분이 실린더 내 여러 곳에서 자발 착화되면서 연소과정이 시작된다. 이후 화염은 급격하게 전파되며, 연료와 공기가 연소에 적합한 혼합기가 형성된 부분으로 연소가 진행된다. 그러므로 연료-공기 혼합은 압축착화기관의 연소과정을 제어한다.

연소과정은 빠른 가스 상태의 발열반응이다. 이때 산소는 통상적인 반응물 중 하나이다. 화염은 공간을 음속보다 느리게 전파할 수 있는 연소반응이다. 미연가스와 상대적인 화염의 거동은 중요한 특성이다. 화염 구조는 화염이 관찰자에 대해 이동하는지 또는 정지된 화염으로 가스가 통과하는 지와는 무관하다. 화염의 거동이 존재한다는 것은 반응이 한 지역 안에서 장치의 크기(기관 연소실)와 비교해서 작은 두께의 지역에 한정된다는 것을 의미한다. 반응 지역을 보통 화염면이라 한다. 이 화염의 공간 전파의 특성은 화학반응, 즉 질량 확산과 열전달의 이동 과정과 유체 유동 사이에서 상호 작용이 활발히 발생한다는 것이다. 열 발생과 활성인자는 화학반응을 가속시고 새로운 반응물의 공급은 대류 속도에 의해 지배되는데 이것은 반응을 제한한다. 이러한 과정들이 균형 상태에 있을 때, 정상 상태의 화염이 발생한다.

화염은 그 특징에 따라 다음과 같이 분류한다. 먼저 첫 번째 분류 기준은 반응물의 구성과 관계가 있는데, 반응지역(화염면)에 들어가는 연료와 산화제가 균일하게 혼합된 상태이면 이 화염을 예혼합화염(Premixed Flame)이라고 하고, 반응물이

미리 섞이지 않고 반응이 일어나는 지역에서 혼합된다면 그 화염을 확산화염(Diffusion Flame)이라고 한다. 확산화염이라 부르는 이유는 혼합이 확산과정에 의해 이루어지기 때문이다. 두 번째 분류 기준은 반응대의 유동 특성에 따른 것으로 층류와 난류로 구분된다. 층류 유동은 낮은 레이놀즈수(Reynolds No)에서 발생하고 이때 혼합과 전달현상이 분자 수준에 의해 이루어진다. 난류유동은 높은 낮은 레이놀즈수에서 발생하며 혼합과 전달 현상이 난류 유동의 특성인 와류(Eddy) 등과 같은 거시적인 상대 거동에 의해 증진된다. 세 번째 분류 기준은 화염이 정상인지 비정상인지이다. 이 둘을 구분하는 기준은 화염 구조와 거동이 시간에 따라 변화하는지 여부이다. 마지막 반응물들의 초기 상태 즉 그것이 기체인지 아니면 액체나 고체인지에 의해 구분한다.

기관 내에서 화염의 거동은 항상 비정상상태인데 이것은 내연 기관의 작동 사이클에 따른 기관의 고유 특성이다. 그리고 화염은 난류인데 난류 대류과정에 의해 층류 전달 과정의 상당히 증가할 때만 이용 가능한 시간 내에 연소과정을 완료할 수 있도록 충분히 빠른 혼합율, 연소율, 화염 전파율을 얻을 수 있다.

통상적인 스파크점화기관의 화염은 비정상 난류 예혼합 화염이고 화염이 전파되는 공기-연료 혼합기은 가스 상태이다. 압축착화기관의 연소 과정은 비정상 난류 확산 화염이고 연료는 초기 단계에서는 액체 상태이다. 이 두 화염은 난류 대류 전달 과정을 수반한 연료와 산화제의 반응이 포함된 매우 복잡한 화학 반응 기구를 가지고 있다. 압축착화기관의 연소 과정은 스파크점화기관의 연소 과정보다 더 복잡한데 그 이유는 액체 연료의 증발과 증발된 연료와 공기의 혼합과정이 포함되기 때문이다.

4.2 이상 기체 관계식

4.2.1 이상기체법칙

내연 기관에서 작동유체를 구성하는 기체들(산소, 질소, 연료증기, 이산화탄소, 수증기 등)들은 대부분 이상기체로 취급할 수 있다. 여기서는 이상기체의 열역학적 특성 사이의 관계식을 다시 한번 살펴보기로 하겠다. 이상기체의 압력 p, 비체적 v 그리고 절대온도 T는 다음과 같은 이상기체 법칙을 통해 서로 연관되어 있다.

$$pv = RT \tag{4.1}$$

각 기체의 종류에 대해 R은 상수(기체상수)이고, 이것은 각 기체마다 다르며 다음과 같이 주어진다.

$$R = \frac{\widetilde{R}}{M} \tag{4.2}$$

여기서 $\widetilde{R}$은 모든 이상기체에 사용할 수 있는 일반기체상수이고 M은 각 기체의 분자량이다. 비체적 v는 V/m으로 주어지고 이때 V는 질량이 m인 기체의 체적이다. 따라서 식 (4.1)은 다음과 같이 다시 쓸 수 있다.

$$pV = mRT = m\frac{\widetilde{R}}{M}T \tag{4.3}$$

4.2.2 몰(Mole)

화학방정식을 다루거나 기타 여러 경우에 분자의 구성원소에 기초한 질량의 단위를 도입하는 것이 편리할 때가 있는데 그 새로운 질량 단위가 몰(mole)이다. 몰의 정의는 다음과 같다.

몰은 원자량의 기준에 따라 질량수 12인 탄소 동위원소 ^{12}C의 12g 중에 포함되는 원자의 수(아보가드로 수)와 같은 수의 물질 입자(원자 · 분자 · 자유 라디칼 · 이온 · 전자)를 포함하는 물질의 집단(또는 그 집단의 질량 또는 전하)을 1몰로 정의하는데 예를 들어 수소원자 1몰의 질량은 근사적으로 1.008g, 분자의 경우는 2.016g이다.

따라서 기체의 몰 수 n은 다음과 같이 주어진다.

$$n = \frac{m}{M} \tag{4.4}$$

몰의 개념을 도입하면 식 (4.3)은 다음과 같이 쓸 수 있다.

$$pV = mRT = m\frac{\widetilde{R}}{M}T = n\widetilde{R}\,T \tag{4.5}$$

일반기체상수 $\widetilde{R}$는 국제표준단위계에서 $\widetilde{R} = 8314.3\,(J/kmol \cdot K)$ 또는 8.3143 $(J/mol \cdot K)$이다.

4.2.3 이상기체의 열역학적 특성 값

식 (4.1)로부터 이상기체의 내부에너지는 오직 온도만의 함수로 주어진다. 즉 다음과 같다.

$$u = u(T) \tag{4.6a}$$

엔탈피(Enthalpy) 도한 $u+pv$이므로 역시 온도만의 함수로 주어진다.

$$h = h(T) \tag{4.6b}$$

이상기체의 정적비열 c_v와 정압비열 c_p는 각각 다음과 같이 정의된다.

$$c_v = \left(\frac{\partial u}{\partial T}\right)_v = \frac{du}{dT} \tag{4.7a}$$

$$c_p = \left(\frac{\partial h}{\partial T}\right)_p = \frac{dh}{dT} \tag{4.7b}$$

따라서 식(4.1)로부터 정적비열과 정압비열 사이에는 다음과 같은 관계식이 성립한다.

$$c_p - c_v = R \tag{4.8}$$

정압비열과 정적비열의 비 γ는 매우 유용하게 사용된 값이고 정의는 다음과 같다.

$$\gamma = \frac{c_p}{c_v} \tag{4.9}$$

이 외에도 비열은 상수라는 가정이 사용되기도 하는데 이는 이상기체관계식을 다룰 때 반드시 필요한 것은 아니다.

일반적으로 어는 온도 T에서 이상기체의 내부에너지와 엔탈피는 어떤 준거온도(Reference Temperature) T_0에 대한 상대적인 값으로 다음과 같이 주어진다.

$$u = u_0 + \int_{T_0}^{T} c_v(T)\,dT \tag{4.10a}$$

$$h = h_0 + \int_{T_0}^{T} c_p(T)\,dT \tag{4.10b}$$

어떤 상태 T, v, p에서의 엔트로피도 정해진 준거상태 T_0, v_0, p_0에 대한 상대적인 값으로 위의 관계식을 이용해 구할 수 있다.

$$ds = s_0 + \frac{c_v}{T}dT + R\frac{dv}{v} = \frac{c_p}{T}dT - R\frac{dp}{p} \tag{4.11}$$

이것을 적분하면 다음과 같다.

$$s = s_0 + \int_{T_0}^{T} \frac{c_v}{T}dT + R\ln\frac{v}{v_0} \tag{4.12a}$$

$$s = s_0 + \int_{T_0}^{T} \frac{c_p}{T}dT - R\ln\frac{p}{p_0} \tag{4.12b}$$

u, h 그리고 s와 같은 특성 값들은 단위질량 또는 몰을 기준으로 산정할 수 있다. 질량을 기준으로 할 때 c_v, c_p R의 단위는 $J/kg \cdot K$이고 몰을 기준으로 할 때는 c_v, c_p R 대신 $\tilde{c}_v$, $\tilde{c}_p$ $\tilde{R}$을 사용한다. 따라서 R은 $\tilde{R}$이 되고 c_v, c_p는 각각 $\tilde{c}_v$, $\tilde{c}_p$가 되며 이들 $\tilde{c}_v$, $\tilde{c}_p$ $\tilde{R}$의 단위는 $J/kmol \cdot K$이다.

4.2.4 이상기체의 혼합기

기관 내 작동유체는 여러 기체의 혼합물이다. 이상기체 혼합기의 조성은 다음과 같은 각 구성물질의 특성을 이용하여 표현할 수 있다.

분압 p_i : 각 구성 물질이 그 혼합기의 온도에서 혼합기가 차지하고 있는 체적에 오직 이 물질만 있다고 가정할 때의 압력

체적비 V_i/V : 각 구성 물질이 그 혼합기의 온도에서혼합기와 분리되었을 때 그 구성물질이 전채 혼합기 체적에서 차지하는 비율

질량 분률 x_i : 각 구성물질의 질량 m_i를 혼합기의 총 질량으로 나눈 것

몰 분률 $\tilde{x}_i$: 각 구성물질의 몰 수 n_i를 혼합기의 총 몰 수로 나눈 것

식 (4.5)로부터 다음과 같은 관계식을 얻을 수 있다.

$$\frac{p_i}{p} = \frac{V_i}{V} = x_i\frac{M}{M_i} = \tilde{x}_i \tag{4.13}$$

이상기체 혼합기의 열역학적 특성은 다음 관계식을 이용하여 계산한다.

분자량

$$M = \frac{1}{n}\sum_i n_i M_i = \sum_i \tilde{x}_i M_i \tag{4.14}$$

내부에너지, 엔탈피, 엔트로피

질량 기준 :

$$u = \sum_i x_i u_i \ , \ h = \sum_i x_i h_i \ , \ s = \sum_i x_i s_i \tag{4.15a}$$

몰 기준 :

$$\tilde{u} = \sum_i \tilde{x}_i \tilde{u}_i \ , \ \tilde{h} = \sum_i \tilde{x}_i \tilde{h}_i \ , \ \tilde{s} = \sum_i \tilde{x}_i \tilde{s}_i \tag{4.15a}$$

4.2.5 공기의 조성

통상적으로 기관에서 연료는 공기와 함께 연소한다. 건조 공기는 체적비율로 20.95% 산소, 78.09% 질소, 0.93% 아르곤, 그리고 미량의 이산화탄소, 네온, 헬륨, 메탄으로 구성된 기체의 혼합기이다. [표 4-1]은 건조 공기의 주요 구성 물질과 그 비율을 보여준다.

연소에서 공기 중 산소는 반응물질이다. 일반적으로 공기를 21%의 산소와 질소 등을 포함한 79% 불활성기체로 구성된다고 간주하여도 충분히 그 정확성은 확보된다. 이 때 질소가 주성분인 불활성 기체를 통틀어 질소와 구분하여 대기질소라 한다. 공기의 구성으로부터 산소 1몰에 대해 대기질소의 몰 수는 다음과 같다.

$$\frac{1 - 0.2095}{0.2095} = 3.773$$

[표 4-1]로부터 공기의 분자량은 28.962(약 29)이다. 대기질소도 미량의 다른 기체를 포함하기 때문에 그 분자량은 순수 질소의 분자량과 조금 다르게 다음과 같다.

$$M_{aN_2} = \frac{28.962 - 0.2095 \times 31.998}{1 - 0.2095} = 28.16$$

[표 4-1] 건조 공기의 구성

기체	농도(ppm)	분자량	몰 분율	몰 비율
O_2	209,500	31.998	0.2095	1
N_2	780,776	28.012	0.7905	3.773
Ar	9,300	38.948		
CO_2	300	40.009		
H_2	100	1.0079		
Ne	18			
He	5			
Kr	1			
Xe	.09			
Air	1,000,000	28.962	1.0000	4.773

이 이후로 질소는 대기 질소를 지칭하는 것으로 그 분자량은 28.16이고, 공기는 산소 1몰 당 질소 3.773몰로 구성되었다고 가정한다.

건조 공기의 밀도는 $R=8314.3J/kmol^\circ K$와 $M=28.962$일 때 식(4.5)로부터 얻어진다.

$$\rho\,(kg/m^3) = \frac{3.483\times10^{-3}p\,(Pa)}{T(K)} \tag{4.16}$$

이를 이용해 1기압 25℃에서 건조공기의 밀도를 구하면 다음과 같다.

$$\rho = \frac{3.483\times10^{-3}p\,(Pa)}{T(K)} = \frac{3.843\times10^{-3}\times101325}{273.15+25} = 1.1836\,(kg/m^3)$$

실제 공기에는 수증기가 포함되어 있고 그 양은 온도와 포화의 정도에 따라 다르다. 공기 중 수증기의 질량분율은 약 1% 정도이고 극한 상태에서 약 4%까지 가능하다. 상대습도는 공기 중 실제 수증기분압을 그 온도에서의 포화수증기압으로 나눈 것으로 결국 동일 온도에서 포화수증기압에 대한 실제 수증기압의 분압의 비율이다.

수증기의 함유량은 건습구 온도계로 측정되는데 건습구계 실제 습기를 가진 공기에 노출된 두 개 온도계로 구성되어 있다. 건구 온도는 공기의 온도를 측정하고 다른 온도계의 구는 물통과 연결되어 있는 심지로 감싸져 있다. 심지로부터 물이 증발하여 기화잠열이 발생하기 때문에 습구 온도는 건구의 온도보다 낮은데 이 온도는 단열 포화온도에 매우 근접한 값을 제공한다. 수증기 압력은 관찰된 건구와 습구의 온도로부터 3장에 제시된 방법으로 구할 수 있다. 3장의 방법을 다시 인용하면 다음과 같다.

$$P_{db} = Exp\left(-12.150799 \ln T_d + \sum_{i=1}^{i=10} CW(i)\, T_d^{\,i-3}\right)$$

$$P_{wb} = Exp\left(-12.150799 \ln T_w + \sum_{i=1}^{i=10} CW(i)\, T_w^{\,i-3}\right)$$

여기서 P_{db} : 건구온도 T_d 에서의 포화수증기압

P_{wb} : 건구온도 T_w 에서의 포화수증기압

T_d : 건구온도(K)

T_w : 습구온도(K)

$CW(1) = -8499.22,\ CW(2) = -7423.1865,$

$CW(3) = 96.1635147,\ CW(4) = .024917646,$

$CW(5) = -.000013160119,\ CW(6) = -.000000011460454,$

$CW(7) = 2.1701289 \times 10^{-11},\ CW(8) = -3.610258 \times 10^{-15},$

$CW(9) = 3.8504519 \times 10^{-18},\ CW(10) = -1.4317 \times 10^{-2}$

실제의 증기압은 Ferrel의 방정식으로 다음과 같이 구한다.

$$P_w = [P_{wb} - 0.00066 \times (T_{db} - T_{wb}) \times P_a \times 1000 \times (1 + 0.00115 \times (T_{wd} - 273.15))] \div 1000$$

최종적으로 퍼센트로 표현되는 상대습도는 그 온도에서 최대로 포함할 수 있는 증기압에 대한 실제로 포함된 증기압이므로 다음과 같다.

$$RH = \frac{P_w}{P_{db}} \times 100000$$

공기에 포함된 수증기의 질량분율에 따라 공기의 주요 특성 즉 기체상수, 비열, 비열비 등이 변화하지만 이 질량분율은 아주 극한 경우에도 3%정도이며, 이 극한 경우에도 수증기는 이러한 특성 값에 2% 정도의 변화를 초래한다. 통상적인 대기 조건에서는 이 변화가 1% 미만이다.

4.3 연료의 특성

내연 기관(가솔린 또는 석유 그리고 경유를 사용하는)에서 대부분 공통적으로 사용되는 연료는 원유를 정유하여 얻은 수많은 서로 다른 탄화수소의 혼합물이다. 이들 연료들은 디젤의 경우 약 1%의 황까지 포함할 수 있지만 보통 탄소와 수소(통상 질량비로 약 86%의 탄소와 14%의 수소)로 구성된다. 나머지 다른 연료들은 산소를 포함한 알코올, 천연가스 또는 LPG 같은 기체 연료 그리고 기관 실험에서 사용되기도 하는 단일 탄화수소 화합물이다.

연료로 주로 사용되는 유기화합물의 분류와 그 분자 구조를 파악하는 것은 연소 메커니즘을 이해하는데 매우 중요하다. 아래에 연료 주요 성분에 대한 분자 구조와 특성을 나타내었다.

알킬(Alkyl) 계

파라핀계(Paraffin, alkane, 지방족)			
화학 구조	종류		저발열량 [kcal/kg]
C_nH_{2n+2}	기체	Methane(CH_4)	11910
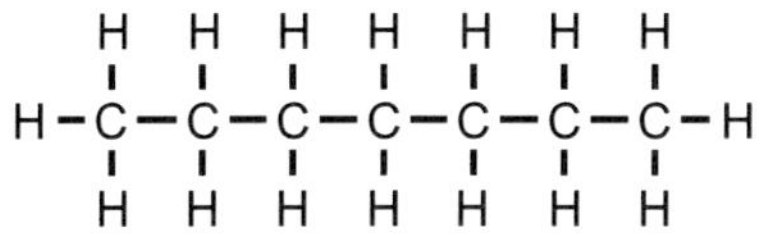	기체	Ethane(C_2H_6)	11300
	기체	Propane(C_3H_8)	11050
Normal Heptane(C_7H_{16})	기체	Butane(C_4H_{10})	10900
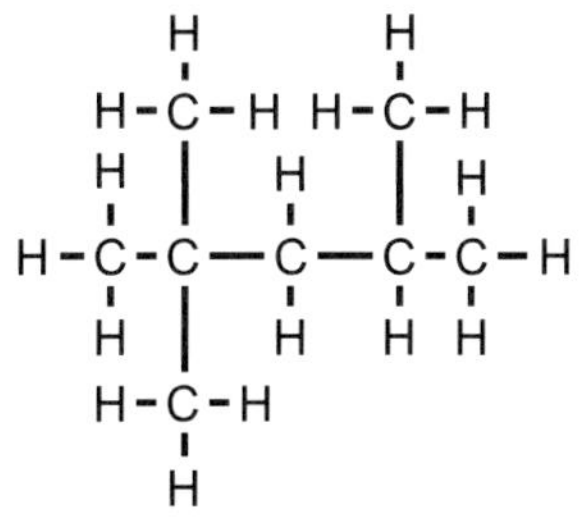	액체	Pentane(C_5H_{12})	10890
	액체	Hexane(C_6H_{14})	10690
	액체	Heptane(C_7H_{16})	10720
Iso Octane(C_8H_{18})	액체	Octane(C_8H_{18})	10670

포화 단일 체인 결합으로 더 이상 수소 원자가 연결될 수 없다.
큰 분자에 대해서는 직선 사슬(Normal) 형상과 가지형의 이성체(Iso)가 존재한다.

올레핀계(Olefin, alkene)			
화학 구조		종류	저발열량 [kcal/kg]
C_nH_{2n}	기체	Ethene(C_2H_4)	–
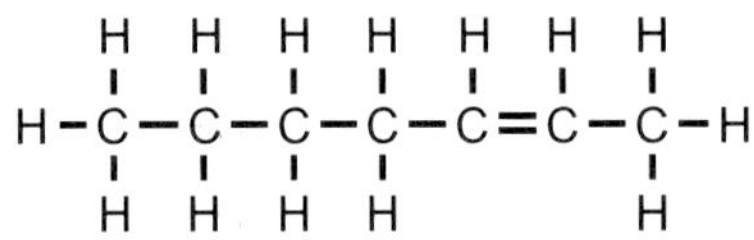		Propene(C_3H_6)	–
		Butene(C_4H_8)	
Heptene((C_7H_{14})	액체	Heptene((C_7H_{14})	–
불포화 이중체인 결합을 가지고 있으며 1개의 결합이 2중 결합이다.			

시클로파라핀계(Cycloparaffin, napthene, cyclane)			
화학 구조		종류	저발열량 [kcal/kg]
C_nH_{2n}	기체	Cyclopropane(C_3H_6)	11055
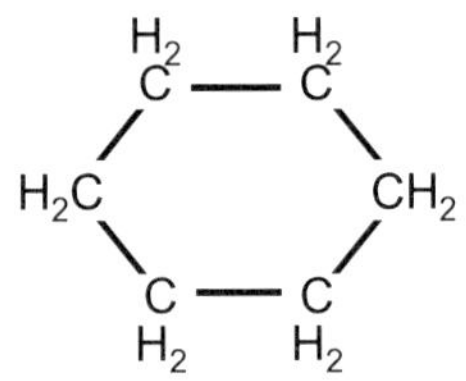 Cyclohexane(C_6H_{12})		Cyclobutane(C_4H_8)	–
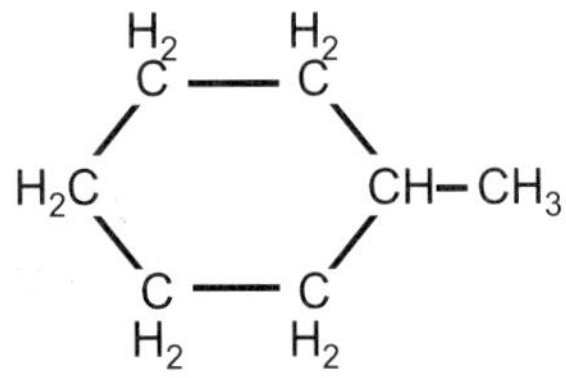	액체	Cyclopentane(C_5H_{10})	–
		Hexahydrotolune (C_7H_{14})	10405
Hexahydrotoluene(C_7H_{14})		Hexahydroxylene (C_7H_{16})	10410
기본적으로 불포화 단일 고리 결합형태이다. 고리가 깨져 수소가 추가될 수 있다.			

아세틸렌계(Acetylene, alkyne)			
화학 구조	종류		저발열량 [kcal/kg]
C_nH_{2n-2} H−C≡C−H Acetylene((C_2H_2)	기체	Acetylene(C_2H_2)	11578
불포화 삼중체인 결합을 가지고 있으며 1개의 결합이 3중 결합이다.			

방향족(Aromatic)

방향족(Aromatic)			
화학 구조	종류		저발열량 [kcal/kg]
C_nH_{2n-6} 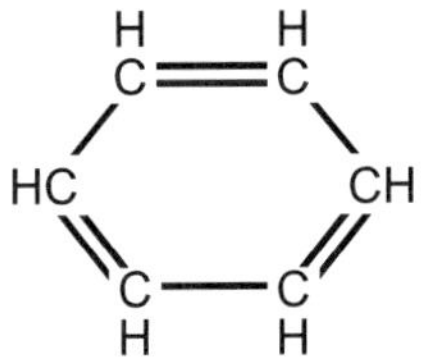 Benzene((C_6H_6)	액체	Benzene(C_6H_6)	9640
		Toluene(C_7H_8)	9750
		Xylene(C_8H_{10})	9890
불포화 벤젠(Benzene) 고리 결합으로 매우 안정된 결합을 한다. 고리의 연장이 아닌 측면 체인으로 $-CH_2$를 포함할 수 있다			

알코올(Alcohol) 계

알코올(Alcohol)			
화학 구조	종류		저발열량 [kcal/kg]
C_nH_{2n+1}+OH 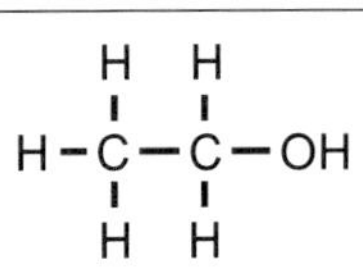 Ethanol(C_2H_5OH)	액체	Methanol(CH_3OH)	4675
		Ethanol(C_2H_5OH)	6423
파라핀 계에서 한 개의 수산화기(−OH) 그룹은 한 개의 수소원자와 대체된다.			

4.4 가솔린 연료의 특성

가솔린은 C4~C12 정도의 약 200여종 이상의 탄화수소로 구성되어 있는데 비등점은 성분에 따라 30~220℃이고 그 평균조성을 HCR로 나타내면 $CH_{1.85}$~$CH_{1.86}$ 정도의 범위에 있다.

가솔린을 자동차용으로 사용할 때 일반적으로 요구되는 조건에는 다음과 같은 것들이 있다.

1) 시동성과 가속성이 좋을 것.
2) 노킹에 대한 저항력이 커서 노킹을 잘 일으키지 않을 것.
3) 연소 퇴적물에 의한 연소실 및 흡배기계의 오염이 적을 것.
4) 윤활유를 희석하여 오손시키는 것이 적을 것.
5) 내열성이 좋아 증기폐색(Vapor Lock)이나 삼투누출(Percolation) 현상을 일으키지 않을 것.
6) 저장안정성이 좋아 저장 중 변질되지 않을 것.
7) 연료계통의 부품을 부식시키지 않을 것.
8) 촉매성능에 영향을 주지 않을 것(납 또는 황, 인 등)
9) 유해 배출가스 증가 원인이 되지 않을 것.
10) 연료소비량이 적을 것.
11) 취급상 유해하지 않을 것.

다음에는 가솔린의 물리적 특성이 기관의 성능에 미치는 영향과 가솔린의 내 노크 특성을 나타내는 옥탄가 등에 대해 알아보겠다.

4.4.1 비중(Specific Gravity)

비중이 작은 가솔린에는 비등점이 낮은 성분이 많기 때문에 일반적으로 저온 시동성과 가속성이 좋다. 그러나 이 경우 반대로 고온 재시동성이 나쁘고 연료소비량도 증가한다. 비중이 큰 가솔린은 비등점이 낮은 성분이 적어서 저온 시동성 및 가속성은 나쁘지만 고온 재시동성은 양호하다.

4.4.2 증류성상(Distillation, 분류성상)

증류성상은 원유를 가열하여 분별증류를 할 때 통상 그 성분의 90%가 유출되는 유출온도를 말하며 이는 휘발성을 나타낸다. 10%, 90% 유출온도란 각각 10%, 50%의 가솔린이 유출되는 온도를 말한다. 10% 유출온도는 기관의 성능에 큰 영향을 주며 이 온도가 낮으면 저온 시동성이 좋아지고 저온시동 시 윤활유의 희석이 적으며 HC 및 CO의 배출량이 줄어드는 장점이 있다. 그러나 하절기나 기온이 높을 때 증기폐색(Vapor Lock)과 삼투누출(Percolation)이 발생하기 쉬우며 증발배기(Evaporative Emission)가 증가한다.

50% 유출온도가 높으면 난기(Warm Up)하는데 걸리는 시간이 길어지고 운전성이 악화되어 서지(Surge) 현상이 발생한다. 90% 유출온도가 높으면 윤활유의 희석이 잘 일어나고 전부하에서 출력이 증가한다.

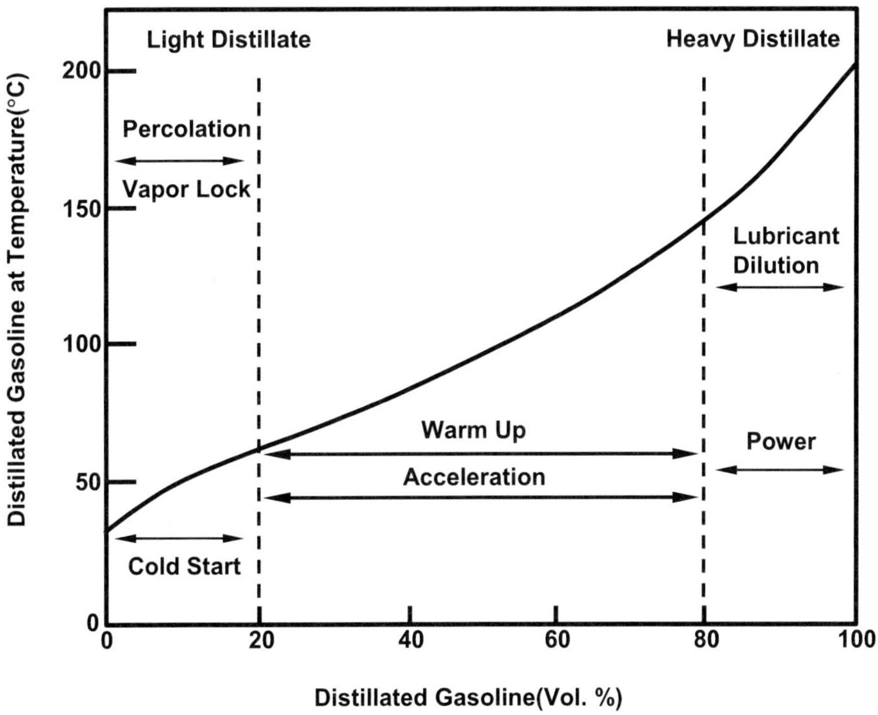

[그림 4-1] 가솔린의 증류성상과 기관 성능과의 관계

4.4.3 증기압(Vapor Pressure)

가솔린의 포화증기압은 일반적으로 리드 증기압(Reid Vapor Pressure : RVP)이라 부르는데 이것은 37.8℃에서의 포화증기압을 말한다. RVP가 낮으면 저온 시동성이 나빠지고 반대로 높으면 증기폐색이나 삼투누출의 발생 가능성이 커지며 증발 배가가 증가한다. 이 증기압과 70℃에서의 유출비율($E70$)을 이용해 증기폐색지수(Vapor Lock Index : VL)을 다음과 같이 정의하여 사용하기도 한다.

$$VL\ Index = RVP + 0.7 \times E70 \tag{4.17}$$

여기서 RVP : 리드 증기압(KPa)

$E70$: 70℃에서의 유출비율[$vol,\ \%$]

외기의 온도가 높을수록 증기압이 낮고, 높은 유출온도의 가솔린을 사용해야 기관의 운전성을 양호하게 수 있다.

4.4.4 휘발성(Volatility)

흡기 포트를 거쳐 기관 내 실린더로 유입되는 가솔린은 안정된 연소를 위해 공기와 양호하게 혼합되어야 한다. 통상적으로 가솔린이 기화하는데 필요한 시간은 흡기 매니폴드 압력의 2승에 비례하므로 흡기관 절대압(Manifold Absolute Pressure : MAP)이 높을수록 기화시간이 길어진다. 기화시간이 지나치게 길면 전부하 운전이나 급가속 시 기화지연에 의한 운전성의 악화가 발생할 수 있다.

한편 가솔린의 기화 잠열이 크면 흡기관 내에서 주위의 열을 빼앗아 흡입공기를 냉각시키는 효과가 발생하여 체적효율이 향상된다. 특히 이러한 냉각 효과는 다점순차분사(MPI Sequential) 방식의 기관에서 흡입 행정 중 분사를 실시하면 두드러지게 나타난다.

4.4.5 옥탄가(octane number)

1) 연료와 노킹

스파크점화기관에서 노킹은 기관의 성능을 제약하는 매우 중요한 인자이다. 노킹은 기관 설계, 말단 가스의 온도와 압력, 온도와 압력 상승에 걸리는 시간에 따라 다르며 흡기 온도를 낮추거나 점화시기를 지연하여 줄일 수 있지만 연료의 특성에도 크게 영향을 받는다.

먼저 개별 탄화수소는 노킹에 저항하는 능력이 서로 크게 다른데 이러한 화학종에 따른 노킹의 경향은 임계 압축비로 측정된다. 먼저 분자 구조에 따른 노킹 경향은 다음과 같다.

파라핀 계열의 연료는 탄소 결합 길이가 증가하면 노킹이 잘 발생하고 기본 결합 길이가 감소하면 즉 측면 결합(Side Chain)이 있는 이성체(Iso)의 경우 노킹의 경향은 감소한다. 그리고 CH_3(메틸, Methyl) 그룹이 측면 결합을 하여 기본 구조의 끝에서 두 번째나 중심에 위치하면 노킹이 감소하는 경향이 있다.

올레핀 계열의 연료는 2중 결합이 하나이면 약간의 노킹억제 효과가 있고 2-3개이면 노킹을 상당히 감소시킨다. 이것의 예외로는 아세틸렌(C_2H_2), 에틸렌(C_2H_4), 프로필렌(C_3H_6) 등이 있는데 이들은 포화탄화수소보다 노킹을 더 잘 유발한다.

나프텐 계열은 같은 크기의 방향족(Aromatic)보다 노킹을 훨씬 더 일으킨다. 만일 1개의 이중 결합이 있으면 약간의 노킹 억제 효과가 있고 2-3개의 이중 결합이 있으면 노킹 경향은 상당히 감소한다. 그리고 기본 고리 구조에 측면 결합의 길이가 증가하면 노킹이 증가한다.

위에서 언급한 바와 같이 실제 연료에는 많은 성분이 혼합되어 있기 때문에 해당 연료의 노킹에 대한 특성은 옥탄가(Octane Number)를 측정하여 결정한다. 옥탄가는 주어진 운전 조건에서 주어진 기관의 노킹에 대한 저항성의 지표로 이것이 높을수록 노킹에 대한 저항성이 크다는 것이다. 실제로 옥탄가는 기관의 설계와 작동 구조에 따라 다르다.

옥탄가는 노말 헵탄(n-C_7H_{16})의 옥탄가를 0으로 그리고 이소옥탄(C_8H_{18})을 옥탄가 100으로 정의하고 이 둘의 혼합물을 기본표준연료(Primary Reference Fuel)로 한 후 단기통 기관을 이용하여 측정한다. 기본표준연료의 혼합비를 변경하면서 시험 대상 연료의 노킹 특성과 비교를 하고, 만일 대상 연료가 기준표준연료의 어느 혼합비와 그 특성이 일치하는 경우 그 연료의 옥탄가를 노말 헵탄과 이소옥탄의 체적혼합비를 그 연료의 옥탄가로 정의한다. 예를 들어 어느 연료가 옥탄 90%와 헵탄 10%의 혼합물과 노킹 특성이 일치하였다면 그 연료의 옥탄가는 90이 된다.

2) 옥탄가 측정법과 종류

옥탄가의 측정 방법에는 여러 가지가 있는데 그 중 대표적인 두 가지는 리서치 법(Research Method)과 모터 법(Motor Method)이 있다. 리서치 법으로 측정한 옥탄가를 RON(Research Octane Number)이라 하고 모터 법으로 측정한 옥탄가를 MON(Motor Octane Number)라 한다. 기타 실제 도로 주행이나 섀시 동력계상에서 실시하는 주행 옥탄가(Road Octane Number) 측정법도 있다.

[표 4-2] RON과 MON 측정 조건

	Research Method	Motor Method
흡기 온도	52°C (125 °F)	149°C (300 °F)
흡기 압력	대기압	
습도	0.0036 ~ 0.0072 kg/kg dry air	
냉각수 온도	100°C (212 °F)	
기관 속도	600 RPM	900 RPM
점화 시기	13° BTDC (고정)	19-26° BTDC (압축비에 따라 다름)
공연비	최대 Knock 발생 공연비	

RON과 MON을 측정할 때는 모두 CFR(Co-operative Fuel Research Committee, $B = 82.6mm$, $L = 114.3mm$) 기관을 사용한다. 이 기관은 오버헤드 밸브 단기통이며 노킹 측정을 위해 매우 견고하게 제작되었고 압축비는 운전 중에 3~30까지 조절이 가능하도록 되어 있어, 옥탄가 측정 시험을 할 때 압축비를 서서히 증가시키면서 노킹을 발생시켜 옥탄가를 정한다. 일반적으로 MON의 시험 조건이 더 가혹하여 일반적으로 MON이 RON보다 낮게 측정된다. [표 4-2]에 RON과 MON의 측정조건을 나타내었다.

한편 RON과 MON의 차이를 연료민감도(Fuel Sensitivity)라고 하는데 이것이 작을수록 넓은 운전 범위에 걸쳐 노킹 특성이 변화가 적다. 민감도는 원유의 산지와 정제 과정에 따라 다른데 기본표준연료는 옥탄가의 정의에 의해 RON 과 MON이 동일하다. 기본표준연료는 파라핀 계이므로 대부분의 파라핀계 연료는 민감도가 0이거나 매우 작다. 반면 올레핀 계는 민감도가 매우 큰데 통상적으로 포화탄화수소가 많은 연료는 민감도가 낮으며, 민감도가 높은 연료는 대체로 동일한 RON에 대해 주행 옥탄가가 낮은 경향을 보이기도 한다.

RON나 MON는 단기통에서 정속으로 고정된 점화시기에 대해 측정한 것이기 때문에 운전 영역이 크게 변하는 자동차용 기관에 그대로 적용하는 데는 문제가 많다. 따라서 실제 운행 중인 차량은 주행 옥탄가(Road ON)를 사용하는데 이것은 MON과 RON사이에서 $Road\,ON = a(RON) + b(MON) + c$를 사용하여 구하며 이때 a,b,c는 실험적으로 결정한다. 대부분의 경우 $a = b = 0.5$이다.

또한 RON과 MON의 평균을 내 노크지수(Anti-Knock Index)라 하여 사용하기도 한다.

$$\text{Anti Knock Index} = \frac{(RON + MON)}{2} \tag{4.18}$$

3) 옥탄가 요구치(Octane Number Requirement : OR)

옥탄가 요구치(OR)는 기관의 전체 운전 속도와 부하에 걸쳐 노킹이 발생하지 않게 하는 최소한의 옥탄가 또는 기관이 노킹을 일으키는 표준연료의 최고 옥탄가로 정의된다. OR은 기관의 운전 상태에 따라 변화가 있기 때문에 단일 기관이나 차량으로는 그 모델 전체를 대표하지 못하므로 이 값은 통상적으로 범위로 주어진다. 일반적으로 OR은 기관을 사용하면 할수록 증가하는데 이는 주로 연소퇴적물(Deposit)에 의한 것으로, 퇴적물이 증가하면 압축비의 증가 효과보다는 벽면온도의 증가 효과로 말단가스의 온도가 증가하는 것이 주요 원인이다. 즉 퇴적물이 많으면 기관에서 공기를 흡입할 때 신기의 온도가 증가하고 이어 압축행정 중 혼합기의 벽면 열전달을 방해하여 온도가 더욱 상승하여 노킹이 발생에 유리한 조건을 만들어준다. 연소퇴적물이 안정화되면 OR은 통상 5정도 증가하며 이것을 제거하면 거의 원래의 값으로 복귀한다.

4) 연료 첨가제

연료의 옥탄가는 연료의 정제과정에서 높이는 것도 가능하지만 현재는 주로 첨가제를 넣어 옥탄가를 증가시키고 있는데 이는 첨가제를 사용하는 것이 정제비용보다 더 저렴하기 때문이다. 첨가제는 옥탄가 증가의 효과 외에도 다음과 같은 기능을 가지고 있다.

표면점화(Surface Ignition) 억제.
점화플러그 오손(Fouling) 감소.
흡기포트 내의 검(Gum) 현상 억제.
흡기계 퇴적물 생성 억제.
밸브의 고착(Sticking)억제.
인젝터의 퇴적물 생성 억제.

첨가제에는 여러 종류가 있는데 첨가제의 도입 초기에는 테트라에틸납(Tetramethyl Lead, TEL, $(C_2H_5)_4PB$), 테트라메틸납(Tetramethyl Lead, TML, $(CH_3)_4PB$) 등 주로 납 함유물을 사용하였으나 현재는 환경문제와 촉매의 피독 문제 때문에 납의 사용이 규제되고 있다. 이후 여러 첨가제가 도입되었으나 현재는 주로 알코올이나 에테르(Ether) 계열의 함 산소화합물(Oxygenate)을 사용하고 있는데 메탄올, 에탄올, TBA(Tertiary Butyl Alcohol), MTBE(Methyl Tertiary Butyl Ether) 등이 이에 속한다. [표 4-3]에 함 산소 첨가제의 특징을 나타내었다.

[표 4-3] 함 산소 첨가제의 특징

	메타올	에탄올	TBA	MTBE	가솔린
통상적인 (R+M)/2 값	112	110	98	105	87-93
산소 중량비(%)	50	35	22	18	0
이론공연비(A/F)	6.5	9.0	11.2	11.7	14.5
비중	0.796	0.794	0.791	0.746	0.74
저위발열량(MJ/kg)	20.0	26.8	32.5	35.2	44.0
기화잠열(MJ/kg)	1.16	0.84	0.57	0.34	0.35
비등점(℃)	65	78	83	55	27-227

4.4.6 가솔린의 종류와 특징

가솔린은 앞에서 다룬 바와 같이 원유의 성질과 상태나 처리방법에 따라 파라핀계 · 올레핀계 · 나프텐계 · 방향족계 등 각종 탄화수소의 혼합비율이 다르다. 용도에 따라 공업가솔린, 자동차가솔린, 항공가솔린 등으로 나눌 수 있고, 제조법에 따라 분류하면 직류(直溜)가솔린, 분해가솔린, 중합가솔린, 천연가솔린, 인조가솔린, 개질가솔린 등으로 나뉜다. 자동차용 가솔린은 직류가솔린에 분해가솔린, 개질가솔린 등을 혼합하고, 다시 옥탄값을 높이기 위해 앤티노크제(劑)나 안정제를 첨가하여 제조한다.

1) 직류가솔린(Straight-Run Gasoline)

직류가솔린은 단순히 원유의 상압증류만으로 얻을 수 있는 가솔린인데, 이렇게 얻을 수 있는 가솔린은 양이 적고(원유의 10~20%) 옥탄가도 낮다. 직류가솔린은 원유산지에 따라서 파라핀계 탄화수소가 풍부한 것, 나프텐 성질의 것, 그리고 방향족 탄화수소를 다량으로 함유한 것 등의 3종이 있다. 비중은 0.65~0.75, 발열량은 약 1만 2000kcal/kg이다.

2) 분해가솔린(Cracked Gasoline)

분해가솔린은 끓는점이 높은 석유유분을 열분해, 수소화분해 또는 접촉분해에 의해 끓는점이 낮은 석유로 변화시켜 얻는다. 즉 원유 중의 중질탄화성분을 고온조건에서 처리하여 탄소수가 적은 성분으로 전환시켜 얻은 가솔린이다.

분해가솔린은 1900년 초 미국에서 자동차공업이 급격히 발달하여 직류가솔린의 공급 부족이 발생하였을 때, 경유나 중유와 같은 중질유(重質油)를 분해하여 분자량이 보다 작은 가솔린을 제조하게 되면서 등장하였다. 분해방법에는 촉매를 사용하지 않는 비접촉분해와 촉매를 사용하는 접촉분해가 있다. 접촉분해법은 기체상에서 촉매를 사용하여 분해하는데, 비접촉분해보다 한층 더 옥탄값이 높은 가솔린을 생산하는 것이 주목적이다

3) **개질가솔린**(Reformed Gasoline)

옥탄가가 낮은 중질(Heavy)가솔린인 중질나프타를 열 또는 촉매로 반응시켜 탄화수소의 구조를 변경시켜 얻은 것으로 옥탄가가 높다.

4) **이성화가솔린**(Isomerated Gasoline)

경질(Light)나프타 유분 중 C_4~C_6 정도의 노말 파라핀계(Straight Chain) 탄화수소를 촉매를 사용하여, 높은 옥탄가의 이성체(Iso, 또는 Branched) 파라핀으로 전환하여 얻는 가솔린이다. 경질나프타는 중질나프타에 비해 원래 옥탄가가 높으나, 이성화에 의하여 10정도 추가로 향상된다.

5) **알킬화가솔린**(Alkylate Gasoline) **또는 중합가솔린**(Polymer Gasoline)

접촉분해장치에서 얻는 프로필렌 · 부틸렌 · 이소부탄 등을 원료로 해서 중합(重合) 또는 알킬화반응을 시켜 이소옥탄(알킬레이트)을 주성분으로 하는 가솔린을 얻는다. 화학구조로 볼 때 내 노크 성(Anti Knock)이 좋은 고급가솔린이다.

6) **천연가솔린**(Natural Gas Liquid : NGL)

유전에서 나온 습성 천연가스에 함유되어 있는 비교적 끓는점이 낮은 가솔린으로, 흔히 케이싱헤드 가솔린(Casing Head Gasoline)이라고도 한다. 비중은 0.65~0.80이며, 보통 천연가스에서 얻는 가솔린을 말할 때는 가스 가솔린, 갱구 가솔린이라고도 한다. 유전의 유정(油井) 등에서 산출되는 습성가스를 가솔린 플랜트로 유도하여 압축 · 냉각하거나, 정제유에 흡수시키는 등의 방법으로 가솔린을 채취한다. 그 속에서 프로판, 부탄 등 기화하기 쉬운 성분을 분리, 제거하여 가솔린을 안정시킨다.

4.5 디젤 연료(경유)의 특성

디젤은 중소형 압축착화기관에 주로 사용되고 있다. 자동차 기관용 경유로서 요구되는 조건은 다음과 같다.

1) 착화성이 좋을 것.

2) 휘발성이 좋아 90% 유출온도가 300~350℃ 이하일 것.

3) 무화(Atomize)를 완전히 하기 위해 30℃에서의 동점성은 5~6cSt 즉 $5\sim6\times10^{-6}$ ㎡/s 이하일 것.

4) 15/4℃ 비중(물 4℃의 밀도에 대한 경유 15℃의 밀도의 비)은 약 0.830을 유지할 것

지금부터 디젤 연료의 특성에 대해 알아보겠다.

4.5.1 착화성(Ignition Quality)과 세탄가(Cetane Number : CN)

연료의 착화성은 압축착화기관에서 점화지연에 영향을 주는 매우 중요한 요소이다. 이 점화지연 특성은 압축착화기관 운전 특성에 크게 영향을 주는 매우 중요한 특성이다. 점화지연에 따라 연료전환효율, 운전의 부드러움, 스모크, 실화, 소음 및 시동성이 달라진다. 이러한 연료의 착화성을 나타내는 지표로 세탄가를 사용한다.

1) 세탄가 결정법

세탄가(CN)는 연료의 점화지연을 표준화된 기관 시험을 통해 일차 기준 연료 혼합물과 비교하여 결정한다. 가솔린의 항 노크 특성인 옥탄가 결정 방법과 유사한 방법으로 결정하는데 여기서도 두 가지 기준연료를 사용한다.

세탄(Cetane, n-hexadecane, C_6H_{34})은 착화성이 높은 연료로 세탄가 100으로 정의되고 이소세탄(Isocetane, heptamethylnonane, HMN)은 착화성이 매우 낮은 연료로 세탄가 15로 정의된다. 또는 세탄가가 낮은 연료로 알파-메틸나프탈렌(α-methyl naphthalene, $C_{11}H_{10}$)을 CN=0으로 정의하여 사용한다. HMN을 CN이 낮은 연료로 채용한 경우 CN은 다음과 같이 정의된다.

$$CN = n - Cetane(\%) + 0.15HMN(\%) \tag{4.19}$$

세탄가를 측정할 때 표준화된 단기통 가변 압축비 기관을 사용하며 운전 조건은 회전수 900 RPM, 냉각수온 100℃, 흡기온도 65.5℃, 분사시기 −13° 그리고 연료분사압력은 1030*bar*이다.

결정 방법은 시험대상연료를 사용하여 착화가 TDC에서 발생하도록 압축비를 조정한다. 이후 세탄가 5만큼씩 다르게 혼합된 기준연료를 대상으로 동일한 과정을 반복한다. 실제 연료에서 요구된 압축비가 기준연료 혼합물에서 요구된 값과 세탄가 5 이내에 들어 올 때까지 연료 혼합비율을 변경하며 시험을 하고 이어 기준연료 혼합물과 압축비 사이에서 보간법을 사용하여 세탄가를 결정한다.

세탄가 시험에는 매우 비용이 많이 소요되므로 경유 연료의 물리적 특성 값으로부터 착화성을 예측하는 많은 상관관계들이 개발되었는데 대표적으로 CCI(Calculated Cetane Index)가 있다. 이는 API 비중(141.5/(Gravity at 16°C) − 131.5)과 중간비등점(Mid Boiling Point, 50% 증발)을 기준으로 계산하는데 이렇게 구한 CCI는 직류 디젤, 분해 디젤 또는 양자의 혼합물 모두에 사용될 수 있으며 대부분의 디젤 연료에 대해서도 세탄가와 매우 근접한 값을 나타낸다. CCI는 다음 식으로 구한다.

$$\begin{aligned} CCI &= 0.49083 + 1.06577x + 0.001052x^2 \\ x &= 97.833(\log F)^2 + 2.2088\,G\,logF + 0.01247G^2 \\ &\quad - 423.51\log F - 4.7808G + 419.59 \end{aligned} \tag{4.20}$$

여기서 G는 API 비중이고 F는 중간비등점(°F)이다

또 다른 방법으로 디젤 지수(Diesel Index)를 구하고 그래프나 표를 이용해 세탄가를 구하는 방법도 있다. 이것은 착화성은 탄화수소 조성에 관계됨에 착안하여 개발된 방법으로 노말 파라핀(n−Paraffin)이 착화성이 높다는 것과 방향족과 나프텐은 착화성이 낮다는 것을 이용하여 아닐린(Aniline)을 사용하여 구한다. 아닐린점은 동일 체적의 연료와 아닐린이 혼합되는 최소 온도이다. 방향족은 저온에서도 아닐린에 거의 완전히 용해되고 파라핀은 높은 온도에서도 용해가 잘 안되므로 아닐린 점이 높다는 것은 세탄가가 높은 파라핀이 많이 함유되었음을 의미한다. 또한 API 비중이 높으면 비중이 작고 파라핀이 많이 함유되어서 착화성이 높다. 이를 이용해 다음과 같이 디젤 지수를 구한다.

$$\text{Disel index} = \text{aniline point}\,(^\circ F) \times \frac{\text{APIgravity}}{100} \tag{4.21}$$

2) 세탄가의 영향

연료의 세탄가가 동일하더라도 기화성이 다르면 점화지연은 상이하게 나타나기도 한다. 따라서 세탄가가 항상 어느 조건에서나 동일한 착화성을 나타내지는 않는다. 예를 들어 고온에서는 착화성이 좋아지고, 연료 간 차이는 거의 나타나지 않고 과급을 많이 하는 기관에서는 세탄가가 낮은 연료일지라도 착화성이 좋아진다. 이러한 예외를 제외하고 통상 세탄가는 기관의 성능에 다음과 같은 영향을 준다.

먼저 세탄가가 낮은 경우에는 점화지연이 너무 길어져서 연료가 압축착화하기 전에 연료의 분사는 대부분 완료된다. 이런 상태에서 일단 연소가 개시되면 연소실의 압력이 급격히 상승하고 최고 압력도 높아져서 심하면 디젤 노크(Diesel Knock)

현상이 발생한다. 극단적 조건에서는 분사된 대부분의 연료가 자동 착화 하여 들을 수 있는 노킹이 발생하기도 한다.

매우 낮은 세탄가 연료(예외적으로 긴 지연의 경우)는 착화가 너무 늦어 팽창 행정 중에 발생하기도 하며 이때는 소염이 되어 불완전 연소를 일으킨다. 결과적으로 출력이 저하되며 연료전환효율도 낮아지게 된다.

세탄가가 높은 연료의 경우 착화는 대부분의 연료가 분사가 완료되기 전에 발생하여 열방출과 압력상승은 기본적으로 연료 분사율과 연료-공기 혼합에 지배되며 세탄가가 낮은 연료와 비교해 좀더 부드러운 운전이 가능하다.

일반적으로 옥탄가가 높은 연료는 세탄가가 낮고, 세탄가가 낮은 연료는 옥탄가가 낮은 경행이 있어 스파크점화기관에 부적당한 연료는 압축착화기관에 적합하다고도 할 수 있다.

착화성이 낮은 연료에 혼합하여 세탄가를 높이는 착화향상제가 사용되기도 하는데 이들은 주로 초산알킬(alkyl nitrate, 초산에틸, 초산부틸)이나 니트로글리세린 같은 니트로화합물(nitrate)이다.

4.5.2 기타 물리-화학적 특성

1) 휘발성

경유는 비등점범위가 200~300℃ 사이에 있는 성분으로 저온시동이나 부하가 낮은 상태로 운전할 때와 같이 연소 환경이 불리한 경우 휘발성이 기관성능에 큰 영향을 준다. 연료 중에 비등점이 높은 유분(Distillate)이 있으면, 분사노즐에 탄소가 부착하거나 흑연(Black Smoke)이 발생할 가능성이 있고 낮은 부하로 운전할 때 타르(tar)상 물질 등이 발생할 우려가 있다. 통상 연료성상이 90% 유출온도 300~350℃ 이하가 바람직하다.

2) 점도

점도는 분사된 연료의 무화(Atomization)에 관계한다. 점도가 지나치게 높으면 연료분무의 평균입경이 커지고, 입경 크기의 분포도 넓어져서 연료-공기의 혼합이 제한되어 연소가 불량해진다. 반대로 점도가 지나치게 낮으면 연료의 윤활성 부족으로 연료분사펌프의 플런저(Plunger)와 배럴(Barrel)의 이상 마모가 발생하거나 분사노즐의 니들밸브가 고착되어 분사가 일정치 않게 되어 출력이 저하하기도 한다. 연료의 무화를 완전하게 하기위해서는 고속 기관의 경우 30℃에서의 동점성계수가 3~6 *cSt* 이하인 것이 바람직하다.

3) 비중

연료의 비중은 점도, 비등점이 높아질수록 커지는 경향이 있으며, 비중이 작으면 연비가 증가되나 출력은 감소하는 경향이 있다.

4) 유황 성분

유황 함유량(Sulfur Content)의 비율은 원유의 산지에 따라 다른데 연료 성분 중 유황이 연소하면 일부는 이산화황(SO_2)으로 산화되고 팽창행정 중에 이산화황의 일부가 다시 삼산화황(SO_3)이 된다. 한편 연소 생성물의 이슬점(Dew Point)이 높아지면 이러한 황산화물은 실린더 벽면에 황산(H_2SO_4)으로 응축하여 금속을 황산철로 산화시켜 부식한다. 이러한 산에 의한 부식은 열부하에 의한 재질 손상 및 연소 과정에서 발생된 탄소(Carbon)에 의한 마모보다 더 크다고 알려져 있다.

4.6 액화석유가스(Liquified Petroleum Gas : LPG)

LPG는 원유를 정제하는 도중에 나오는 부산물의 하나로서 프로판, 부탄을 주성분으로 하여 프로필렌, 부틸렌 등을 포함하는 혼합물이다. 가스는 냉각이나 가압에 의해 쉽게 액화하고 또한 역으로 가열이나 감압에 의해 기화하는 특성이 있어 습가스(Wet Gas)라고도 한다. 또한 기체화한 LPG는 공기에 비해 1.5~2배 정도 무겁고 보통 LPG는 가압(액화)된 상태로 고압용기에 저장되어 있다.

4.6.1 물리적 특성

1) 비중

LPG의 비중은 액체와 기체의 두 가지로 분류한다. 액체의 비중은 4℃의 물을, 기체의 비중은 0℃, 1기압의 공기를 각각 기준으로 했을 때의 값이며, 액체 프로판의 비중은 0.51, 기체 프로판의 비중은 1.52이며 액체 노말 부탄은 0.58, 기체 노말 부탄은 2.01이다.

따라서 액체 LPG는 물보다 가벼우나 기체 LPG는 공기보다 1.5~2.0배 무겁다. 온도에 의존하는 비중은 온도가 올라가게 되면 팽창계수가 증가하게 되므로 낮아지게 된다. 따라서 실린더에 충전되는 부피는 법령에 의해 명확하게 규정되어 있는데 이것은 다른 액체와는 달리 LPG는 비중과 부피가 온도변화에 따라 크게 변하기 때문이다. 예를 들면 15℃ 액체 LPG 1ℓ는 50℃에서 약 1.15ℓ로 팽창된다. 따라서 이러한 성질을 반드시 인식하여 여분의 LPG를 탱크에 충전하는 것을 피해야 한다.

2) 비등점과 용융점

프로판과 노말부탄의 비등점은 -42.1℃와 -0.5℃로서 LPG의 비등점은 가솔린의 비등점(35~232℃)보다 훨씬 낮다. 액체 LPG는 기화할 때 약 240배 팽창한다. 따라서 적은 양의 액체 LPG가 누출되어도 큰 부피의 가스로 팽창되기 때문에 매우 위험하게 된다. 때문에 용기에 충전하는 경우는 일정한 공간을 남겨둘 필요가 있다. 용융점은 고체에서 액체상으로 될 때의 온도이다. 프로판과 노말 부탄의 용융점은 각각 -188.7℃와 -138.4℃이며 이러한 용융점은 LPG 취급상 그다지 중요하지 않다.

3) 증기압

LPG의 증기압은 온도와 구성성분(LPG의 여러 가스 부피)에 의해 결정되어진다. 증기압은 연료를 압송하는데 중요한 역할을 하는데, 증기압에 의해 LPG가 용기 내에서 밀려나 액면이 낮아지면 추가적인 공간이 생겨 증기압이 낮아지게 되고, 이어서 또다시 증기는 포화증기가 되어 LPG를 밀어내게 된다. 이러한 현상이 끊임없이 되풀이 되면서 LPG는 자체 증기압에 의해 연료인 LPG를 자동으로 압송하게 되어 있으며, 연료를 고압으로 분사할 필요가 없을 때는 이 증기압이 연료 펌프의 역할을 한다.

[표 4-4] Antoine 식에서 각 탄화수소의 상수

	A	B	C
메탄	3.745	389.93	266
에탄	3.936	656.40	256
에틸렌	3.881	585.00	255
프로판	3.963	813.20	248
프로필렌	3.953	785.00	247
n-부탄	3.963	945.90	240
i-부탄	3.881	882.80	240
1-부텐	3.976	926.10	240
cis-2-부텐	4.001	960.10	237
trans-2-부텐	4.003	960.80	240
i-부텐	3.974	923.20	240

LPG는 보통 순수한 프로판이나 부탄이 아니고 다른 탄화수소가 다소간 섞여있는 혼합물이다. 즉 프로판에는 에탄, n-부탄, i-부탄 등이, 또 부탄은 n-부탄과 i-부탄의 혼합비가 다양할 뿐더러 프로판과 펜탄이 다소간 섞여 있다. LPG의 증기압을

실측하고 온도에 따라 환산하는 방법과 성분분석 값으로부터 직접 계산하는 방법 등이 있지만 또 증기압은 다음의 실험식(Antoine의 식)으로 계산하여도 매우 근사한 값을 얻을 수 있다.

$$Log_{10}P = A - \frac{B}{t + C} \tag{4.22}$$

여기서 P: 온도 t(℃) 때의 증기압(kg/cm^2)

A, B, C : 각 성분물질 및 온도범위에 의하여 정해지는 상수

탄화수소의 상수 A, B, C는 10~1500 $mmHg$의 범위에서 다음 [표 4-4]에 실린 바와 같다 Antoine식을 적용할 때 LPG성분에 대한 A,와 C를 A=3.9611, C=243.11로 일정하다고 본다. 어떤 시료에 대하여 특정온도에서 증기압 P를 실측하면 위 식에서 B를 구할 수 있으므로 다른 온도에 대한 증기압을 계산할 수 있다. 이식을 이용해 부탄과 프로판의 비율에 따라 온도에 따른 LPG의 증기압을 구하면 [표 4-5]와 같고 이를 [그림 4-2]에 도시하였다.

[표 4-5] 부탄과 프로판의 혼합비율에 따른 LPG의 증기압

온도	부탄비율(%)				
	100	90	80	70	0(프로판)
-40	0.171	0.267	0.363	0.459	1.131
-30	0.288	0.430	0.572	0.714	1.709
-20	0.461	0.664	0.867	1.070	2.491
-10	0.709	0.989	1.270	1.551	3.517
0	1.051	1.429	1.807	2.185	4.830
10	1.511	2.008	2.504	3.000	6.472
20	2.113	2.750	3.388	4.025	8.485
30	2.882	3.685	4.487	5.290	10.910
40	3.844	4.838	5.832	6.826	13.784
50	5.027	6.238	7.450	8.662	17.145
60	6.457	7.913	9.370	10.827	21.025
70	8.160	9.890	11.619	13.349	25.455
80	10.164	12.194	14.223	16.253	30.460
90	12.492	14.849	17.207	19.564	36.065
100	15.168	17.880	20.592	23.304	42.288

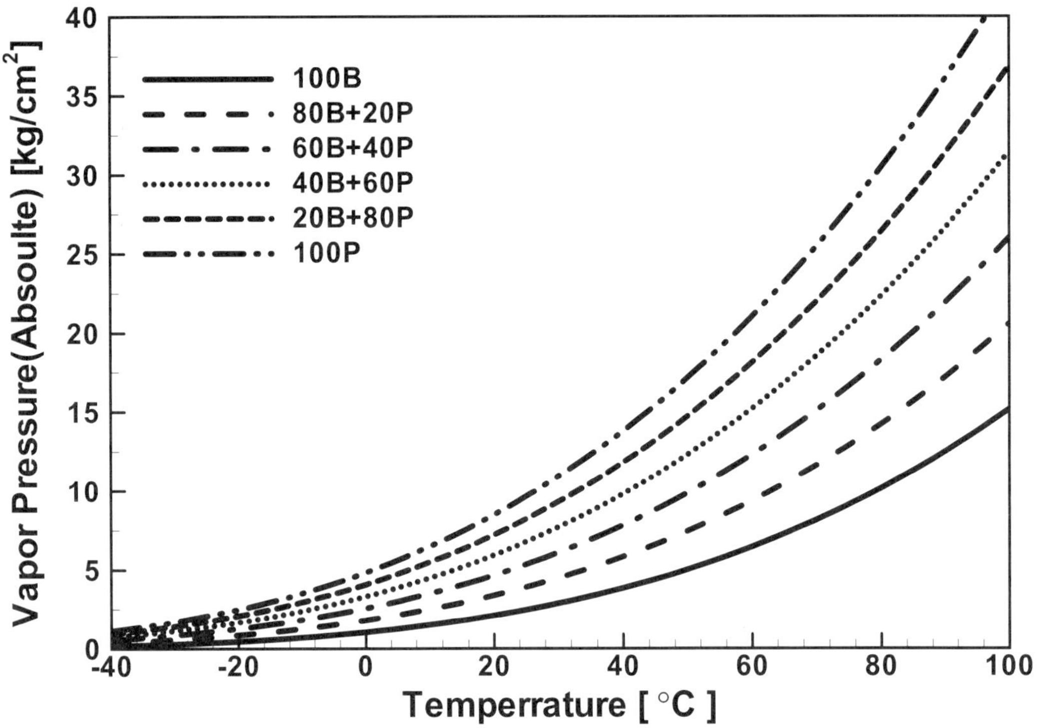

[그림 4-2] LPG의 성분비에 따른 포화 증기압

4) 액화, 기화 및 팽창

프로판의 기화잠열은 107.1*kcal/kg*이며 노말 부탄은 91.5*kcal/kg*이며 LPG가 기화하기 위해서는 액체 온도에 해당하는 기화열이 빼앗기게 되므로 액체온도는 내려가게 되고 증기압도 낮아지게 된다. 그러므로 LPG가 기화하는 증발기(Vaporizer)에서는 이 기화잠열에 의해 주위로부터 열을 빼앗아 동결할 위험이 있기 때문에 기관의 냉각수를 증발기로 순환시키고 있다.

프로판 또는 부탄을 액화시키기 위해서는 상온에서 가스의 압력을 그 온도에서의 증기압 이상으로 상승시키거나 상압에서 가스의 온도를 그 압력에서의 비등점 이하로 강하시켜야 한다. 전자를 가압액화라 하며 일반적으로 가정에서 사용하는 용기는 물론, 저장탱크, 탱크로리 등에 저장된 가스는 대부분 가압 액화한 LPG 이다. 후자를 냉각액화라 하는데, 외항선박의 대형수송용 탱크에 저장된 가스는 냉각 액화된 LPG인 경우가 많다. 프로판 또는 부탄을 액화하면 그 부피는 약 250분의 1로 줄어들므로 액체상태로 저장하거나 운반하면 작은 용기에 대량의 가스를 저장할 수 있게 되므로 취급상 편리하다.

액체상태인 LPG의 온도를 상승시키면 부피가 늘어나는데 LPG의 부피 팽창율은 물의 15~20배, 금속류의 약 100배가 된다. 용기에 규정 질량의 프로판을 충전할 경우 60℃에 달하게 되면 용기내부가 완전히 액체로 차게 된다. 따라서 규정 질량 이상으로 과충전하게 되면 60℃ 이하의 비교적 낮은 온도에서 액체로 충만하게 되어 그 이상 과열되면 용기가 파열하게 된다. 이러한 이유로 용기에 LPG를 85% 이상 충전하지 못하도록 한다.

4.6.2 연소 특성

1) 발열량과 옥탄가

LPG의 발열량은 약 12,000*kcal/kg*으로 이 값은 가솔린의 발열량 약 11,200 *kcal/kg*에 비해 *kg*당 약 800*kcal*이 더 크다. 옥탄가도 높아 프로판의 경우 MON으로 100이고 부탄은 92이므로 고압축비 기관에 사용할 경우에는 지극히 양호한 열효율을 나타내며, 일반 가솔린의 경우와 비교하여 약 10~15% 정도 높게 나타난다.

2) 연소에 필요한 공기량

LPG 연료 및 기타 연료의 이론공연비는 [표 4-6]에 나타내었다. 이 이론공연비의 계산법은 연소 화학 양론부분을 참조하라.

[표 4-6] LPG 및 기타연료의 이론공연비

연료의 종류		HCR	이론공연비(중량)	이론공연비(체적)
가솔린		1.85	14.56	-
디 젤		1.90	14.72	-
메탄올		4.00	6.47	-
M85		3.39	7.63	-
메탄		4.00	17.23	9.55
프로판		2.667	15.67	23.87
부탄		2.500	15.45	31.02
LPG	B95	2.508	15.46	30.67
	B90	2.517	15.48	30.33
	B85	2.525	15.49	29.98
	B80	2.533	15.50	29.62
	B75	2.542	15.51	29.27
	B70	2.550	15.52	28.92

통상 HCR이 크다는 것은 연료 중에 수소의 비율이 높다는 것으로 이는 동일한 양을 연소시킬 경우 이산화탄소의 발생이 상대적으로 적다는 의미가 된다. 대체로 가스 연료의 HCR은 가솔린이나 디젤에 비해 크기 때문에 미연 성분이 적은 가스연료 특유의 청정연소 특성에 더하여 이산화탄소 발생을 줄이는 이점을 동시에 가지고 있다.

3) 가연한계

어떠한 가연성 가스라도 공기와의 혼합비가 적정한 범위에 들어 있어야 연소가 일어날 수 있는데, 연소가 일어날 수 있는 가연성 가스와 공기의 혼합비의 범위를 체적비로 나타낸 것이 연소한계 또는 연소범위이며 그 중 가장 농후한 한계를 상한, 가장 희박한 한계를 하한이라 한다. LPG는 프로판과 부탄의 혼합물이므로 연소한계의 상한과 하한을 정확히 정하기는 매우 곤란하지만 LPG의 연소한계는 2~9% 정도이고 이것은 가솔린의 1.5~5.0%보다도 넓지만 그 밖의 다른 가연성 가스보다는 훨씬 협소하다.

한편 연소 한계 중에서 특히 폭발적으로 연소하는 범위를 "폭발한계"나 "폭발범위"라고도 부르며 그 값이 클수록 위험도가 높게 마련이다. 이 값은 측정자에 따라 다소 다르지만 LPG의 위험도는 도시 가스보다는 훨씬 적으나 가솔린에 비하면 다소 크게 나타나 있다.

[표 4-7] 각종 가스의 폭발 한계 및 위험도

가스의 종류	폭 발 한 계		위 험 도(H)
	하 한	상 한	
아세틸렌	2.5	81.0	31.4
수 소	4.1	74.2	17.7
도시가스	6.0	36.0	5.0
수성가스	12.4	66.1	4.3
L P G	1.8	9.5	4.2
가 솔 린	1.5	4.7	2.1

4) 연소속도

연소속도는 미연혼합기에 대한 화염면의 진입속도 또는 화염면으로 진입하는 미연혼합기의 속도의 수직 성분으로 정의된다. 이 연소속도는 화염의 겉보기 속도인

화염속도와 구별되며 화염속도는 이 연소속도에 유동의 속도 그리고 고온 연소 생성물의 팽창에 의한 화염면의 이동을 포함하고 있다. 이 연소속도는 가스의 종류나 혼합가스의 구성, 압력, 온도에 따라서 다르며 고온, 고압일수록 증가한다. 통상 탄화수소계열 연료의 층류 최고연소속도는 일부 예외를 제외하면 최대 50*cm/sec*를 넘지 않는다. [표 4-8]에 주요 연료의 최고 연소 속도를 나타내었다.

[표 4-8] 주요 기체연료 -공기 혼합기체의 최대연소속도 (대기압, 25℃)

가연기체	연소속도 (cm/s)	농도, vol% (당량비)	가연기체	연소속도 (cm/s)	농도, vol% (당량비)
수소	291	43 (1.8)	아세틸렌	154	9.8 (1.3)
일산화탄소	43	52 (2.6)	벤젠	41	3.3 (1.2)
메탄	37	10 (1.1)	톨루엔	38	2.4 (I.2)
에탄	40	6.3 (1.1)	메틸알코올	55	124 (1.0)
프로판	43	4.6 (1.1)	가솔린	38	
n 헵탄	39	2.3 (1.2)	등유	37	1.3 (1.1)
에틸렌	75	7.4 (1.2)			

LPG의 연소속도는 가솔린에 비하면 훨씬 느려 가솔린보다도 LPG가 안정성이 있다고 할 수 있으나, 연소속도가 늦기 때문에 점화시기를 가솔린보다 더 진각시키지 않으면 시동성이 좋지 못하게 되고 주행 중 기관의 작동상태가 원활치 못하게 된다.

5) 인화점 및 착화점

인화점은 가연성 가스 혼합기에 불꽃 등을 이용해 충분한 온도로 점화하면 곧 바로 연소가 시작되는 온도를 말하며 착화점은 점화 열원이 없이도 자연히 연소가 개시되는 최저온도를 말한다. LPG는 보통온도에서는 항상 인화점 이상으로 존재하며 착화점은 프로판이 490~550℃로서 가솔린의 360~380℃에 비해 착화점이 높은데 이것은 연소한계나 연소속도와 더불어 LPG가 다른 가연성가스에 비하여 비교적 안전성이 우수하다는 것을 의미하는 것이며, 특히 자동차용 연료로도 취급여하에 따라서는 훨씬 안전한 연료라는 것을 의미한다.

6) 화학반응

LPG는 프로판이나 부탄같이 포화 탄화수소의 화합물이므로 화학 반응이 거의 없는 매우 안정된 화합물이지만 가솔린처럼 용해성이 있으며 특히 천연고무나 페인트를 용해시키기 때문에 기구의 설치나 배관을 시공할 때에는 반드시 LPG에 침식되지 않는 재료를 선택하여야 한다.

또한 프로필렌, 부틸렌은 산소나 기타 화합물과 결합하기 쉽고 타르나 고무와 같은 물질을 생성하여 고장의 원인이 될 뿐 아니라 침식성이 강하기 때문에 함유량이 적도록 하여야 한다.

4.6.3 자동차용 연료로서의 LPG

일반적으로 자동차에 사용되는 연료로서 LPG를 선택할 경우의 기준은 대체로 다음과 같다.

1) 적당한 증기압(1~10kg/㎠)을 갖고 있을 것.
2) 불포화 탄화수소를 함유하지 않을 것.
3) 가급적 불순물이 함유되지 않을 것.

적당한 증기압은 온도가 낮은 상태에서 연료 공급과 냉 시동에 관련된다. LPG를 믹서(Mixer)나 연료 계량 밸브(Fuel Metering Valve) 등을 이용해 비교적 낮은 압력으로 기관에 공급하는 경우, 연료 펌프를 사용하지 않고 자체 압력에 의해 LPG를 공급하기 때문에 동절기 기온이 낮을 때는 증기압이 낮아 연료의 공급이 원활치 않게 되어 시동이 어렵다. 인젝터를 이용하여 비교적 고압으로(1~2 *bar*) 분사하는 경우에는 자체 압력으로 공급이 어려우므로 펌프를 사용하는데, 이런 경우에도 기온이 낮으면 증발기에서 완전히 증발하지 못하여 액상의 연료가 존재하거나 또는 증발기에서는 완전히 증발하였으나 연료 레일에서 다시 액화되어 액상의 연료가 기관에 공급된다. LPG는 기상과 액상의 부피비가 약 250 정도이므로 액상의 연료가 소량이라도 공급되면 연료 계량에 심각한 영향을 주어 가연한계를 벗어난 매우 농후한 혼합기가 기관에 공급되므로 기관부조현상을 일으킨다. 최근에는 부탄 함유량이 많은 LPG의 경우 전체 연료 계통의 압력을 높게 유지하여 LPG를 액상으로 직접 분사하는 기술도 상용화되었는데 이 경우에도 증기압이 너무 낮으면 냉 시동에 문제가 발생한다. 따라서 이러한 계절적 특징을 감안하여 프로판과 부탄의 혼합비율을 변경하여 필요한 증기압을 확보하기도 하는데, 이를테면 겨울철에는 증기압이 높고 비등점이 낮은 프로판의 비율을 높이고 기온이 높아 부탄으로도 충분한 증기압을 확보할 수 있는 하절기에는 부탄의 비율을 높여 사용하기도 한다. [표 4-9]에 LPG의 계절별 프로판-부탄 혼합비의 예를 나타내었다.

[표 4-9] LPG의 계절별 혼합 비율

월	혼 합 비(%)		월	혼 합 비(%)	
	프로판	부 탄		프로판	부 탄
1	30	70	7	0	100
2	30	70	8	0	100
3	20	80	9	20	80
4	10	90	10	20	80
5	0	100	11	25	75
6	0	100	12	30	70

일반적으로 유전가스에서 분리한 LPG나 정유소의 증류가스(Topping Gas)는 불포화 탄화수소를 거의 함유하고 있지 않으므로 자동차용으로 적합하다. 그러나 정유소의 분해가스(Cracked Gas)나 석유화학공장에서 부산물로 생산되는 LPG는 올레핀계가 많이 함유되어 바람직하지 못하다. 미국에서는 자동차에 대한 올레핀계 프로필렌의 양을 5% 또는 그 이하로 제한하고 있는데 올레핀계 탄화수소가 너무 많으면 옥탄가가 감소되며 기관의 성능도 떨어지게 된다. 또한 올레핀계의 프로필렌과 부틸렌은 반응성이 높으며 쉽게 중화가 일어나 타르나 검(Gum)과 같은 물질을 생성한다. 이러한 물질은 증발기의 고장과 진동판(Diaphram)의 부식 및 부식에 의한 내구성감소의 원인이 되며 또한 습기나 황 화합물과 같은 불순물은 배기가스에서 SO_2(이산화황)를 생성할 뿐 아니라 LPG계통을 부식시키게 된다.

4.7 대체연료

제 1장에서 언급한 바와 같이 화석 연료의 고갈 그리고 최근에는 이산화탄소에 의한 지구온난화 문제가 심각한 문제로 등장하면서 기관의 연료소비율을 낮추고 화석연료유 이외의 에너지 자원을 얻고자하는 노력이 지속되고 있다. 대체연료는 이러한 관점에서 꾸준히 관심을 끌어왔는데, 대체연료에서 요구되는 특성은 우선 이산화탄소의 배출량이 적고 배기가스가 청정할 것이며 또한 석유를 대체할 수 있을 만큼 충분한 양의 확보가 가능해야한다는 것이다. 대체연료는 크게 알코올계 연료와 가스 연료가 가장 크게 주목을 받고 있는데 이 둘은 위에서 말한 요구 특성을 잘 만족시키고 있기 때문이다.

4.7.1 알코올 연료

1) 에탄올(Ethanol)

에탄올(C_2H_5OH)은 분자량 46.07, 녹는점 −114.3℃, 끓는점 78.4℃, 비중 0.7893이며, 식물에 포함된 당분(감자, 옥수수, 고구마, 사탕수수, 카사바)을 발효시켜 얻기도 하고 석유화학에서 에틸렌을 이용해 합성하기도 하는데 합성의 경우 그 원료가 석유이므로 대체연료로서 의미가 없다. 에탄올 100%를 연료로 사용할 수도 있고 가솔린에 일정비율로 혼합하여 가소홀(Gasohol)로 사용하기도 한다. 에탄올을 10−20% 정도 혼합한 가소홀의 경우 가솔린에 비해 옥탄가는 2~3정도 향상이 되나 경질유분(Light Distillate)이 증가하기 때문에 증기폐색(Vapor Lock)을 일으키기 쉽다.

2) 메탄올(Methaol)

메탄올은 분자량 32.04, 녹는점 −97.78℃, 끓는점 64.65℃, 비중 0.7928이며 메탄의 수소원자 1개를 수산화기(−OH)로 치환한 것으로 간주하여 메탄올이라 한다. 메탄올은 메탄이 주성분인 천연가스를 개질하거나 또는 석탄의 가스화에 의해 생성된 수소, 이산화탄소를 이용해 합성한다. 메탄올도 에탄올과 마찬가지로 석유가 근원인 원료를 사용해 합성하면 대체연료로서의 의미가 경감되므로 이 보다는 각종 바이오매스(Biomass)를 혐기 발효하여 메탄을 얻고 이를 이용해 메탄올을 얻는 것이 바람직하다고 볼 수 있다. 메탄올 역시 그 자체를 연료로 직접 사용할 수도 있고 가솔린과 혼합하여 사용할 수도 있다. 그리고 경질유분이 에탄올보다 많아 증기폐색의 경향이 에탄올보다 증가하며 알코올 특유의 친수성으로 인해 수분의 흡수가 문제가 되기도 한다.

메탄올의 연소 특성은 배출물의 경우 미연탄화수소와 일산화탄소의 배출은 줄어들지만 알데히드(Aldehyde)의 배출은 증가한다. 그리고 가솔린보다 옥탄가가 높아 정상 연소에서 노킹은 줄어들지만, 열점(Hot Spot) 특히 점화플러그가 열점으로 작용하여 조기점화(Pre−ignition)가 발생하고 이것이 심한 노킹으로 연결되어 기관에 심각한 손상을 주고 점화플러그를 소손시키기도 한다. 이를 방지하기 위해서는 고온 운전에 적합한 열가가 높은 냉형 점화플러그를 사용해야 한다.

그 밖에 연료계통을 부식시키거나 고무류의 부식과 용해 그리고 검(Gum) 현상이 발생하기도 하며 가솔린을 사용할 때 보다 밸브 및 밸브 시트의 마모가 심해지는 경향이 있다. 특히 부식 및 마모는 단기간에 발생하는 것이 아니라 상당히 긴 시간을 통해 진행되므로, 이에 따른 기관의 이상 징후가 가시적으로 즉각 나타나지 않으므로 매우 주의해야 한다.

[표 4-10] 대체연료의 특성

연료	구조	원료/제법	이론 공연비	옥탄가 RON	옥탄가 MON
에탄올	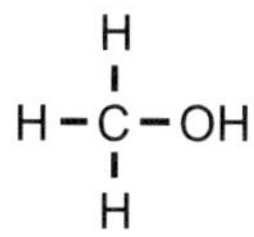	당분의 발효	9.0	111	92
메탄올	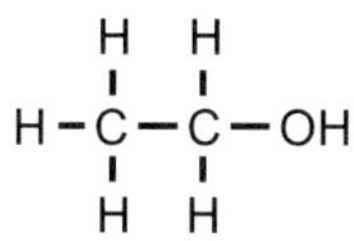	천연가스, 석탄	6.45	112	91
TBA	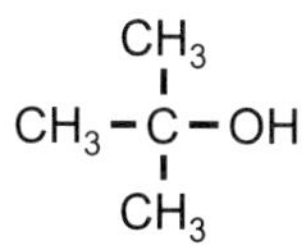	이소부틸렌+ 수증기	11.2	113	110
MTBE	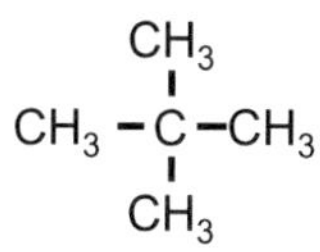	메탄올+ 이소브틸렌	11.2	117	101
가솔린	C_4~C_{12}의 탄화수소 혼합물	원유정제	14.6	83~102	73~92

3) MTBE와 TBA

MTBE(Methyl Tertiary Butyl Ether)는 메탄올의 여러 문제점을 해결하기 위하여 이를 해결하기 위해 메탄올과 이소부틸렌(Isobutylene)으로부터 합성하여 얻은 연료로 옥탄가가 매우 높다. 연료 첨가제로도 사용한다.

TBA(Tertiary Butyl Alcohol)는 석유정제 과정 중 부산물로 발생한 이소부틸렌을 이용해 만들고 대체 연료는 아니나 옥탄가가 높아 첨가제로 사용된다.

[표 4-10]에 이러한 알코올계 연료의 특성을 나타내었다.

4.7.2 가스 연료

자동차용 연료로 많이 사용되는 가스연료인 LPG에 대해서는 앞서 다루었기 때문에 여기서는 현재 많은 주목을 받고 있는 천연가스에 대해 논의하겠다.

천연가스는 지하에서 직접 채취하는 기체연료로 석유와 마찬가지로 탄화수소가 주성분이며 성분 구성은 산지나 시기에 따라 다소 차이가 나지만 메탄(CH_4)이 주성분이다. 천연가스는 비교적 발열량이 크고(36~48MJ/m_N^3) 옥탄가가 매우 높으며($(R+M)/2=120$) 생산 원가가 저렴하고 석유와 같이 별도의 정제 과정이 필요하지 않기 때문에 매우 경제적 연료이다. 또한 메탄이 주성분이므로 그 미연성분도 메탄이며 이산화탄소의 배출량도 적어 대기 오염의 문제가 적은 청정연료이기도 하므로 현재 매우 주목을 받고 있는 연료이다.

천연가스는 습성가스와 건성가스로 분류되는데, 습성가스는 주로 유전지대에서 생산되는 유전가스로 메탄 외에 프로판, 부탄 등이 함유되어 단위체적당 발열량이 높고 가압하면 상온에서 액화되기 때문에 습성이라 한다. 건성가스는 지하수 등에 포함된 수용성가스와 탄전 지대에서 채취되는 탄전가스 등이 있으며 메탄 외에 이산화탄소, 산소, 질소 등을 함유하고 있고 상온에서는 가압하여도 액화하지 않는다. [표 4-11]에 각종 천연가스의 조성과 발열량을 나타내었다.

이 이외에도 아직 생산, 저장 및 배급 문제가 있기는 하지만 수소가 연료로 사용될 가능성도 있으며, 압축착화기관의 경우 식물유인 바이오디젤 등의 사용이 연구되고 있다.

[표 4-11] 각종 천연가스의 조성과 발열량

종류	조성 (% v/v))								공기와의	발열량
	CH_4	C_2H_6	C_3H_8	C_4H_{10}	C5~	CO_2	N_2	O_2	비중	(MJ/m_N^3)
탄전가스	97	0.1	-	-	-	-	2.9	-	0.568	38.7
수용성가스	98	-	-	-	-	0.5	1.4	0.1	0.566	39.1
유전가스	97	2.3	0.2	0.8	0.2	0.4	-	-	0.589	41.6

제5장

연료-공기 혼합기의 열화학

5.1 연소 화학양론

화학양론은 혼합기 연소를 전후하여 반응물(연료와 공기)과 생성물 사이의 양적 관계를 다룬다. 이 관계는 반응물 내의 각 화학종의 질량보존법칙에만 의존하기 때문에 연료의 상대적 구성과 연료와 공기의 상대적 구성 비율만으로 취급이 가능하다.

산소가 충분하다면 탄화수소 연료는 완전하게 산화될 수 있다. 연료 중 탄소는 이산화탄소(CO_2)로 수소는 물(H_2O)로 전환된다. 예를 들면 프로판(C_3H_8) 1몰이 완전 연소하는 화학 방정식은 다음과 같다.

$$C_3H_8 + a\,O_2 \rightarrow b\,CO_2 + c\,H_2O \tag{5.1}$$

반응물과 생성물 사이에서 탄소의 질량보존을 적용하면 탄소 원자의 수는 반응 전후에 동일해야 하므로 b=3이다. 수소의 질량 또는 원자수 보존에서 $2c$=8 또는 c=4이고, 산소 평형에서 $2b + c = 10 = 2a$이므로 a=5이다. 그러므로 식(5.1)은 다음과 같이 쓸 수 있다.

$$C_3H_8 + 5O_2 \rightarrow 3CO_2 + 4H_2O \tag{5.2}$$

식(5.2)는 반응물과 생성물 사이의 기본적인 화학종 구성관계만 기술하기 때문에 연소의 진행에 따른 그 구체적 과정은 나타낼 수 없다. 실제 연소 과정은 이 보다 훨씬 복잡하다.

공기에는 질소가 포함되어 있지만 생성물의 온도가 낮을 때 질소는 반응에 의해 크게 영향을 받지 않는다. C_aH_b로 구성된 임의의 탄화수소연료가 공기와 혼합하여 완전연소하는 경우 그 연소 화학방정식은 다음과 같다.

$$\begin{aligned} &C_aH_b + \left(a + \frac{b}{4}\right)(O_2 + 3.773N_2) \\ &\rightarrow aCO_2 + \frac{b}{2} + H_2O + 3.773\left(a + \frac{b}{4}\right)N_2 \end{aligned} \tag{5.3}$$

모든 탄화수소는 이론적으로 완전연소하면 그 생성물은 CO_2와 H_2O로만 구성된다. 연료를 탄소 1원자 당 수소 원자의 수로 나눈 HCR(Hydrogen-Carbon Atomic Ratio, $m = a/b$)을 적용하면 화학방정식을 좀 더 간단히 나타낼 수도 있다.

$$
\begin{aligned}
&CH_y + \left(1 + \frac{m}{4}\right)(O_2 + 3.773N_2) \\
&\rightarrow\ CO_2 + \frac{m}{2}H_2O + 3.773 \cdot \left(1 + \frac{m}{4}\right)N_2
\end{aligned}
\tag{5.4}
$$

여기서 이론공연비는 다음과 같이 구할 수 있다.

$$
(F/A)_s = (A/F)_s^{-1} = \frac{12.011 + 1.008m}{\left(1 + \frac{m}{4}\right)(31.998 + 3.773 \cdot 28.16)}
$$

이때 질소의 분자량은 28이 아닌 공기 중 미세 성분인 이산화탄소 및 아르곤 등을 고려한 대기 질소로 28.16을 사용한다.

식(5.4)에 나타나 있듯이 $(A/F)_s$는 m에만 영향을 받는다. 만일 알코올계와 같이 산소가 포함되어있는 연료의 경우(일반적으로 $C_aH_bO_c$) HCR과 마찬가지로 OCR (Oxygen-Carbon Atomic Ratio) n을 사용하여 일반적 화학 방정식과 이론공연비를 다음과 같이 기술할 수 있다.

$$
\begin{aligned}
&CH_mO_n + (1 + \frac{m}{4} - \frac{n}{2})O_2 + 3.773aN_2 \\
&\rightarrow CO_2 + \frac{m}{2}H_2O + 3,773\,(1 + \frac{m}{4} - \frac{n}{2})N_2
\end{aligned}
\tag{5.5a}
$$

$$
(F/A)_s = (A/F)_s^{-1} = \frac{12.011 + 1.008m + 15.999n}{\left(1 + \frac{m}{4} - \frac{n}{2}\right)(31.998 + 3.773 \cdot 28.16)}
\tag{5.5b}
$$

[그림 5-1]은 m과 n의 변화 즉 연료 성분 변화에 따른 이론공연비를 나타냈는데 여기서 n이 0인 경우 m=1은 벤젠(Benzene)이며 m=4는 메탄이다. m=4일 때 n=1은 메탄올 그리고 m=3, n=0.5는 에탄올에 해당한다.

그림에서 알 수 있듯이 연료에 포함된 수소가 많을수록 요구되는 공기량은 증가하고 당연한 결과이지만 산소가 많이 함유된 연료일수록 연료 중 산소가 연소에 참여하게 되므로 공기량은 줄어들게 된다.

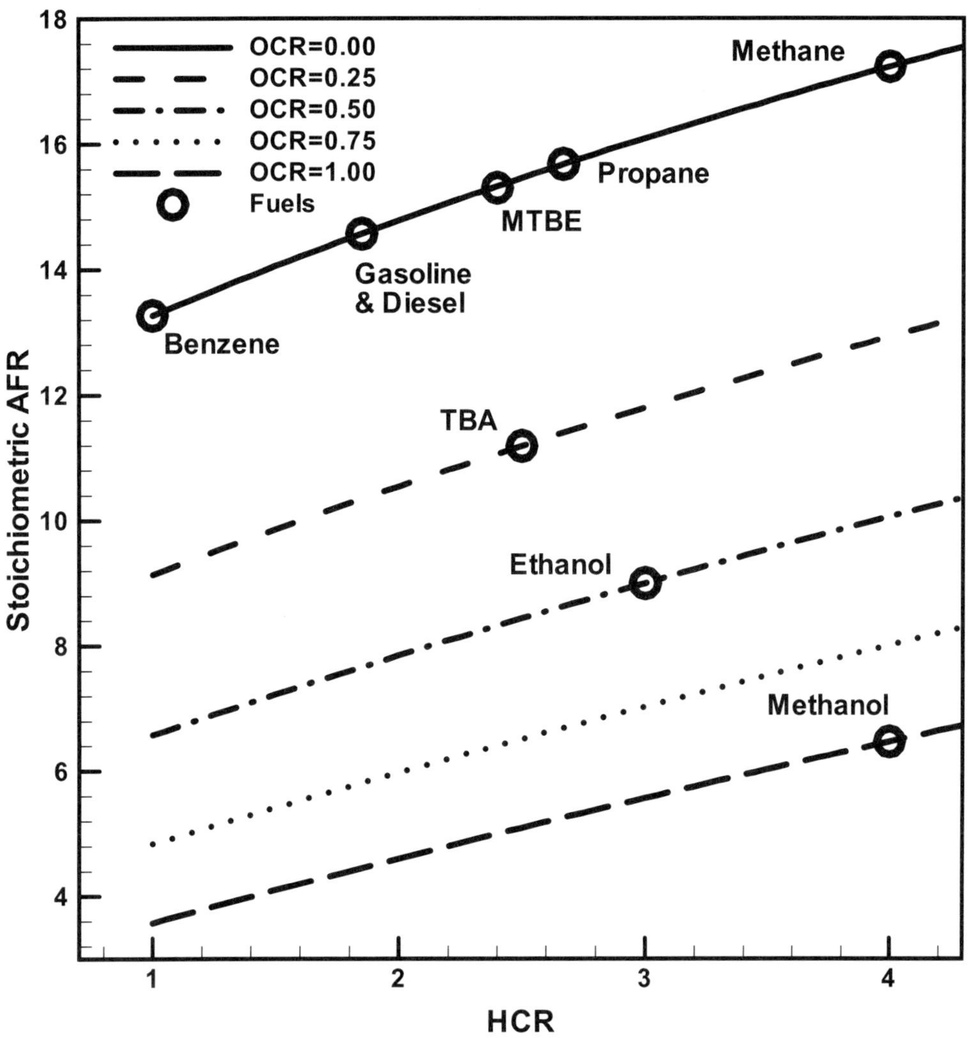

[그림 5-1] HCR과 OCR에 따른 이론공연비

실제 공기량이 이론공기 요구량보다 많거나 적어도 연료-공기 혼합기는 연소된다. 과잉 공기가 있는 희박혼합기의 경우 연료의 연소에 필요한 공기 이외의 잉여 공기는 반응에 참가하지 않고 그 자체가 생성물로 나타난다. 예를 들어 이소옥탄이 25%의 과잉 공기 또는 이론공기 요구량보다 1.25배의 공기를 가지고 연소하는 경우 연소 화학방정식은 다음과 같다.

$$C_8H_{18} + 1.25 \times 12.5\,(O_2 + 3.773N_2) \rightarrow 8CO_2 + 9H_2O + 3.13O_2 + 58.95N_2 \tag{5.6}$$

이론공기 요구량 보다 공기가 적게 공급된 농후한 혼합기의 경우 연료 중에 포함된 탄소(C)와 수소(H)를 모두 이산화탄소(CO_2)와 물(H_2O)로 산화시키기에 충분한 산소가 없다. 이때 생성물에는 이산화탄소(CO_2)와 물(H_2O)외에도 일산화탄소(CO)와 수소(H_2)가 존재하고 생성물의 조성은 화학종의 질량보존(평형) 하나만으로는 결정될 수 없고 각 생성물의 화학적 구성에 관한 추가적인 가정을 도입해야만 예측이 가능하다.

혼합기가 희박한지 아니면 농후한지에 따라 연소 생성물의 구성은 매우 달라지고 또한 이론공연비는 연료의 조성 즉 탄소, 수소 산소의 구성비에 따라 달라지므로, 모든 연료의 혼합비(공연비)를 직접 기술하여 사용하는 것보다 이를 실제공연비와 이론공연비와의 비로 나타내는 것이 혼합 상태를 규정하는데 더 일반적 기술이 될 것이다. 여기서 연료-공기의 당량비 Φ를 다음과 같이 정의한다.

$$\Phi = \frac{(A/F)_s}{(A/F)_{actual}} \tag{5.7}$$

Φ의 역수는 상대공연비 또는 공기과잉율(λ)이라 하고 다음과 같다.

$$\lambda = \Phi^{-1} = \frac{(A/F)_{actual}}{(A/F)_s} \tag{5.8}$$

이 때 $\Phi < 1, \lambda > 1$: 희박공연비

$\Phi = \lambda = 1$: 이론공연비

$\Phi > 1, \lambda < 1$: 농후공연비

만일 연료에 상당한 양의 황이 포함되어 있으면, 이론공기량과 공연비의 결정에 이산화황(SO_2)의 발생을 추가로 고려한다.

주의하여야 할 것은 단순히 연소의 화학방정식을 통해 구한 생성물의 조성비는 실제로 나타나지 않고 또한 생성물도 이러한 것들 외에 여러 가지가 추가로 존재한다는 것이다. 정상적인 연소 온도에서 이산화탄소와 물은 열해리에 의해 상당량 수성가스 반응에 참가한다. 낮은 온도에서는 (해리된 조성물의) 재결합에 의해 전체 화학식에서 구한 생성물 조성으로의 복귀하는데 이 과정은 생성 가스의 냉각 율에 의해 지배된다. 좀 더 일반적인 미연 및 기연 가스 혼합물에 대한 관계식은 6장에서 다루도록 하겠다.

5.2 연소에 열역학 제1법칙의 적용

5.2.1 에너지와 엔탈피 평형

연소과정 중에 연료와 산화제는 반응하여 다른 조성의 화합물을 생성한다. 이러한 전환의 실제 자세한 경로에 대해서는 수소, 메탄과 같은 단순한 연료에 국한되어 알려져 있고, 복잡한 구조의 연료에 대해 상세한 내용은 아직 알려지지 않은 부분이 많다.

그럼에도 불구하고 연소과정을 거치는 혼합기의 최종 상태를 설명하는데 열역학 제 1법칙을 이용할 수 있는 데 그 이유는 열역학 제1법칙을 적용할 때 자세한 과정이 요구되지 않기 때문이다. 열역학 제 1법칙은 내부 에너지(또는 엔탈피)의 변화를 열/일의 상호전달 과정에 연관시킨다. 화학 조성이 변화하는 시스템에 제 1법칙을 적용할 때는 화학종이나 화학종 그룹의 내부 에너지나 엔탈피를 0로 두는 기준상태(Reference State)의 설정에 주의해야 한다. 즉 반응에 의해 각각 변환되는 화학 물질의 내부 에너지나 엔탈피가 0인 기준 상태를 임의로 선택할 수는 없다.

[그림 5-2]에서 나타낸 바와 같이 화학 반응에 의해 반응물로부터 화학적 조성이 다른 생성물이 형성되는 질량 m인 시스템을 생각해 보자. 이 시스템의 초기와 최종 상태 사이에 제1법칙을 적용하면 다음과 같다.

$$Q - W_{R-P} = U_P - U_R \tag{5.9}$$

이 때 열전달 Q_{R-P}와 정상적인 힘 변위에 의한 일 전달 W_{R-P}는 시스템의 경계를 통해 일어날 수 있다. Q_{R-P}는 외부로부터 시스템으로의 열전달을 의미하고 W_{R-P}는 시스템이 외부에 한 일을 의미하는데 Q_{R-P}이 (+)이면 열이 시스템으로 들어오는 것이고 W_{R-P}이 (+)이면 시스템이 외부로 일을 한 것이다.

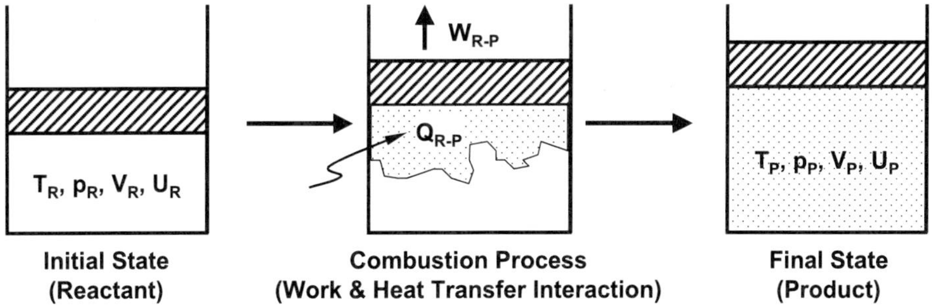

[그림 5-2] 시스템의 반응물에서 생성물로의 변화

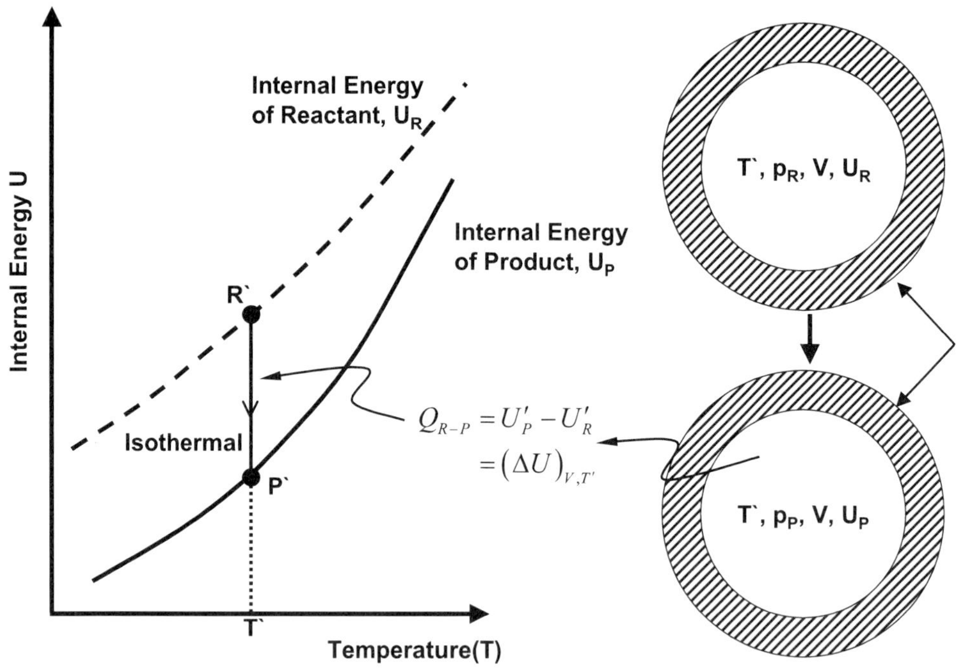

[그림 5-3] 등온 정적 변화에서 반응물과 생성물의 내부에너지

우선 체적이 일정한 상태에서 반응물이 연소하여 생성물이 얻어질 때, 열전달이 있어 초기 및 최종 온도가 T'으로 동일한 경우에 대해 생각해 보자. 예를 들어 외부로 열전달이 있는 강체 용기 내에서 연소가 일어나며 열전달에 의해 강체 용기와 내부의 온도는 일정하게 유지되는 경우로 [그림 5-3]에 이러한 변화를 도시하였다. 이 경우 연소에 의해 용기 내의 물질은 반응물의 상태 R'에서 생성물의 상태 P'으로 이동하며 강체 용기에 의해 체적의 변화가 없으므로 시스템이 외부로 한 일은 없고, 열과 일 그리고 내부에너지 관계를 서술한 식 (5.9)는 다음과 같이 기술될 수 있다.

$$Q_{R-P} = U'_P - U'_R = (\Delta U)_{V,\,T'} \tag{5.10}$$

$(\Delta U)_{V,\,T'}$는 시스템의 내부에너지의 변화량이고 이는 측정되거나 또는 계산으로 구할 수 있다. 연소과정은 발열 과정이므로 Q_{R-P}와 $(\Delta U)_{V,\,T'}$는 (−)이며 생성물과 반응물의 온도는 같고 내부에너지는 감소한다. 이것이 연료 1몰에 대한 표현일 경우 $-(\Delta U)_{V,\,T'}$는 온도 T'에서의 정적반응열이다.

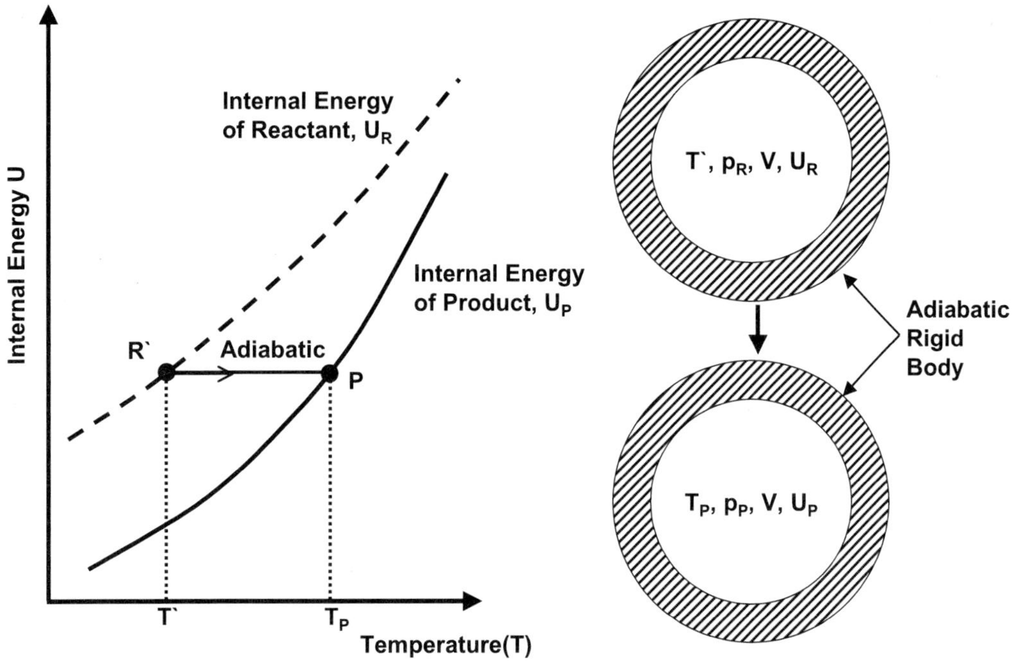

[그림 5-4] 단열 정적변화에서 반응물과 생성물의 내부에너지

다음에 동일한 강체 용기 내에서 연소가 일어나지만 용기가 단열된 경우를 생각해 보자. 단열에 의해 외부로의 열전달이 없기 때문에 $Q=0$이고 또한 체적의 변화가 없으므로 $W=0$이다. [그림 5-4]에 이러한 변화를 나타내었다. 여기서 T_P는 단열화염온도이고 이러한 변화가 일어날 때 반응물과 생성물의 내부 에너지가 같고 온도는 서로 다른 상태에 있게 된다.

다음, 초기와 최종 온도 T'가 같은 정압과정에 대해 고려해 보자. 정압과정에서 일은 다음과 같이 기술할 수 있다.

$$W_{R-P} = \int_R^P p dV = p(V_P - V_R) \tag{5.11}$$

이 식을 식(5.10)에 대입하면 다음과 같다.

$$\begin{aligned} Q_{R-P} - p(V'_P - V'_R) &= U'_P - U'_R \\ Q_{R-P} &= (U'_P + pV'_P) - (U'_R + pV'_R) \\ &= H'_P - H'_R = (\triangle H)_{P,T'} \end{aligned} \tag{5.12}$$

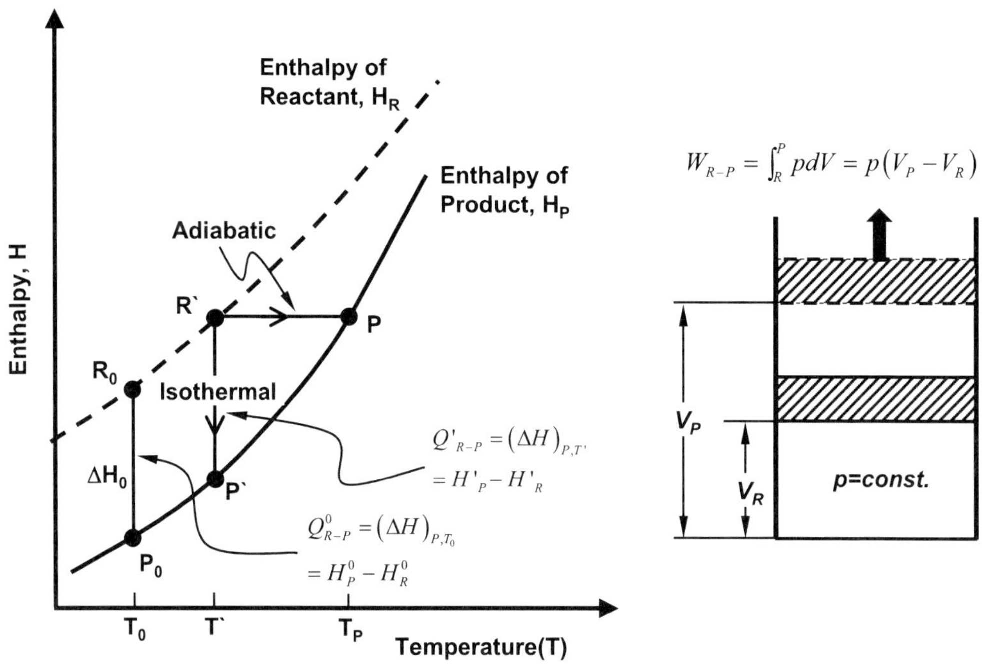

[그림 5-5] 정압변화에서 반응물과 생성물의 엔탈피

여기서 시스템의 엔탈피 변화는 $(\Delta H)_{P,\,T'}$이고 이것도 내부에너지와 마찬가지로 측정되거나 계산될 수 있다. 이 값 역시 연소반응에서는 음(−)의 값이고 식(5.12)가 연료의 1몰에 대해 기술한 것이면 $(\Delta H)_{P,\,T'}$는 정압상태에서 엔탈피의 증가량을 의미하고 이때 $-(\Delta H)_{P,\,T'}$는 온도 T'에서 정압반응열이다. 온도 및 엔탈피에 관련된 이 과정을 [그림 5−5]에 나타내었다.

만일 반응물의 내부에너지 U(또는 엔탈피 H)가 어떤 기준온도 T_0에서 임의의 값 U_R^0(또는 H_R^0) 으로 주어진 경우 내부에너지의 변화 $(\Delta U)_{V,\,T_0}$(또는 $(\Delta H)_{p,\,T_0}$)값은 각각 반응물과 생성물에 대해 온도만의 함수가 되어 $U(T)$(또는 $H(T)$)의 관계로부터 결정될 수 있다.

만일 이 온도와 내부에너지(또는 엔탈피)의 관계가 단위 질량 당(단위 몰 당)에 대해 나타낸 것이라면 내부에너지의 선의 기울기는 정적비열(c_v)이고 엔탈피의 변화 선의 기울기는 정압비열(c_p)이다. 이 선들의 기울기 즉 비열은 온도가 증가함에 따라 증가하고 $(\Delta U)_{V,\,T_0}$(또는$(\Delta H)_{p,\,T_0}$)의 크기는 온도가 증가함에 따라 감소하는데 감소하는 이유는 생성물의 비열이 반응물의 비열보다 크기 때문이다.

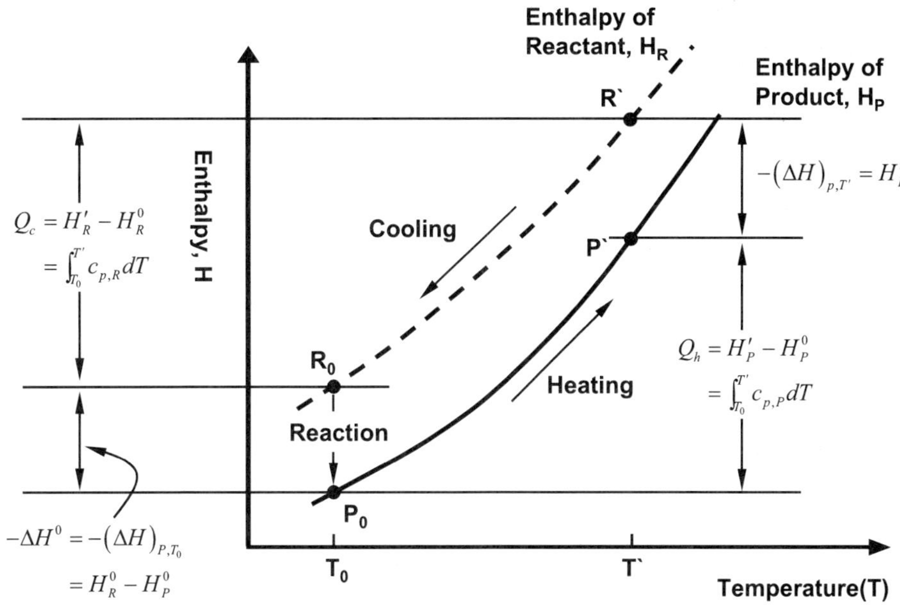

[그림 5-6] 반응열과 엔탈피, 비열의 관계

일반적으로 반응열(또는 생성엔탈피, 발열량)의 기준온도는 298.15K(25℃)이고 이를 정압인 경우 $-\Delta H^0$로 나타내는데 이는 $-(\Delta H)_{p,\,T_0}$이고 경로와 무관하다. 그리고 온도 T'에서의 반응열 $-(\Delta H)_{P,\,T'}$, 반응물 및 생성물의 정압 비열을 각각 $c_{p,\,R}$과 $c_{p,\,P}$라고 하면 이들 사이에는 [그림 5-6]에 나타낸 것과 같은 관계가 성립된다. 그림에 나타나 있듯이 임의의 온도 T'에서 정압(또는 정적) 반응열을 구하기 위해서는 반응열은 경로와 무관하므로, 반응물이 초기 상태 R'에서 정압(또는 정적)상태의 냉각을 거쳐 R_0에 이르고 여기서 연소반응을 하여 P_0 상태가 되어 기준상태에서의 반응열 $-\Delta H^0$(또는$-\Delta U^0$) 이 발생한 후 다시 생성물이 정압(또는 정적)상태로 가열되어 최종상태 P'에 이른 것으로 간주하여 계산할 수 있다. 즉 다음과 같이 계산될 수 있다.

$$-(\Delta H)_{p,\,T'} = (H'_R - H^0_R) - (\Delta H)^0 - (H'_P - H^0_P) \tag{5.13}$$

$(\Delta H)_{p,\,T_0}$와 $(\Delta U)_{V,\,T_0}$ 사이의 차이점은 다음과 같다.

$$(\Delta H)_{p,\,T'} - (\Delta U)_{V,\,T'} = p(V_P - V_R) \tag{5.14}$$

정압과정에서는 생성물과 반응물의 부피가 같을 때만 $(\Delta H)_{p,\,T_0}$와 $(\Delta U)_{V,\,T_0}$가 같다. 반응물과 생성물의 조성이 모두 이상기체로 이루어진 경우, 그 때 이상기체상태식은 다음과 같다.

$$(\Delta H)_{p,\,T'} - (\Delta U)_{V,\,T'} = \widetilde{R}\,(n'_P - n'_R)\,T' \qquad (5.15)$$

이 때 불활성 기체는 $(n'_P - n'_R)$에 기여하지 않는다.

연료가 탄화수소인 경우 물(H_2O)이 생성물의 하나로 포함이 되며 이때 기체 또는 액체 상태로 존재할 수 있다. 물은 상태에 따라 동일 온도에서 내부에너지(또는 엔탈피)가 다르므로 정적(또는 정압) 과정에서 생성물의 내부에너지(또는 엔탈피)는 생성된 물의 기체-액체상태의 상대적 비율에 따라 달라진다. 생성된 물이 모두 증기 또는 액체로만 존재하는 경우에 대해 내부에너지와 온도와의 관계를 [그림 5-7]에 나타내었다. 이 때 액체로 존재할 때와 증기로 존재할 때의 내부에너지 차이는 다음과 같다.

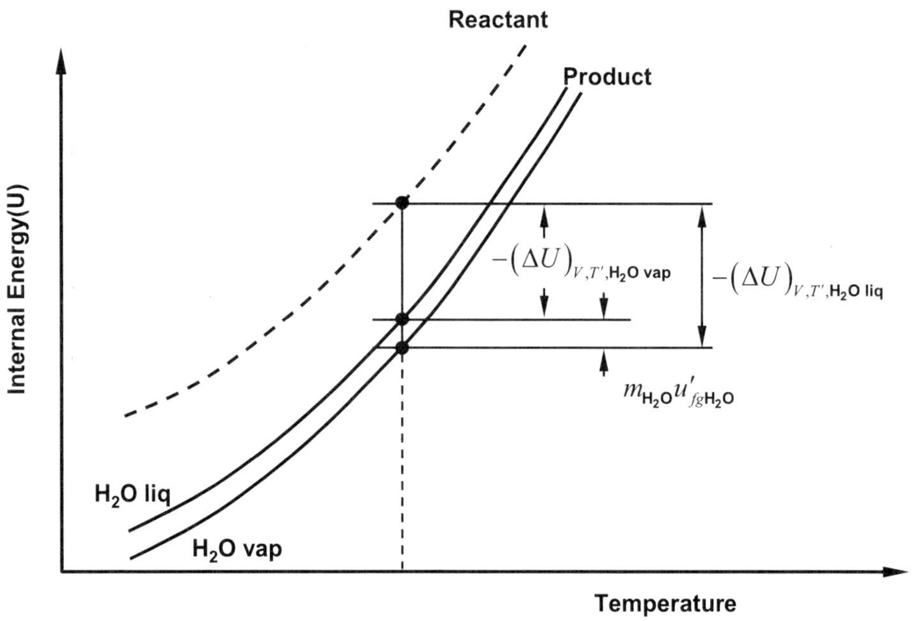

[그림 5-7] 물이 증기나 액체로만 존재할 때 온도에 따른 생성물의 내부에너지

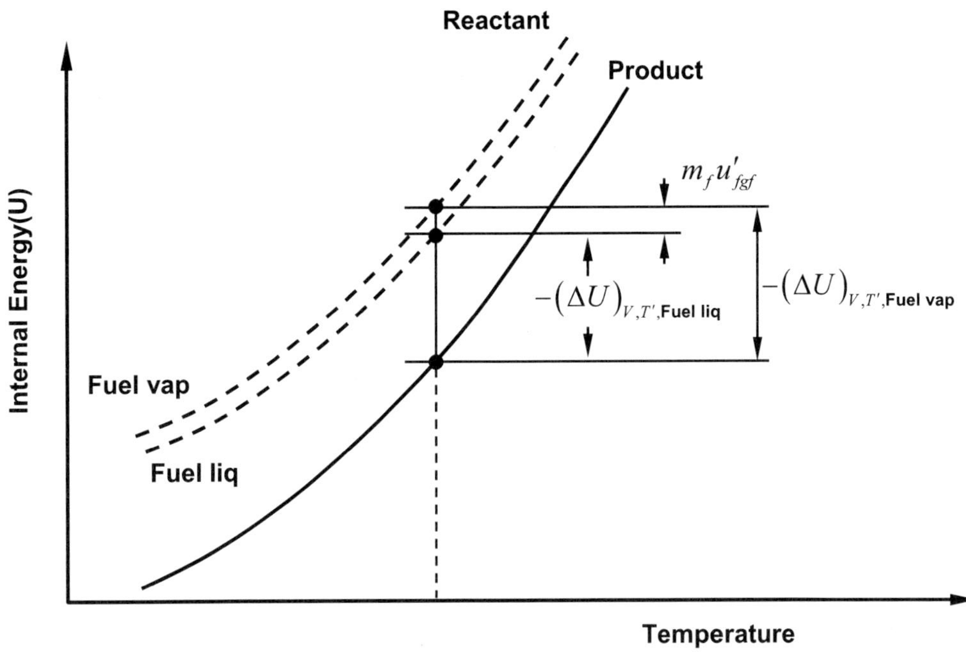

[그림 5-8] 연료가 기체나 액체로만 존재할 때 온도에 따른 생성물의 내부에너지

$$\left| (\Delta U)_{V,T',H_2Oliq} \right| - \left| (\Delta U)_{V,T'.H_2O\,vap} \right| = m_{H_2O} u'_{fgH_2O} \tag{5.16}$$

여기서 m_{H_2O}는 생성물에서 물의 질량이고 u'_{fgH_2O}는 생성물의 온도와 압력에서 물의 기화에 의한 내부에너지이다.

이러한 관계를 엔탈피에도 적용할 수 있고 그것은 다음과 같다.

$$\left| (\Delta H)_{p,T',H_2Oliq} \right| - \left| (\Delta H)_{p,T'.H_2O\,vap} \right| = m_{H_2O} h'_{fgH_2O} \tag{5.17}$$

연료에 따라서 반응물은 액체나 증기 상태일 수 있다. 반응물로써 연료가 액체나 증기 상태인 경우 내부에너지-온도(또는 엔탈피-온도) 곡선은 [그림 5-8]에 나타낸 바와 같이 생성물에 물이 포함된 경우와 다르며 이때 두 반응물 곡선 사이의 수직거리가 $m_f u_{fgf}$(또는 $m_f h_{fgf}$)이다.

5.2.2 생성 엔탈피

단일 탄화수소로만 되어있는 연료나 또는 조성이 명확히 알려진 연료에서 반응물과 생성물의 내부에너지 또는 엔탈피는 반응물과 생성물의 생성 엔탈피(Enthalpy of Formation)를 이용하여 구할 수 있다.

생성 엔탈피($\Delta \tilde{h}_f^o$)는 주어진 화합물 원소로부터 1몰의 화합물이 생성될 때 엔탈피의 증가량으로 정의되고 이 때 각 물질은 주어진 온도에서 열역학적 표준 상태에 있어야 한다.

표준 상태란 일정 대기압과 온도에 있는 상태로 야기서는 상첨자 "o"로 나타내었다.

열역학적 계산은 초기와 말기상태 사이에 대해 행해지기 때문에 모든 열역학 상태에 대한 기준상태(datum state) 선택이 필요하다. 수많은 기준상태가 사용되고 있지만 대부분의 기준은 298.15°K(25℃)과 1기압을 기준으로 하고 여기서도 이를 사용하겠다. 준거(reference) 상태의 원소는 기준 온도에서 임의로 0 엔탈피로 둘 수 있으며 준거(reference) 상태에 있는 원소는 안정된 표준 상태에 있다. 예를 들어 298.15°K에서 산소는 준거 상태가 O_2인 기체로 존재한다.

생성 엔탈피는 공통적으로 발생하는 화학종에 대해서는 온도의 함수로서 표로 주어지는데 JANAF 열화학 표가 무기화합물에 대한 기본적 준거가 된다. 이 표에는 정압에서 몰 당 비열, 표준 엔트로피, 표준 Gibbs 자유 에너지, 표준 엔탈피, 생성 엔탈피, Gibbs 생성 자유에너지, 원소로부터 각 화합물의 생성에 대한 평형상수(log10 으로) 등이 포함되어 있다. 탄화수소 연료의 연소에 관련된 화학종들의 생성 엔탈피를 [표 5-1]에 나타내었다.

주어진 연소반응에서 기준엔탈피에 대한 표준 상태 생성물 및 반응물의 엔탈피는 다음과 같다.

$$H_p^o = \sum_{product} n_i \Delta \tilde{h}^o{}_{f,i} \tag{5.18a}$$

$$H_R^o = \sum_{reactant} n_i \Delta \tilde{h}^o{}_{f,i} \tag{5.18b}$$

엔탈피 증가분 $(\Delta H)_{p,T_0}$는 생성물과 반응물의 엔탈피 차이 즉 $(H_P^o - H_R^o)$이다. 내부에너지 증가도 식(5.14)로 부터 역시 구할 수 있다.

[표 5-1] 표준상태(298.15 K, 1기압)에서 생성엔탈피

종류	상태	생성엔탈피 ($MJ/kmol$)
산소(O_2)	기체	0
질소(N_2)	기체	0
수소(H_2)	기체	0
탄소(C)	기체	0
이산화탄소(CO_2)	기체	−393.52
물(H_2O)	기체	−241.83
물(H_2O)	액체	−285.84
일산화탄소(CO)	기체	−110.54
메탄(CH_4)	기체	−74.87
프로판(C_3H_8)	기체	−103.85
메탄올(CH_3OH)	기체	−201.17
메탄올(CH_3OH)	액체	−238.58
에탄올(C_2H_5OH)	기체	−234.60
에탄올(C_2H_5OH)	액체	−277.00
벤젠(C_6H_6)	액체	−49.00
옥탄(C_8H_{18})	기체	−208.45
옥탄(C_8H_{18})	액체	−249.35
이소옥탄(C_8H_{18})	기체	−224.1
이소옥탄(C_8H_{18})	액체	−259.28
세탄($C_{16}H_{34}$)	액체	−454.50

5.2.3 발열량

조성이 정확히 알려지지 않은 연료 혼합물의 경우 반응물의 엔탈피는 반응물에 포함된 화학종의 생성엔탈피로부터 구할 수 없고 발열량(Heating Value)이 직접 측정된다.

발열량 Q_{HV} 또는 열 발생량은 표준온도(통상적으로 25℃)에서 정적 또는 정압 상태로 단위 질량의 연료가 완전연소를 할 때 발생하는 열의 크기이다. 따라서 다음과 같다.

$$Q_{HV_p} = -(\Delta H)_{p,T_0} \tag{5.19a}$$

$$Q_{HV_V} = -(\triangle U)_{V,T_0} \tag{5.19b}$$

완전연소라 함은 연료에 포함된 모든 탄소는 CO_2로, 모든 수소는 H_2O로 그리고 황은 SO_2로 전환함을 의미한다. 발열량의 단위는 통상 *J/kg* 또는 *J/kmol*을 사용한다. 완전연소에서는 연료와 혼합된 산화제의 양을 계량할 필요는 없다. 그러나 약간의 과잉 산화제는 필요하다. 또한 산화제가 무엇이든 예를 들어 공기인지 또는 산소인지는 중요하지 않다.

연료 중에 수소가 포함된 경우, 생성물 내에 존재하는 물(H_2O)이 액체상태인가 아니면 기체상태인가에 따라 발열량은 달라진다. 고위발열량 Q_{HHV}(Higher Heating Value, 또는 총발열량)는 생성된 H_2O가 액체 상태로 응축하여 존재할 때의 발열량이며 저위발열량(Q_{LHV}, Lower Heating Value, 또는 순발열량)은 H_2O가 모두 증기상태로 존재할 때의 발열량이다. 정압상태에서 두 발열량은 다음과 같은 관계를 가진다.

$$Q_{HHV_P} = Q_{LHV_P} + \left(\frac{m_{H_2O}}{m_f}\right) h_{fgH_2O} \tag{5.20}$$

여기서 (m_{H_2O}/m_f)는 연소된 연료의 질량과 생성된 H_2O 질량의 비이다. 정적상태에서는 h_{fgH_2O}대신에 비슷한 표현인 u_{fgH_2O}을 사용한다.

일반적으로 정압발열량이 더 중요하고 자주 사용되는데. 이런 이유로 때로는 정압이란 용어를 사용하지 않기도 한다. 정압과 정적 발열량의 차이는 작다. [표 5-2]에 주요 연료의 생성엔탈피와 발열량을 제시하였다.

[표 5-2] 표준상태에서 주요 연료의 생성엔탈피와 발열량

연료명	분자식	상태	생성 엔탈피		고위발열량		저위발열량	
			[kJ/mol]	[MJ/kg]	[kJ/mol]	[MJ/kg]	[kJ/mol]	[MJ/kg]
수소	H_2	기체	0	0	285.8	141.8	241.8	120.0
탄소	C	고체	0	0	393.5	32.76	393.5	32.76
황	S	고체	0	0	296.8	9.259	296.8	9.259
일산화탄소	CO	기체	-110.53	-3.946	283.0	10.10	283.0	10.10
메탄	CH_4	기체	-74.87	-4.677	890.3	55.50	802.3	50.01
에탄	C_2H_6	기체	-84.0	2.794	1561	51.90	1429	47.51
프로판	C_3H_8	기체	-104.5	-2.370	2219	50.33	2043	46.34
n-부탄	C_4H_{10}	기체	-126.5	-2.176	2877	49.49	2657	45.71
		액체	-147.5	-2.538	2856	49.13	2636	45.35
n-펜탄	C_5H_{12}	기체	-146.5	2.303	3536	49.01	3272	45.35
		액체	-173.2	-2.401	3509	48.64	3245	44.98
n-헥산	C_6H_{14}	기체	-167.1	-1.939	4195	48.68	3887	45.10
		액체	-198.6	-2.305	4163	48.31	3855	44.74
n-옥탄	C_8H_{18}	기체	-208.5	-1.325	5512	48.25	5116	44.79
		액체	250.0	-2.189	5471	47.89	5075	44.42
n-세탄	$C_{16}H_{34}$	기체	-374.8	-1.655	10781	47.61	10033	44.30
		액체	-456.1	-2.014	10699	47.25	9951	43.95
프로필렌	C_3H_6	액체	20.2	0.480	20.58	48.91	1926	45.78
아세틸렌	C_2H_2	액체	226.73	8.708	1300	49.91	1256	48.22
벤젠	C_6H_6	기체	82.9	1.061	3302	42.27	3170	40.58
		액체	49.0	0.627	3268	41.83	3136	40.14
메탄올	CH_4O	기체	-201.6	-6.292	763.6	23.83	675.6	21.08
		액체	-239.1	-7.462	726.1	22.66	638.1	19.91
에탄올	C_2H_6O	기체	-234.8	-5.097	1410	30.60	1278	27.74
		액체	-277.1	-6.015	1367	29.68	1235	26.82

5.2.4 단열연소과정

이제 기관을 분석할 때 매우 중요한 두 개의 서로 다른 특별한 과정 즉 정적연소와 정압연소 과정을 고찰하기 위하여 위에서 살펴본 관계식들을 여기에 적용해 보기로 한다. 단열 정적과정(그림 5-4 참조) 또는 단열 정압과정(그림 5-5 참조)에서 식(5.9)은 다음과 같이 된다.

$$U_P - U_R = 0 \tag{5.21a}$$

$$H_P - H_R = 0 \tag{5.21b}$$

여기서 U_P와 U_R(또는 H_P와 H_R)은 같은 기준 조건(예를 들어 C, O_2, N_2, H_2의 엔탈피는 298.15 K에서 각각 0이다)에서 평가된 값들이다.

그러나 통상 원소와 반응물(또는 생성혼합물)에 대해 사용될 수 있는 내부에너지(엔탈피)는 표나 그래프로 주어지기도 하는데, 이는 일정 준거 온도 T_0에서의 원소나 혼합기에 대한 상대적 내부에너지(또는 엔탈피)의 형태로 주어진다. 즉 $U(T)-U(T_0)$ 또는 $H(T)-H(T_0)$의 값이 표로 주어진다.

$U_P(T_0)-U_R(T_0)=(\Delta U)_{V,T_0}$(또는 $H_P(T_0)-H_R(T_0)=(\Delta H)_{p,T_0}$)이므로 식 (5.21)로부터 반응물과 생성물 상태의 관계에 대해 다음과 같은 식을 얻을 수 있다.

$$[U_P(T)-U_P(T_0)]-[U_R(T)-U_R(T_O)]=-(\Delta U)_{V,T_0} \tag{5.22a}$$

$$[H_P(T)-H_P(T_0)]-[H_R(T)-H_R(T_O)]=-(\Delta H)_{p,T_0} \tag{5.22b}$$

[그림 5-9]에 내부에너지(또는 엔탈피)-온도 도표에서 단열 정적(또는 정압) 연소과정이 나타나 있다. 주어진 반응물의 초기상태 (T_R, V)(또는 (T_R, p))에서 생성물의 최종 상태(T_P, V)(또는 (T_P, p))를 결정할 수 있다.

[그림 5-3]~[5-9]에서 반응물과 생성물에 대해 내부에너지와 엔탈피를 온도만의 의 함수로 표현하였다. 그러나 실제로 고온생성물에서는 내부에너지와 엔탈피는 압력과 온도의 함수이다. 여기서 실시한 분석은 일반적이기는 하지만 단열연소과정에서 생성물의 최종 상태를 결정하기 위해서 정압 또는 정적의 제한이 명백히 정해져 있어야 한다. 단열연소과정에서 생성물의 최종 온도는 단열 화염온도라 한다.

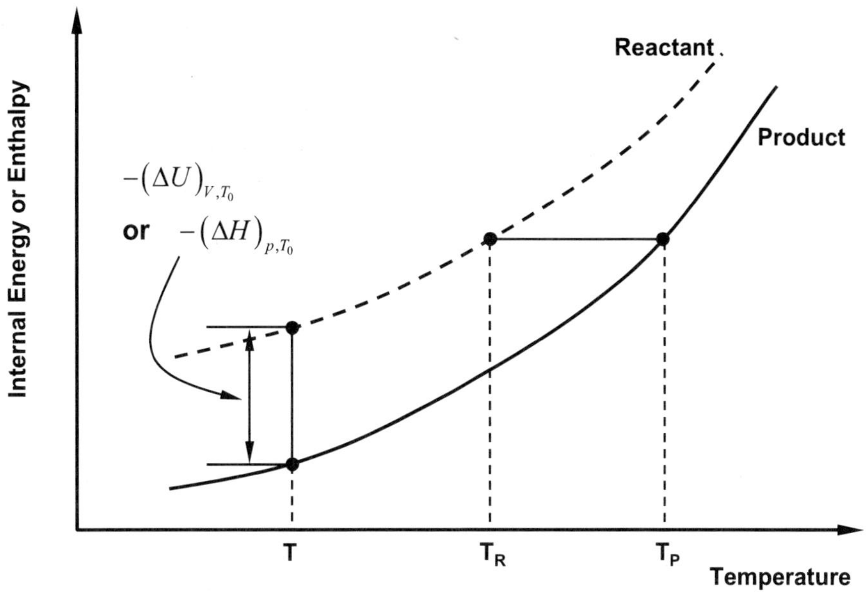

[그림 5-9] 단열과정에서 내부에너지(엔탈피)-온도 관계

5.2.5 내연기관의 연소 효율

실제 내연 기관의 배기가스는 완전한 연소 생성물(CO_2와 H_2O)외에 불완전 연소 생성물(CO, H_2, 미연탄화수소)도 포함되어 있다. 희박한 공연비로 운전하는 경우 불완전 연소 생성물의 양은 소량이다. 그러나 공연비가 농후한 상태에서는 완전연소를 위한 산소가 부족하므로 불완전 연소 생성물이 다량으로 배출된다. 연료의 화학 에너지 중 일정 부분은 연소과정을 통해 기관 내에서 완전하게 방출되지 않는다. 따라서 이와 관련하여 효율을 정의할 필요가 있다.

기관은 반응물(연료와 산화제)이 시스템 내로 유입되고 생성물(배기가스)이 외부로 방출되면서 주위환경(대기)과 열과 일을 교환하는 개방 시스템으로 분석할 수 있다. [그림 5-10]에 도시된 것처럼 질량 m이 기관을 둘러 싼 검사(제어)체적(Control volume)을 통과하는 경우에 대해 검토해 보자. 기관 내에서 연소에 의한 순 화학 에너지 방출량은 다음과 같다.

$$[H_R(T_A) - H_P(T_A)] = m\left(\sum_{i.reactants} n_i \Delta\widetilde{h}^o{}_{f,i} - \sum_{i,products} n_i \Delta\widetilde{h}^o{}_{f,i}\right) \quad (5.23)$$

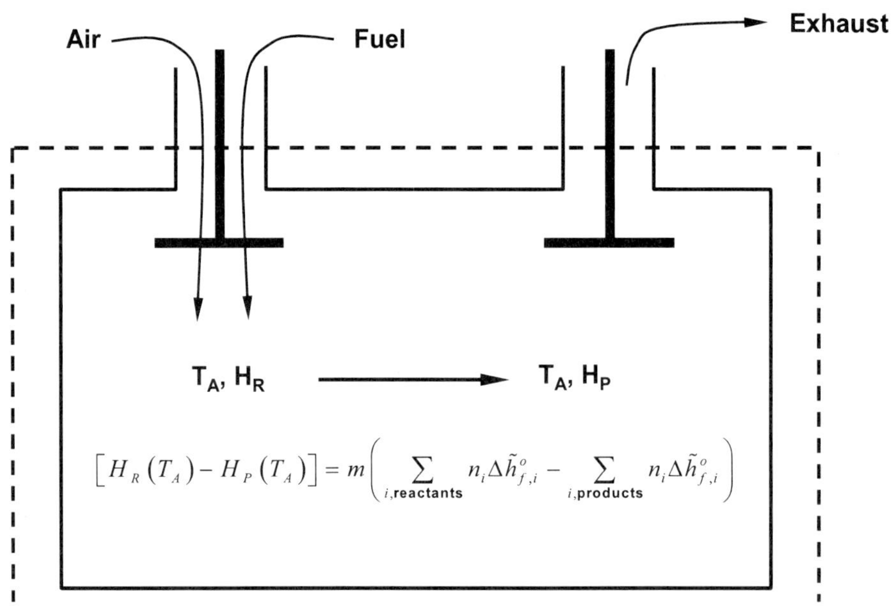

[그림 5-10] 기관을 둘러싼 검사체적

여기서 $p_R = p_P = p_{atm}$으로 압력이 일정하므로 엔탈피로 나타내는 것이 특성을 나타내는데 적절하다. n_i는 작동유체의 단위질량 당 반응물(생성물) 중 i종 화합물의 몰 수이고. $\Delta\tilde{h}_{f,i}$는 대기온도 T_A에서 i종 화합물의 표준 생성엔탈피이다.

$m_f Q_{HV}$를 연소에 의해 방출될 수 있는 검사 체적에 공급된 연료 에너지라고 할 때 연소효율은 공급된 연료에너지 중 연소과정을 통해 방출된 에너지의 비율이고 이는 다음과 같다.

$$\eta_c = \frac{H_R(T_A) - H_P(T_A)}{m_f Q_{HV}} \tag{5.24}$$

이식에서 m과 m_f 대신 질량 유량 $\dot{m}$와 $\dot{m}_f$를 사용해도 된다.

연소효율은 연소 과정이 안정되어 있으면 다른 기관의 작동변수나 설계의 영향을 거의 받지 않는다. 스파크점화기관의 경우 희박연소를 한다면 연소 효율은 95~98% 정도이고 농후한 경우에는 산소의 부족으로 농후할수록 효율은 감소한다. 압축착화기관에서는 항상 희박 연소를 유지하므로 효율이 높아 약 98% 정도에 이른다.

5.3 내연기관의 최대일과 효율

내연기관은 대기와 같은 주위 환경과 열과 일의 교환하는 개방 시스템으로 분석될 수 있다. 연료와 공기 같은 반응물은 시스템 안으로 유입되고 배기가스와 같은 생성물은 배출된다. [그림 5-10]과 같은 기관을 둘러싼 검사체적에 열역학 제2법칙을 적용하여 기관이 낼 수 있는 최대 이용 가능한 일에 대한 식을 유도할 수 있다.

기관을 둘러싼 검사체적을 통과하는 질량 유동을 m이라 하면 제1법칙은 $\Delta Q-\Delta W_U=\Delta H$ 이다.

여기서 ΔW_U는 외부로 전달되는 가용일이고 $\Delta H=H_P-H_R$이다. 열전달 ΔQ는 온도 T_A인 대기와 이루어지면 열역학 제2법칙으로부터 다음이 성립된다.

$$\frac{\Delta Q}{T_A} \leqq \Delta S \tag{5.25}$$

이 식과 위의 열역학 제1법칙에서 나온 식을 결합하면 다음과 같다.

$$\Delta W_U \leqq -(\Delta H - T_A \Delta S) = -\Delta B \tag{5.26}$$

여기서 B는 정상유동 가용성함수(Steady-Flow Availability Function)로 $B=H-T_A S$이다. 이때 통상적으로 $p_R=p_A$이고 $T_R=T_A$ 즉 반응물의 온도와 압력은 주위의 온도와 압력과 동일하다. 최대일은 $p_R=p_A$이고 $T_R=T_A$일 때 얻어질 수 있다.

이런 조건 하에서 다음과 같이 기술할 수 있다.

$$\Delta W_U \leq -[(H-TS)_{P_{T_A,P_A}} - (H-TS)_{R_{T_A,p_A}}] = -(\Delta G)_{T_A,p_A} \tag{5.27}$$

또는

$$\Delta W_{U_{\max}} = -(\Delta G)_{T_A,p_A} \tag{5.28}$$

G는 깁스 자유에너지(Gibbs Free Energy)이고 $H-TS$와 $(\Delta G)_{T_A,p_A}$는 대기압, 상온에서 연료-공기 혼합기의 반응에서의 깁스 자유에너지 증가를 나타내며 $-(\Delta G)_{T_A,p_A}$는 완전연소일 때 최대가 된다.

실제 내연기관의 근본적(원칙적) 효율은 최대 일에 대한 실제 일의 비로 나타내어야 하며 이렇게 나타낸 효율을 가용전환효율(Availability Conversion Efficiency)라 하고 다음과 같다.

$$\eta_a = \frac{\Delta W}{\Delta W_{U_{\max}}} = -\frac{\Delta W}{(\Delta G)_{T_A, p_A}} \tag{5.29}$$

이 가용전환효율은 주어진 상태에서 시스템의 주위환경(또는 검사체적 주위환경)의 조합으로부터 얻을 수 있는 최대 가용 일전달이다. 그러므로 이 효율은 미연연료와 공기가 기관을 통과하며 오직 주위 환경과만 상호작용하면서 실제 유용한 일로 전환되는 가용성으로 정의된다. 기관의 작동에 대한 가용성 분석은 어디에서 비가역성이나 가용성에서의 손실이 발생하는지를 밝혀내는데 매우 유효한 방법임이 검증되었다.

$(\Delta G)_{T_A, p_A}$또는 $(\Delta g)_{T_A, p_A}$는 실제 연료에서 그 값의 산정이 어렵다. 반면 발열량 $-(\Delta h)_{T_A}$는 평가가 용이하며 통상적으로 측정이 가능하다. 몇 종류의 연료의 연소반응에 대해 $(\Delta g)^o_{298}$와 $(\Delta h)^o_{298}$의 값이 [표 5-3]에 제시되어 있다. 순수한 탄화수소는 298°K에서 $\Delta \tilde{S}^o \ll \Delta \tilde{h}^o / T$ 이므로 두 값이 매우 근접되어 있다. 그러나 수소와 메탄올은 이 값의 차이가 매우 크다. 실제 연료에 대해서는 연료의 발열량으로 $-(\Delta h)^o_{298}$이 직접 측정되기 때문에 연료전환효율에 저위발열량을 사용하는 것이 합리적이며 또한 효율을 정의하는데 사용되는 표준화된 관습이기도 하다.

[표 5-3] 엔탈피와 연소반응의 자유에너지

반응	$\Delta \tilde{h}_{298}{}^o, MJ/kmol$	$\Delta \tilde{g}_{298}{}^o, MJ/kmol$
$C + O_2 \rightarrow CO_2$	-392.52	-394.40
$H_2 + \frac{1}{2} O_2 \rightarrow H_2O$	-240.91	-232.78
$CH_4O + 2O_2 \rightarrow CO_2 + 2H_2O$	-802.30	-800.76
$CH_4O(l) + \frac{3}{2} O_2 \rightarrow CO_2 + 2H_2O$	-638.59	-685.35
$C_3H_8(g) + 5O_2 \rightarrow 3CO_2 + 4H_2O$	-2044.0	-2074.1
$C_6H_6(l) + \frac{15}{2} O_2 \rightarrow 6CO_2 + 3H_2O$	-3135.2	-3175.1
$C_8H_{18}(l) + \frac{25}{2} O_2 \rightarrow 8CO_2 + 9H_2O$	-5074.6	-5219.9

$$\eta_t = \frac{W_c}{m_f Q_{HV}} \tag{5.30}$$

위식은 이미 전장에서 연료전환효율을 정의한 식이다. 주의해야 할 것은 연료전환효율을 계산할 때 고위 및 저위발열량이 모두 사용되기 때문에 어떤 값을 기준으로 사용했는지 분명히 기술해야 한다. 실제로 내연기관을 분석할 때 배기가스 중 물은 항상 수증기 상태로 존재하고 기관은 전체적으로 정상유동장치이기 때문에 정압 저위발열량을 사용하는 것이 합리적이다.

연료전환효율은 기관의 효율을 정의하는데 가장 널리 사용된다. 이는 기관에 공급된 가용한 연료 에너지를 정의하는데 측정이 용이한 발열량을 사용하기 때문이다. 탄화수소 연료의 경우 $\Delta\tilde{h}^o \approx \Delta\tilde{g}^o$이므로 연료전환효율과 가용전환효율은 매우 근사적으로 서로 호환이 가능하다.

실제로 연소는 불완전하기 때문에 기관에 공급하는 모든 연료 에너지가 연소과정에 의해 방출하는 것은 아니고 따라서 연소효율은 항상 1 이하이다. 이러한 불완전연소 효과를 효율을 정의할 때 분리하는 것이 유용할 때가 있는데, 다음과 같이 연소로 방출되는 연료의 화학에너지의 양과 사이클 당 실제 일을 연관시키는 효율을 정의하여 사용하기도 한다. 여기서 η_t를 열전환효율이라 부른다.

$$\eta_t = \frac{W_c}{H_R(T_A) - H_P(T_A)} = -\frac{W_C}{(\Delta H)_{T_A}} = \frac{W_C}{\eta_C m_f Q_{HV}} \tag{5.31}$$

연료전환효율과 열전환효율 그리고 연소효율 간의 관계는 다음과 같다.

$$\eta_f = \eta_c \ \eta_t \tag{5.32}$$

가용전환효율(연료전환효율에 가까움)과 열역학적 열기관의 효율 사이에는 근본적인 차이가 있다. 제2 법칙 따른 가용전환효율의 한계는 1이다. 열역학적 열기관은 열 저장소 사이에 열전달이 상호 작용하는 최소 두 개의 열 저장소를 가지고 있고 그 효율은 가용한 열 저장기의 온도에 의해 1보다 상당히 작다.

제6장

기관 사이클의 이상적인 모델

6.1 도입

내연기관의 작동 사이클은 흡입, 압축, 연소, 팽창 그리고 배기 등 단절된 과정으로 구성되어 있다. 따라서 모델을 만들 때 전체적으로 하나의 과정으로 구성하여 기관 성능을 해석하기는 어렵고 각 과정별로 개별적인 모델을 구축하여 전체 기관의 사이클을 모사하는데 사용하는데, 이러한 방식으로 해석을 하여도 근사적으로 기본적 기관성능을 분석할 수 있는 정보가 충분히 제공된다. 이러한 내연기관 작동 사이클에 모델들은 그 근사의 수준에 따라 여러 가지가 존재한다.

이번 장에서는 기관의 효율과 성능을 해석하기 위한 가장 간단한 모델을 소개하고자 한다. 이러한 분석의 대상이 되는 사이클에는 정적, 정압 그리고 한계압력 사이클 등이 있는데, 각 사이클의 명칭은 기관 연소과정의 근사방법을 나타낸다. 기관의 각 사이클은 작동유체의 열역학적 특성에 의해 모델이 선택되어야 한다. 이상기체 모델 즉 비열이 전체 기관사이클이 진행되는 동안 일정하다는 가정을 사용하는 이상적 기관사이클 모델은 해석적인 결과를 보여주고 사이클의 기본을 설명하는데 매우 유용하다. 이것을 이상기체 표준 사이클이라고 부른다. 좀더 실제에 가깝게 작동유체의 특성을 가정한 것 즉 미연혼합기의 경우 조성이 변하지 않는 이상기체이고 기연 가스는 평형상태의 혼합기라는 가정을 사용한 이상적 기관사이클은 연료-공기 사이클이라 부른다. 이 연료-공기 사이클은 기관의 성능에 대해 더 많은 정량적 정보를 제공한다.

내연기관은 열역학적 관점에서 볼 때 열기관이 아니다. 기관은 밀폐계가 아니며, 작동유체는 열역학적 사이클을 수행하지도 않으며 유동도 정상 유동이 아니다. 최소와 최대 실린더 체적 근방에서 발생되는 온도의 변화는 기본적으로 열전달의 상호작용의 결과가 아니다. 기관은 열 및 일의 교환이 주위 환경(대기)과 이루어지는 개방계로 해석하는 것이 가장 좋다. 반응물질(연료와 공기)이 계(시스템)안으로 유입되고 생성물질(배기가스)은 대부분 계 밖에서 방출된다. 이러한 관점에서 전체적으로 기관에 대해 열역학 제 2법칙에 근거한 해석은 이미 5장에서 다루었다. 따라서 각 과정은 기관이 전체 작동 사이클을 수행할 때, 그 개별 과정을 통해 작동유체의 상태를 파악할 수 있고, 이러한 과정은 연속적으로 순서에 따라 등장한다고 보아야한다.

6.2 기관 과정의 이상적 모델

스파크점화기관과 압축착화기관의 전형적인 작동 사이클을 구성하는 연속적인 과정은 이미 1장에서 다루었다. 이러한 과정을 보여주기 위해 4행정 사이클 스파크점화기관으로부터 실린더 압력(p)과 체적(V) 데이터를 얻어 이를 $p-V$ 선도로 구성한 것을 [그림 6-1]에 제시하였다. 사이클은 압축, 연소, 팽창, 배기 그리고 흡입과정으로 분리할 수 있다.

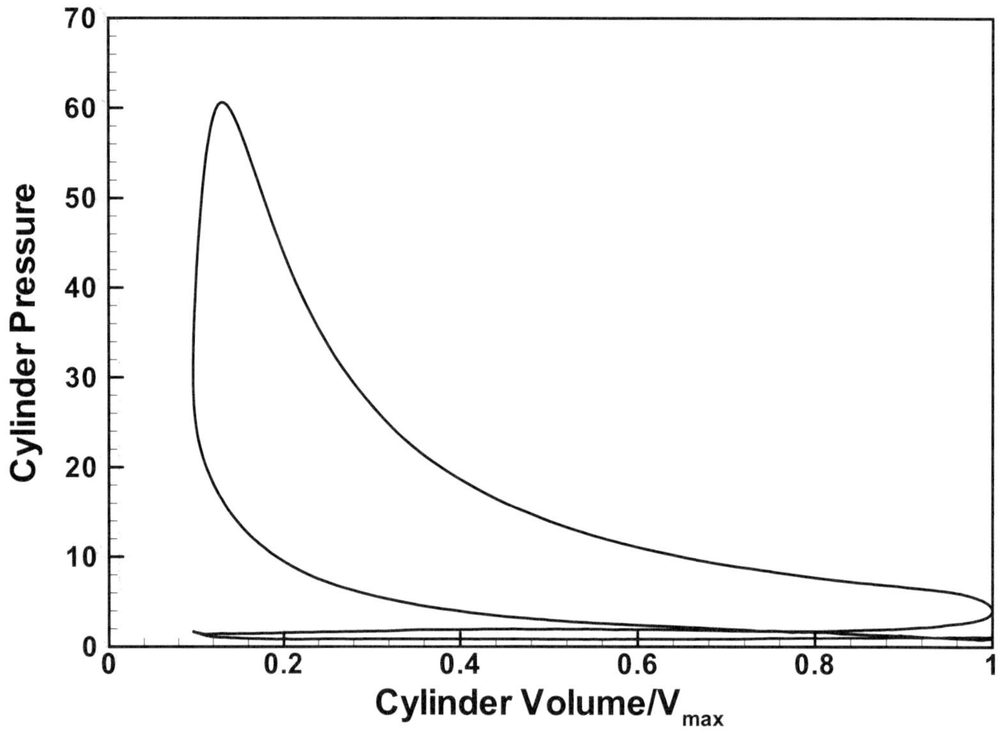

[그림 6-1] 스파크점화기관의 $p-V$선도

각 가정에 사용된 가정을 [표 6-1]에 나타내었다. [그림 6-2]에 정적, 정압 그리고 스로틀이 없는 한계압력 사이클의 $p-V$선도를 나타내었다. 각 사이클에서 1-2는 압축과정이고 2-3은 연소과정이며, 3-4(또는 정압 사이클에서는 2-4)는 팽창과정이며, 4-5-6은 배기과정이며, 6-7-1은 흡입과정이다.

[표 6-1] 기관 과정의 이상적인 모델

과정	가정
압축(1-2)	1. 단열가역(등 엔트로피)
연소(2-3)	1. 단열 2. 연소발생 (a) 정적 (b) 정압 (c) 정적부분과 정압부분(한계 압력) 3. 완전연소(η_c=1)
팽창(3-4)	1. 단열가역(등 엔트로피)
배기(4-5-6) 흡입(6-1)	1. 단열 2. 밸브 개폐는 상사점과 하사점 3. 밸브 개폐 시 압력차가 없어 실린더 체적은 불변 4. 흡입과 배기 압력 일정 5. 속도 영향은 없음

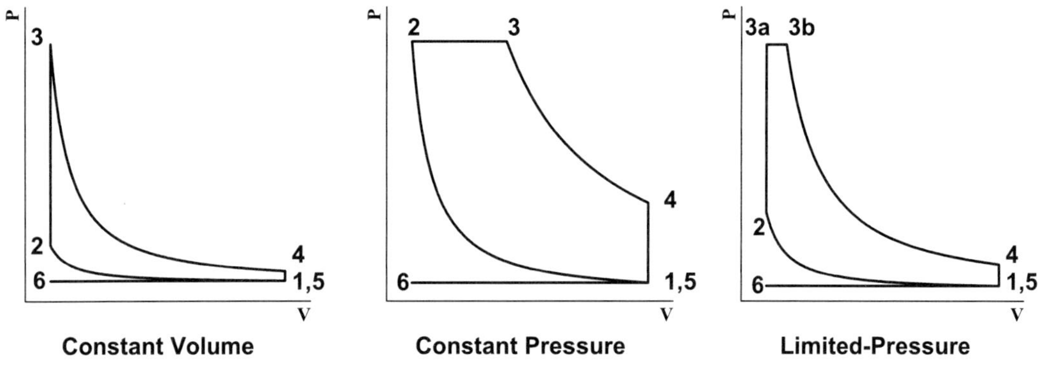

[그림 6-2] 이상 사이클의 $p-V$선도

실제 내연기관을 이상기체 표준 사이클로 상사할 수 있는 이유는 주요 작동 유체인 질소는 이 과정들 중에 변화하지 않고 내연기관은 대부분 다기통이며 공기청정기 등에 의해 맥동이 완만해져서 정상 유동으로도 볼 수 있기 때문이다. 이러한 이상 사이클이 기관 성능의 지표로 얼마나 유효한가를 평가할 때 가장 한계성이 큰 가정은 연소과정에 대한 것이다. 실제로 연소는 유한한 시간(크랭크 각으로 20~70 CA) 동안 진행되고 점화 또는 연료 분사는 적정치 보다 지연되는 경우도 발생한다. 정적 사이클은 상사점에서 무한히 빠른 연소의 극한치이고 정압 사이클은 느리고 지연된 연소에 해당하며 한계 압력 사이클은 그 중간에 해당한다. 이상기체 표준 사이클의 두 번째 한계는 연료-공기가 이상기체와 같이 거동하지 않는다는데 있다. 그러나 단순한 이상기체 표준 사이클로 기관을 모사하여도 그 경향이 내연기관과 일치하므로 매우 유효한 분석 수단이 될 수 있고 특히 압축비에 따른 효율 변화의 경향이 일치하는 것이 중요하다.

6.3 기관 과정에서 열역학적 관계식

전체적인 기관 작동 사이클을 열역학적으로 분석함으로써 얻을 수 있는 가장 주요한 것은 전체적인 기관 작동 변수이고 이에는 다음과 같은 것들이 있다.

연료전환효율 $\eta_{f,i}$:

$$\eta_{f,i} = \frac{W_{c,i}}{m_f Q_{LVH}} \tag{6.1}$$

여기서 연소 효율은 1이므로 이것은 열전환 효율 $\eta_{t,i}$과 같다.

평균유효압력 (IMEP) :

$$IMEP = \frac{W_{c,i}}{V_d} = \frac{m_f Q_{LHV} \eta_{f,i}}{V_d} \tag{6.2}$$

여기서 $W_{c,i}$는 사이클 당 일을 말하고 압축행정과 팽창행정의 일의 합계이므로 다음과 같이 쓸 수 있다.

$$W_{c,i} = W_C + W_E \tag{6.3}$$

[그림 6-2]에서 표기한 것과 같은 방식으로 각 과정의 종점(Endpoint)을 나타내는 숫자 등을 하첨자로 사용하여, 실린더 내 물질에 대해 열역학 1법칙과 2법칙을 적용하면 다음과 같은 관계를 얻을 수 있다.

1) 압축 과정 :

$$\frac{v_1}{v_2} = r_c \tag{6.4}$$

이 과정은 단열가역(Adiabatic and Reversible) 즉 등 엔트로피(Isentropic)이므로 다음과 같다.

$$s_2 = s_1 \tag{6.5}$$

압축일은 다음과 같다.

$$W_C = U_1 - U_2 = m(u_1 - u_2) \tag{6.6}$$

2) 연소 과정 :

정적 사이클에서는 다음과 같은 관계가 성립된다.

$$v_3 = v_2 \ , \qquad u_3 - u_2 = 0 \tag{6.7a}$$

정압 사이클에서는 다음과 같은 관계가 성립된다.

$$p_3 = p_2 \, , \qquad h_3 - h_2 = 0 \tag{6.7b}$$

한계압력 사이클에서는 다음과 같은 관계가 성립된다.

$$v_{3a} = v_2 \, , \qquad p_{3b} = p_{3a} \tag{6.7c}$$

$$u_{3a} - u_2 = 0 \, , \quad h_{3b} - h_{3a} = 0 \tag{6.7d}$$

3) 팽창 과정 :

정적 사이클에서는 다음과 같은 관계가 성립된다.

$$\frac{v_4}{v_3} = r_c \, , \qquad s_4 = s_3 \tag{6.8}$$

팽창일은 다음과 같다.

$$W_E = U_3 - U_4 = m(u_3 - u_4) \tag{6.9}$$

정압 사이클에서는 다음과 같은 관계가 성립된다.

$$p_3 = p_2\,,\quad \frac{v_4}{v_2} = r_c\,,\quad s_4 = s_3 \tag{6.10}$$

팽창일은 다음과 같다.

$$\begin{aligned} W_E &= U_3 - U_4 + p_2(V_3 - V_2) \\ &= m[(u_3 - u_4 + p_2(v_3 - v_2))] \\ &= m[(h_3 - h_4) + p_4 v_4 - p_2 v_2] \end{aligned} \tag{6.11}$$

한계압력 사이클에서는 다음과 같은 관계가 성립된다.

$$v_4/v_{3a} = r_c\,,\quad p_{3b} = p_{3a}\,,\quad s_4 = s_{3b} \tag{6.12}$$

팽창일은 다음과 같다.

$$\begin{aligned} W_E &= U_{3b} - U_4 + p_3(V_{3b} - V_{3a}) \\ &= m[(u_{3b} - u_4) + p_3(v_{3b} - v_{3a})] \\ &= m[(h_{3b} - h_4) + p_4 v_4 - p_3 v_{3a}] \end{aligned} \tag{6.13}$$

도시연료전환효율은 식 (6.3)과 (6.1)에 각 과정에 따른 일을 대입하여 구할 수 있다.

정적 사이클에서는 다음과 같다.

$$\eta_{f,i} = \frac{m[(u_3 - u_4) - (u_2 - u_1)]}{m_f Q_{LHV}} \tag{6.14}$$

정압 사이클에서는 다음과 같다.

$$\eta_{f,i} = \frac{m[(h_3 - h_4) - (u_2 - u_1) + p_4 v_4 - p_2 v_2]}{m_f Q_{LHV}} \tag{6.15}$$

한계압력 사이클에서는 다음과 같다.

$$\eta_{f,i} = \frac{m[(h_{3b} - h_4) - (u_2 - u_1) + p_4 v_4 - p_3 v_{3a}]}{m_f Q_{LHV}} \tag{6.16}$$

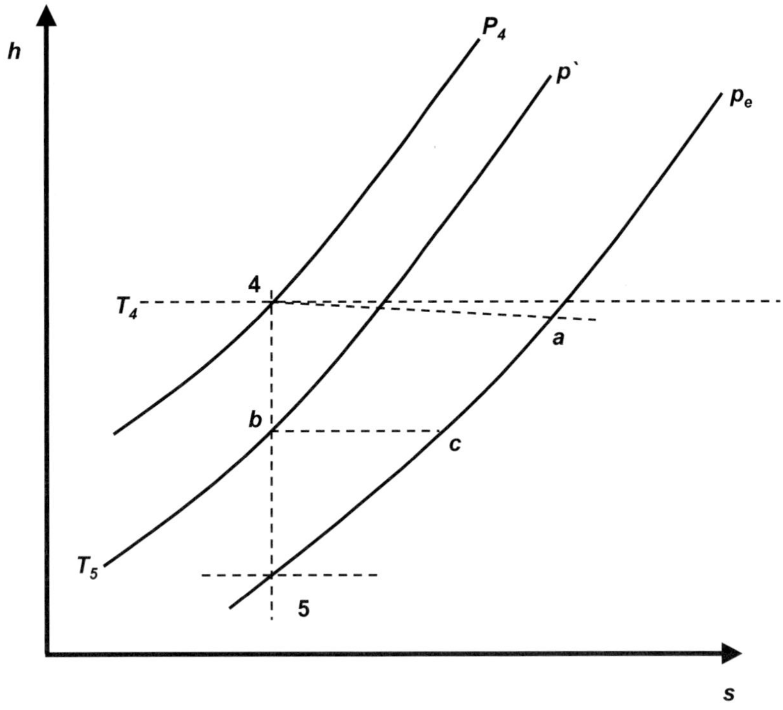

[그림 6-3] 배기 과정 중 가스 상태의 엔탈피-엔트로피 선도

과정 중의 지점 1에서 혼합기 상태는 흡입 혼합기의 물성치와 배기 말 잔류가스의 물성치에 의해 결정된다. 지점 4에서 배기 밸브가 열리면 실린더 압력은 배기관의 압력보다 높고 블로우다운(Blow Down)이 발생한다. 이상적 배기 과정 모델에서 블로우다운은 피스톤이 하사점에 정지해 있으면서 발생하며 이때 연소실에 잔류한 가스는 등 엔트로피 팽창을 한다. 실린더를 떠난 가스는 비가역적인 팽창 또는 질식(Throttling) 과정을 겪는다. 배기 밸브를 통과하면서 배기가스의 각 부분(Element)이 가속됨에 따라 얻어진 배기 운동 에너지는 배기 포트에서 난류 혼합 과정을 거쳐 내부 에너지 및 유동 일로 소산 된다고 가정한다. 또한 열전달이 없다는 가정도 있으므로 배기가스의 각 부분의 엔탈피는 실린더를 떠나도 일정하게 유지된다.

이러한 과정을 [그림 6-3]에 엔탈피-엔트로피 선도를 이용하여 도시하였다. 실린더 내의 잔류 가스는 선 4-5를 따라 등 엔트로피 팽창을 한다. 4 지점에서 유출된 배기가스의 첫 부분은 압력선 p_e상의 a 상태로 배기 매니폴드로 진입한다. 팽창선 4-5 상의 중간적인 상태 b에서 실린더를 떠난 가스 부분은 c 상태로 배기 매니폴드에 진입한다. 블로우다운 말기에 실린더 내의 잔류 가스와 마지막으로 실린더를 떠난 가스는 모두 5 상태에 있게 된다. 따라서 배기가스에는 온도 구배가 존재한다. 처음으로 유출된 가스의 온도는 T_a로 이 온도는 T_4보다 약간 낮으며 마지막으로 실린더를 떠난 가스의 온도는 T_5이다.

블로우다운 이후 배기과정은 행정배기라 부르고 이것은 피스톤이 하사점에서 상사점까지 운동함에 따라 이루어진다. 만일 열전달이 없고 운동 에너지 소산을 무시한다면 배기가스의 열역학적 상태는 변하지 않는다. 블로우다운 이후 행정배기 과정을 거치면 실린더 내 잔류 가스의 질량은 블로우다운 말기에 비해 V_5/V_6 만큼의 비율로 감소한다.

사이클 중 지점 6 에서 실린더 내의 잔류 가스 질량 m_r은 우선 p_4에서 p_e까지 등엔트로피 팽창을 거친 블로우다운 종점에서 (T_5, v_5)의 상태를 결정하고 이후 실린더 체적이 V_5에서 간극체적 V_6로 감소한 것을 고려하여 다음과 같이 구한다.

$$\frac{m_r}{m} = x_r = \frac{v_4/v_5}{r_c} = \frac{v_2}{v_5} \tag{6.17}$$

배기가스의 평균적 상태는 피스톤 표면, 실린더 벽, 실린더 헤드가 경계가 되는 개방계로 가정하여 열역학 제1 법칙을 이용해 다음과 같이 구할 수 있다.

$$U_6 - U_4 = p_e(V_4 - V_6) - H_e \tag{6.18a}$$

여기서 H_e는 실린더에서 배출된 가스 질량의 엔탈피이다. 따라서 배기의 평균 비엔탈피(Specific Enthalpy)는 다음과 같다.

$$\bar{h}_e = \frac{m_4 u_4 - m_6 u_6 + p_e V_d}{m_4 - m_6} \tag{6.18b}$$

여기서 $p = p_e$로 평균적인 배기가스 상태를 정의한다.

흡입행정 말기 및 압축행정 초기(그림 6-2에서 지점 1)의 혼합기 온도도 역시 개방계라는 가정을 사용하여 결정될 수 있는데 지점 6과 지점 1 사이에서 열역학 제 1법칙을 적용하면 다음과 같다.

$$U_1 - U_6 = -p_i(V_1 - V_6) + (m_1 - m_6)h_i \tag{6.19a}$$

또는

$$m_1u_1 - m_6u_6 = -p_i(V_1 - V_6) + (m_1 - m_6)h_i \tag{6.19b}$$

$$m_1h_1 = m_6h_6 + (m_1 - m_6)h_i + V_2(p_i - p_e) \tag{6.19c}$$

여기서 h_i는 흡입혼합기의 비엔탈피이고 $p_1 = p_i$이다.

$p_i < p_e$이면 배기행정 말기 실린더 내의 잔류가스의 일부분은 흡입 밸브가 열려있는 동안 흡기 포트로 흘러들어갈 것이고 이 역류는 실린더 내 압력이 p_i와 같아질 때까지 계속된다. 그러나 열전달이 없다면 흡입 밸브를 통한 잔류가스의 역류는 엔탈피가 일정한 상태로 발생하기 때문에 위의 식 (6.19)에 아무런 영향을 주지 않는다.

많은 기관에서 배기 밸브의 닫힘과 흡입밸브의 열림 사이에 밸브 겹침(Valve Overlap : 흡입밸브와 배기 밸브가 동시에 열린 상태)이 있다. 따라서 배기 시스템에서 실린더를 거쳐 흡입시스템으로 흐르는 유동이 발생할 수 있고, 이런 경우 식 (6.18)과 (6.19)는 이를 반영하기 위해 수정되어야 할 것이다.

4행정 사이클에서는 흡입과 배기 과정 중에도 피스톤에 대해 일이 행해진다. 배기 행정 중 실린더의 유체가 피스톤에 한 일은 다음과 같다.

$$W_e = p_e(V_2 - V_1) \tag{6.20}$$

흡입 행정 중 한 일은 다음과 같다.

$$W_i = p_i(V_1 - V_2) \tag{6.21}$$

흡입과 배기 행정에 걸쳐 피스톤에 행한 순 일(Net Wort)를 펌핑 일이라 하고이는 다음과 같다.

$$W_p = (p_i - p_e)(V_1 - V_2) \tag{6.22}$$

이 때 실린더 가스 시스템에 대해 $p_i < p_e$이면 음(Negative)의 일이 행해진 것이고 $p_i > p_e$이면 양(Positive)의 일이 행해진 것이다.

펌핑 평균유효압력(PMEP)은 실제적으로 양의 일인지 음의 일인지에 관계없이 통상적으로 양의 값으로 정의된다.

$p_i < p_e$일 때 $$\text{PMEP} = p_e - p_i \tag{6.23a}$$

$p_i > p_e$일 때 $$\text{PMEP} = p_i - p_e \tag{6.23a}$$

순 도시평균유효압력과 총 도시평균유효압력은 다음과 같은 관계를 가지고 있다.

$$\text{IMEP}_n = \text{IMEP}_g - (p_e - p_i) \tag{6.24}$$

순 도시연료전환효율은 총 도시연료전환효율과 다음과 같은 관계가 성립된다.

$$\eta_{f,\in} = \eta_{f,ig}(1 - \frac{p_e - p_i}{\text{IMEP}_g}) \tag{6.25}$$

6.4 일정 비열인 이상기체 작동유체에 의한 사이클 분석

6.4.1 정적 사이클

이상적 사이클의 작동유체가 이상기체이고 전체 기관의 사이클을 동안 c_v와 c_p가 일정한 경우, 기관의 성능과 효율에 대해 앞에서 유도한 관계식들은 좀더 간단하게 표현될 수 있다. 우선 이를 정적 사이클에 적용해 보도록 하겠다.

식 (6.6)의 압축일은 다음과 같다.

$$W_c = mc_v(T_1 - T_2) \tag{6.26}$$

팽창일을 나타낸 식 (6.9)는 다음과 같이 된다.

$$W_e = mc_v(T_3 - T_4) \tag{6.27}$$

식 (6.14)~(6.17)의 분모 $m_f Q_{LHV}$는 연소 중의 온도 상승과 관련시킬 수 있다. 작동유체가 이상기체이고 비열이 변하지 않으므로 $U-T$선도 상에서 반응물과 생성물의 $U(T)$ 선은 서로 평행하며 기울기도 크기가 c_v로 동일하다. 그러므로 정적 단열 연소 과정에 의해 다음과 같이 $m_f Q_{LHV}$와 온도를 관련지울 수 있다.

$$mc_v(T_3 - T_2) = m_f Q_{LVH} \tag{6.28}$$

만일 완전연소에 필요한 만큼 충분한 공기가 공급되지 않은 경우에는 위의 식 (6.28)은 우변에 연소 효율 η_c를 추가하여 수정되어야 한다.

이 작동유체의 경우 정압 및 정적 발열량은 동일하다는 것에 주의하라. 편의상 다음과 같이 정의한다.

$$Q^* = \frac{m_f Q_{LHV}}{m} \tag{6.29}$$

Q^*는 등온 연소 중 작동유체의 단위 질량당 비 내부에너지(또는 엔탈피)의 감소를 의미한다.

식 (6.14)의 도시연료전환효율은 식 (6.28)과 비열이 같다는 가정을 사용하면 온도만의 함수로 다음과 같이 기술할 수 있다.

$$\eta_{f,i} = \frac{(T_3 - T_4) - (T_2 - T_1)}{T_3 - T_2} = 1 - \frac{T_4 - T_1}{T_3 - T_2} \tag{6.30}$$

1−2와 3−4 과정은 V_1과 V_2 사이의 체적의 변화 동일한 등 엔트로피 과정이므로 다음과 같은 관계가 성립한다.

$$\frac{T_2}{T_1} = (\frac{V_1}{V_2})^{\gamma-1} = r_c^{\gamma-1} = (\frac{V_4}{V_3})^{\gamma-1} = \frac{T_3}{T_4}$$

여기서 $\gamma = c_p/c_v$ 이다. 따라서 지점 1, 2, 3, 4의 온도는 다음과 같은 관계를 가진다.

$$\frac{T_4}{T_1} = \frac{T_3}{T_2}$$

이 관계를 이용하여 식 (5.30)을 정리하면 다음과 같다.

$$\eta_{f,i} = 1 - \frac{1}{r_c^{\gamma-1}} \tag{6.31}$$

위식에서 연료전환효율은 압축비(r_c)와 비열비(γ)에 의해 결정되며, [그림 6−4]에 γ가 일정한 경우 여러 γ에 따른 $\eta_{f,i}$의 변화를 압축비에 대해 나타내었다. 그림에 나타난 바와 같이 도시연료전환효율은 압축비의 증가에 따라 증가하고 γ가의 감소하면 감소한다.

식 (6.2)와 (6.31)을 이용하여 도시평균유효압력을 나타내면 다음과 같다.

$$\frac{\text{IIMEP}}{p_1} = (\frac{Q^*}{c_v T_1})(\frac{1}{\gamma - 1})(\frac{r_c}{r_c - 1})(1 - \frac{1}{r_c^{\gamma-1}}) \tag{6.32}$$

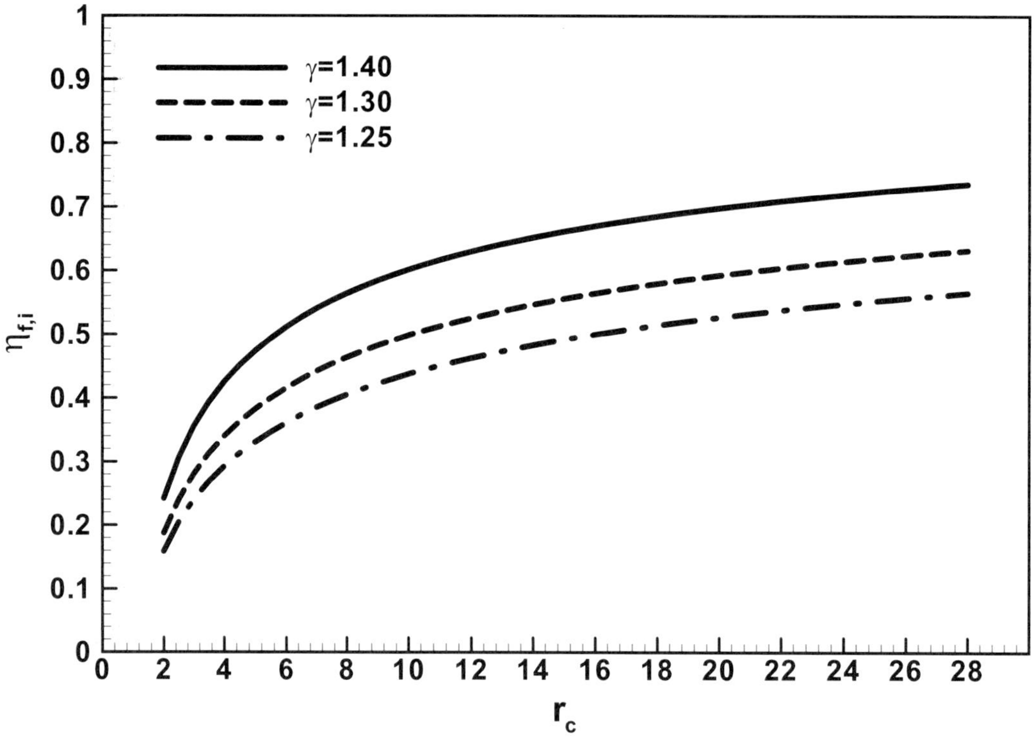

그림 6-4 압축비와 비열비에 따른 정적 사이클의 효율

식 (6.32)에서 알 수 있는 바와 같이 무차원 변수 r_c, γ와 $Q^*/(c_v T_1)$를 사용하여 정적 이상기체 표준 사이클의 특성을 초기 상태 p_1, T_1에 대한 상대 값으로 충분히 나타낼 수 있다.

기관의 행정체적이 일을 만드는데 얼마나 유효하게 사용되었는지의 척도인 IMEP와 사이클에서의 최고 압력 p_3를 비교하는 것도 의미가 있다. p_3/p_1 비율은 지점 2, 3에 이상기체법칙을 적용하고, 식 (6.28)을 변형하여 얻은 다음과 같은 관계식을 이용하여 구할 수 있다.

$$\frac{T_3}{T_2} = 1 + \frac{Q^*}{c_{v\,T_1} r_c^{\gamma-1}} \tag{6.33}$$

식 (6.32)와 식 (6.33)에서 다음과 같은 결과를 얻는다.

$$\frac{\text{IMEP}}{p_3} = \frac{1}{(\gamma-1)r_c^{\gamma}}\left(\frac{r_c}{r_c-1}\right)\frac{1-1/r_c^{\gamma-1}}{c_v T_1/Q^* + 1/r_c^{\gamma-1}} \tag{6.34}$$

p_3가 증가하면 구성 부품에 걸리는 응력이 증가하고 이를 감당하기 위해서는 기관의 중량을 늘려야한다. 만일 IMEP $/p_3$가 크다면 같은 최고압력(p_3)에 대해 기관 중량을 늘이지 않고 기관의 출력을 증가시키는 것이 가능하고 이에 따라 중량 당 출력이 증가하므로 IMEP $/p_3$는 클수록 바람직하다.

이러한 이상적 사이클 모델에서 도시연료전환효율과 IMEP/p_1비율과 IMEP $/p_3$는 해당 사이클의 흡기 시스템(예를 들어 스로틀의 열린 정도 또는 과급 등)에 영향을 받지 않는다. 그러나 지점 1과 지점 6에서 작동유체 특성 사이의 관계는 스로틀이 열린 정도와 과급 정도에 따라 달라진다. 스로틀을 부분적으로 열고 운전을 하면, 잔류가스 질량분율 x_r은 다음과 같이 결정할 수 있다. 식 (6.17)로부터 상태5는 $p = p_e$가 되도록 상태 4로부터 등 엔트로피 팽창을 한 것이므로 x_r을 다음과 같이 나타낼 수 있다.

$$x_r = \frac{(p_e/p_4)^{1/\gamma}}{r_c} = \frac{(p_e/p_i)^{1/\gamma}(p_1/p_4)^{1/\gamma}}{r_c}$$

여기에 아래의 관계식을 대입한다.

$$\frac{p_1}{p_4} = \frac{p_1}{p_2}\frac{p_2}{p_3}\frac{p_3}{p_4} = \frac{1}{r_c^\gamma}\frac{T_2}{T_3}r_c^\gamma = (1 + \frac{Q^*}{c_v T_1 r_c^{\gamma-1}})^{-1}$$

그러면 최종적으로 다음과 같은 결과를 얻는다.

$$x_r = \frac{1}{r_c}\frac{(p_e/p_i)^{1/\gamma}}{[1 + Q^*/(c_{vT_1} r_c^{\gamma-1})^{1/\gamma}]} \tag{6.35}$$

식 (6.35)에 나타나있는 것처럼 잔류가스 질량분율(fraction)은 p_i가 p_e보다 낮으면 증가하고, 압축비 r_c가 감소하면 증가하며 $Q^*/(c_v T_1)$증가하면 감소한다.

이와 비슷한 분석을 통하여, 잔류가스 온도 T_6를 결정할 수 있다.

$$\frac{T_6}{T_1} = (\frac{p_e}{p_i})^{(\gamma-1)/r}(\frac{Q^*}{c_{vT_1} r_c^{\gamma-1}})^{1/\gamma} \tag{6.36}$$

사이클 중 지점 1에서 혼합기의 온도는 식 (6.19)를 사용하여 흡입 혼합기 온도 T_i로 나타낼 수 있다. c_v와 c_p가 일정한 작동 유체에서 이 관계식은 다음과 같이 된다.

$$c_p T_1 = x_r c_p T_6 + (1 - x_r) c_p T_i - \frac{R T_1}{r_c} \left(\frac{p_e}{p_i} - 1 \right) \tag{6.37}$$

식 (6.36)과 (6.37)로부터 다음과 같은 식을 얻을 수 있다.

$$\frac{T_1}{T_i} = \frac{1 - x_r}{1 - 1/(\gamma r_c)[p_e/p_i + (\gamma - 1)]} \tag{6.38}$$

6.4.2 한계압력 및 정압 사이클

정압 사이클도 $p_3 = p_2$인 한계압력 사이클이다. 한계압력 사이클에서 압축일은 다음과 같다.

$$W_c = m c_v (T_1 - T_2) \tag{6.39}$$

식 (6.13)으로부터 팽창일은 다음과 같이 된다.

$$W_E = m [c_v (T_{3b} - T_4) + p_3 (v_{3b} - v_{3a})] \tag{6.40}$$

연소과정에 대해 식 (6.7d)로부터 작동유체의 c_v와 c_p는 전 사이클 동안 일정하므로 다음과 같이 쓸 수 있다.

$$m_{f2-3a} Q_{LHV} = m c_v (T_{3a} - T_2) \tag{6.41a}$$

$$m_{f3a-3b} Q_{LHV} = m c_p (T_{3b} - T_{3a}) \tag{6.41b}$$

$$m_f Q_{LHV} = m [c_v (T_{3a} - T_2) + c_p (T_{3b} - T_{3a}) \tag{6.41c}$$

식 (6.1), (6.3), (6.39)에서 (6.41)을 결합하여 정리하면 다음과 같다.

$$\eta_{f,i} = 1 - \frac{T_4 - T_1}{(T_{3a} - T_2) + \gamma (T_{3b} - T_{3a})}$$

다음과 같이 α와 β를 정의한다.

$$\alpha = \frac{p_3}{p_2}, \quad \beta = \left(\frac{V_3}{V_2}\right)_{\text{Constant Pressure}} = \left(\frac{V_{3b}}{V_{3a}}\right)_{\text{Limited Pressure}} \tag{6.42}$$

1−2와 3b−4를 따라 작동유체에 대하여 등 엔트로피 관계를 사용하고 위의 α와 β를 연료전환효율 식에 대입하면 다음과 같은 결과를 얻는다.

$$\eta_{f,i} = 1 - \frac{1}{r_c^{\gamma-1}}\left[\frac{\alpha\beta^{\gamma} - 1}{\alpha\gamma(\beta-1) + \alpha - 1}\right] \tag{6.43}$$

여기서 α는 정압 연소 과정 중 압력의 비이고 β는 차단비(Cutoff Ratio 또는 부하비, 체절비, 단절비, 절단비)라 하는데 이는 정압 연소(혹은 연료 분사)의 시점과 종점의 체적비이다. β=1이면 정압연소가 없으므로 식 (6.43)은 정적 사이클의 효율식 (6.31)과 같아진다. α=1이면 정적 연소과정이 없으므로 이는 한계압력 중 특별한 경우로서 정압 사이클 효율과 같다.

평균유효압력은 p_1 와 p_3의 관계는 다음과 같다.

$$\frac{\text{IMEP}}{p_1} = \frac{Q\dagger}{c_v T_1(\gamma-1)}\left(\frac{r_c}{r_c-1}\right)\eta_{f,i} \tag{6.44}$$

$$\frac{\text{IMEP}}{p_3} = \frac{1}{\alpha r_c^{\gamma}}\left(\frac{Q\dagger}{c_v T_1}\right)\left(\frac{1}{\gamma-1}\right)\left(\frac{\gamma_c}{\gamma_c-1}\right)\eta_{f,i} \tag{6.45}$$

6.4.3 사이클 비교

이상기체 표준 사이클을 적용하여 구한 위의 모든 식들은 γ와 $Q^*/(c_v T_1)$값이 실제 작동유체의 특성에 부합하게 위해 선택되었다면 매우 유효하다. [그림 6-4]에 이미 정적 사이클에서 선택된 γ 값에 대해 $\eta_{f,i}$의 민감도를 나타내었다. 앞에서 이미 γ_u와 γ_b의 평균값이 압축과 팽창행정에 걸쳐 실제 작동유체특성에 부합하게 각각 결정되었다. 스파크점화기관에 적합한 이론혼합비에서 이 값들은 $\gamma_u \approx 1.3$, $\gamma_b \approx 1.2$이다. 그러나 실제 기관의 사이클에서 압력−체적 데이터를 얻어 분석해 보면, pV^n에서 $n \approx 1.3$을 사용하여야 팽창 행정 중 $p-V$ 데이터와 잘 일치한다. 이것은 기연가스로부터 열전달이 γ_b에 해당하는 값의 지수를 증가시켰기 때문이다. 따라서 전체 사이클에 대해 $\gamma \approx 1.3$을 사용하는 것은 합리적 절충이다.

식 (6.29)에 의해 정의된 Q^*는 등온연소과정에서 작동유체의 단위질량당 엔탈피의 감소를 의미한다. 따라서 다음과 같다.

$$Q^* = (\frac{m_f}{m_a})Q_{LHV}(\frac{m_a}{m}) \tag{6.46}$$

(m_a/m)를 간단하게 근사하면 $(r_c - 1)/r_c$로 볼 수 있는데 이것은 신기는 행정체적을 채우고 잔류가스는 같은 밀도로 간극 체적에 채워져 있다는 것이다. 여기서 이소옥탄의 이론혼합기 혼합물에 대한 Q^*는 공기 $1kg$당 $2.92 \times 10^6(r_c - 1)/r_c\, J$로 주어져 있다. $\gamma \approx 1.3$, 공기의 평균 분자량 M=2.93에 대해 $c_v = 946 J/kg \cdot K$이다. 그러면 $T_1 = 333K$에서 $Q^*/(c_v T_1)$는 $9.3(r_c - 1)/r_c$이 된다. 이 정도의 $Q^*/(c_v T_1)$ 값에서 모든 사이클은 적절한 잔류가스 분율을 가진 이론혼합기 상태로 연소될 것이다.

동일한 압축비 및 미연 혼합기 조성에 대해 3개의 이상적 사이클에 대한 압력-체적 선도를 [그림 6-5]에 나타내었다. 각 사이클에서 $\gamma = 1.3$, $\gamma_c = 13$, $Q^*/(c_v T_1) = 9,3(r_c - 1)/r_c = 8.585$이다. 이 사이클들 각각의 전체적 성능 특성은 [표 6-2]에 요약하였다.

표에서 알 수 있듯이 정적 사이클의 효율이 가장 높으며 정압 사이클의 효율이 가장 낮다. 이러한 사실은 식 (6.43)에서도 확인할 수 있는데 여기서 대괄호안의 항은 정적 사이클인 경우에 1이 되고 한계압력과 정압 사이클에서는 1보다 크다. IMEP는 사이클 당 연소된 연료가 3개의 사이클에서 모두 같기 때문에 연료전환효율 $\eta_{f,i}$ 에 비례한다.

[표 6-2] 이상적 사이클 결과 비교($\gamma = 1.3$; $\gamma_c = 13$; $Q^*/(c_v T_1) = 8.585$)

	$\eta_{f,i}$	$\frac{\text{IMEP}}{p_1}$	$\frac{\text{IMEP}}{p_3}$	$\frac{p_{\max}}{p_1}$
정적	0.537	16.65	0.130	128
한계 압력	0.505	15.96	0.238	67
정압	0.397	12.31	0.438	28.1

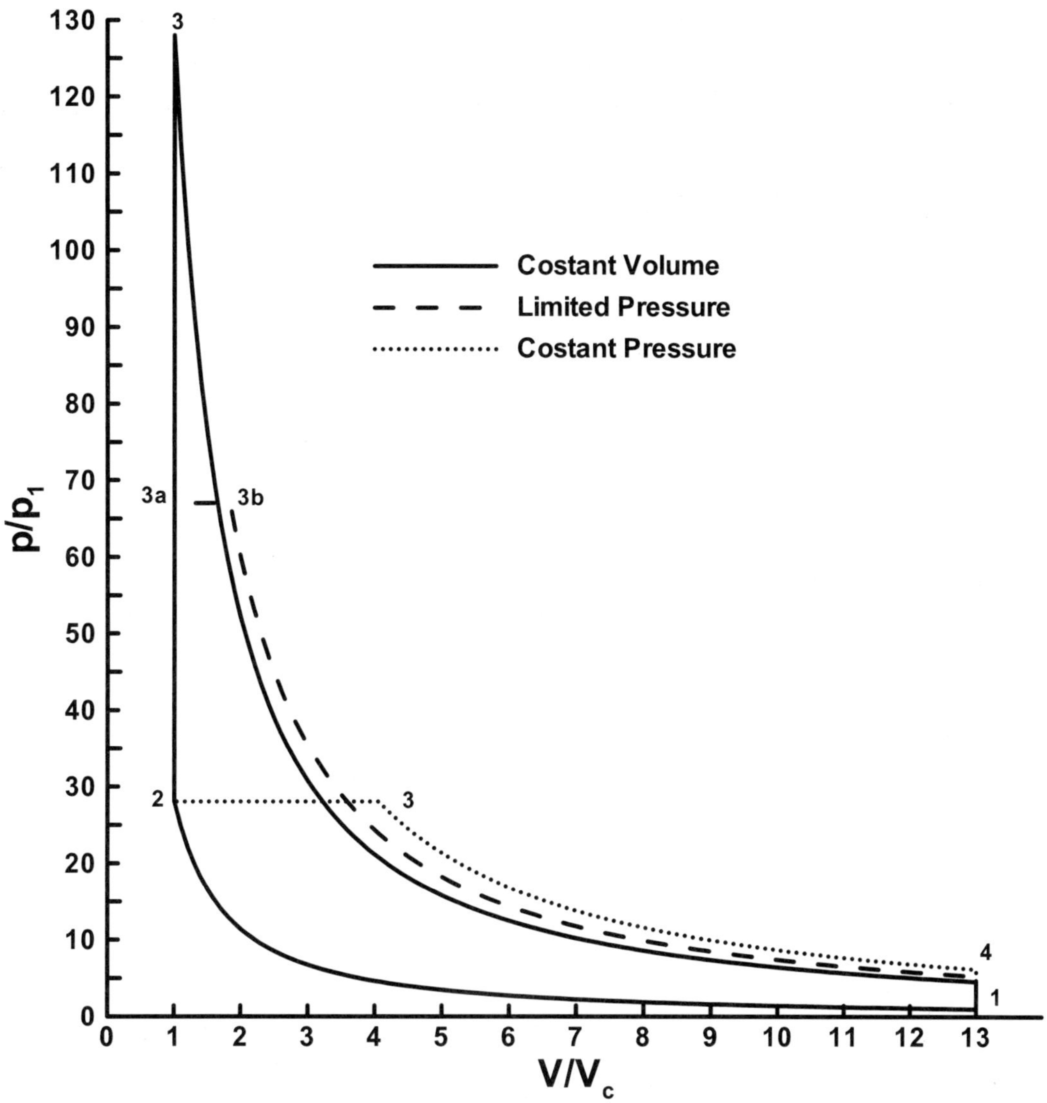

[그림 6-5] 정적, 한계 압력, 정압 이상기체 표준 사이클의 압력-체적 선도

$\gamma = 1.3$, $\gamma_c = 13$, $Q^*/(c_v T_1) = 9,3(r_c - 1)/r_c = 8.585$, $p_{3a}/p_1 = 67$

최고압력 p_3가 감소하면 p_3에 대한 IMEP의 비율은 증가한다. IMEP는 피스톤에 작용하는 유효한 압력의 척도이고 최고 압력은 주로 기관 구조의 강도에 영향을 주는 것이므로 이 비율은 매우 중요하다.

넓은 압축비 범위에 걸쳐 정적, 정압 및 한계압력 사이클의 효율을 보다 자세히 비교한 것이 [그림 6−6]~[6−8]에 제시되어 있다. 모든 경우에 대해 $\gamma = 1.3$,

$Q^*/(c_v T_1) = 9,3(r_c - 1)/r_c$이다. [그림 6-6]에서 보듯이 정압 사이클은 차단비가 증가할수록 효율이 낮아진다. 이것은 연소 시간이 길어질수록 효율이 저하된다는 것을 의미한다. 압축비가 동일한 경우 정적 사이클의 효율이 가장 높으나 IMEP $/p_3$는 가장 낮다. 동일한 최고 압력 p_3에 대해 정압 사이클의 효율이 가장 높고 또한 압축비도 가장 높다. 한계압력 사이클의 경우 p_3/p_1이 동일한 경우 압축비가 증가하여도 압축비 8~10을 너머서면 효율의 증가는 거의 없다.

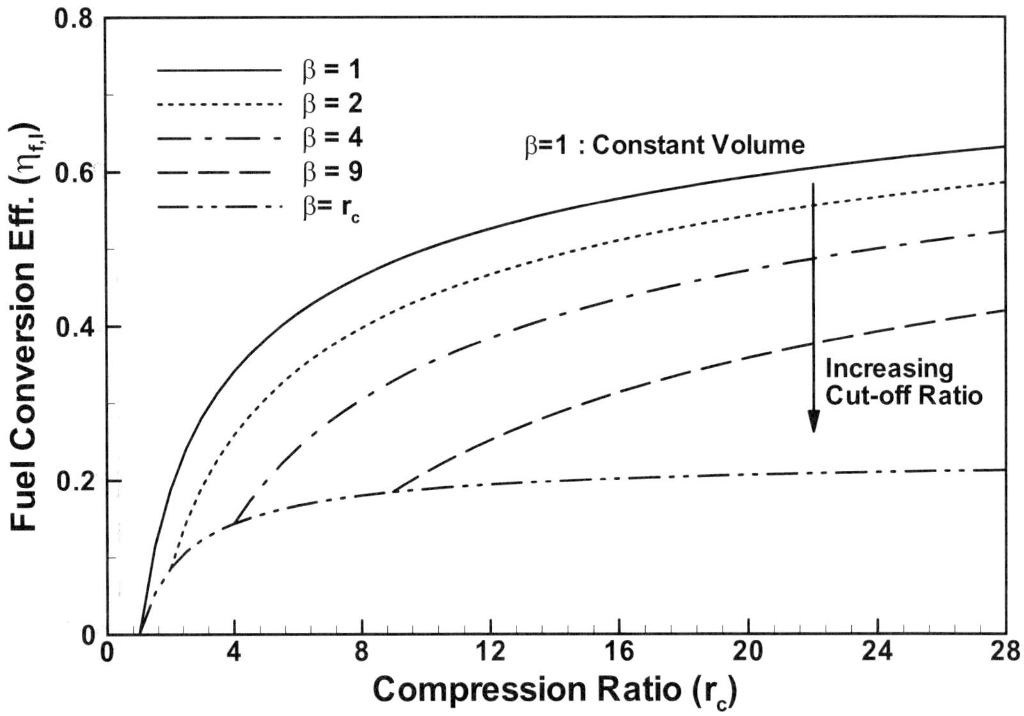

[그림 6-6] 정압 사이클에서 차단비($\beta = V_3/V_2$)가 효율에 미치는 영향

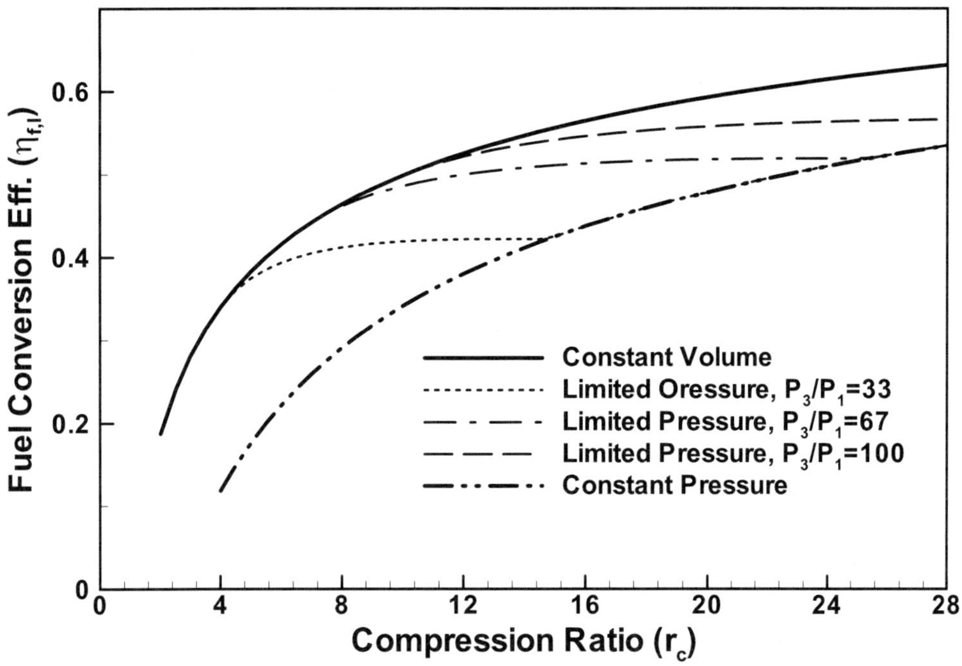

[그림 6-7] 압축비에 따른 정적, 정압, 한계압력 사이클의 효율

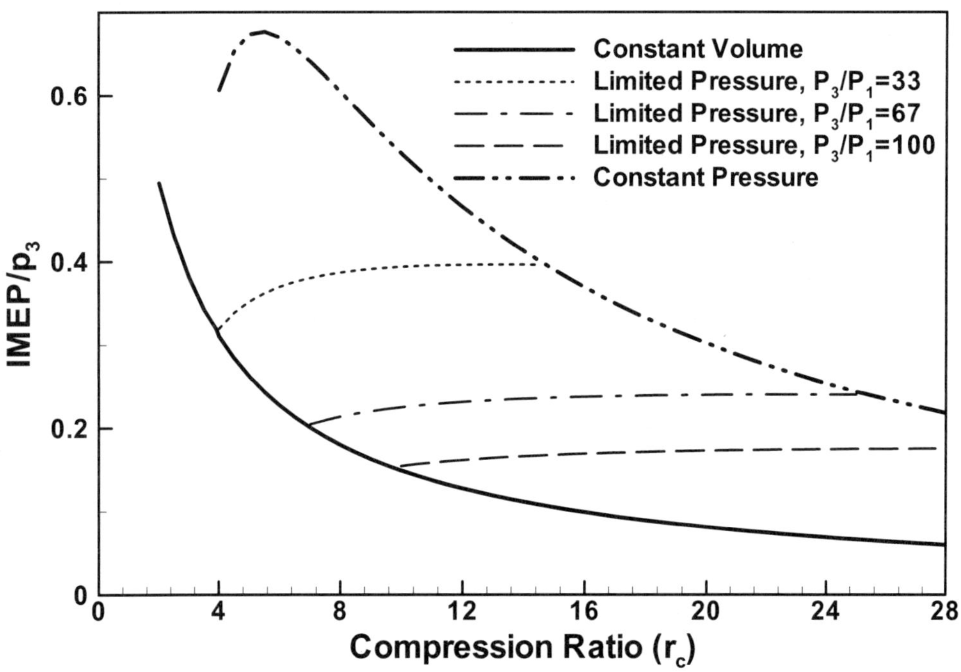

[그림 6-8] 각 사이클의 압축비에 따른 IMEP/p_3

6.5 연료-공기 사이클 분석

기관 실린더 내의 작동 유체 특성을 좀 더 정확하게 나타내려면 미연 혼합기는 그 조성이 동결되어 있고(즉 조성이 변하지 않고) 기연 가스는 평형 상태에 있는 것으로 취급하면 된다. 이렇게 취급하는 가장 큰 이유는 이상기체 표준 사이클에서는 비열이 일정하다는 가정을 하였는데 실제로 비열은 [그림 6-9]에 제시된 바와 같이 온도에 따라 변하고 비열비도 달라지며 이러한 변화는 효율의 변화로 이어지기 때문이다. 예를 들어 정적 사이클에서 압축비가 8인 경우 이상기체 표준 사이클로는 연료전환효율이 0.585인 반면 비열의 변화를 고려하면 0.474가 된다. 따라서 이를 실제에 가까운 값을 사용하여 좀 더 정확하게 기관 성능을 상사하려는 것이 연료-공기 사이클이다. 과정의 순서 가정은 [그림 6-2]에 나타낸 표기를 이용하여 [표 6-3]에 요약하였다.

이러한 각 과정에 대한 기본적 방정식은 이미 6.3절에 다루었다. 이러한 연료-공기 사이클을 적용하여 기관성능을 해석한 결과를 논의해 보기로 하자.

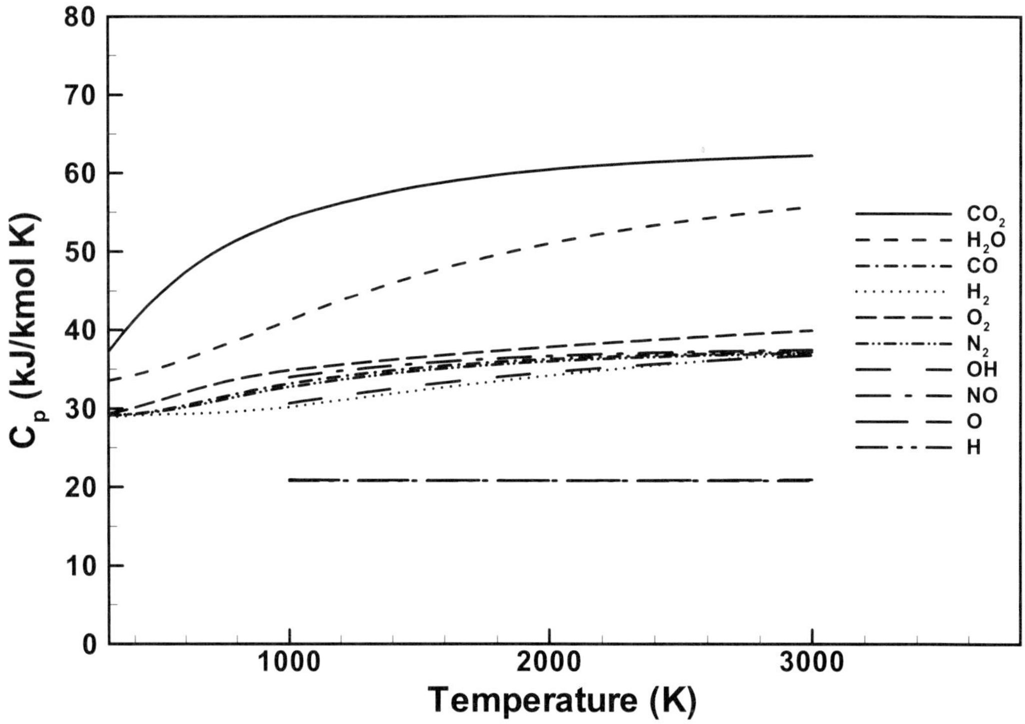

[그림 6-9] 온도에 따른 비열의 변화

[표 6-3] 기관 과정의 이상적인 모델

과정	가정
압축(1-2)	공기, 연료, 잔류가스의 화학적 조성이 불변하는 단열 가역 압축
연소(2-3)	열손실이 없이 화학평형 상태에서 완전연소
팽창(3-4)	화학적 평형 상태에서 기연가스의 단열 가역 팽창
배기(4-5-6)	화학적 조성이 일정한 기연가스의 단열적Blow-Down과 행정 배기
흡입(6-1)	화학적 조성이 일정한 잔류가스와 신기의 이상적인 단열 흡입 및 혼합과정

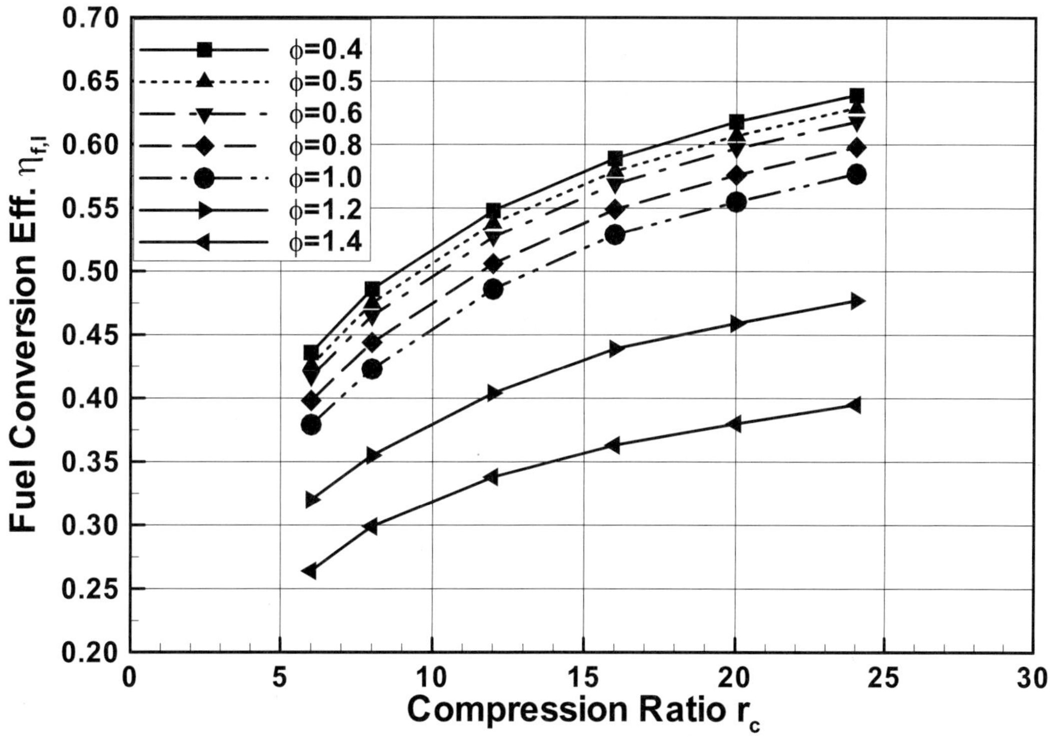

[그림 6-10] 압축비와 당량비에 따른 연료-공기 사이클의 도시연료전환효율($p_1 = 1atm.\ T_1 = 388K,\ x_r = 0.05$)

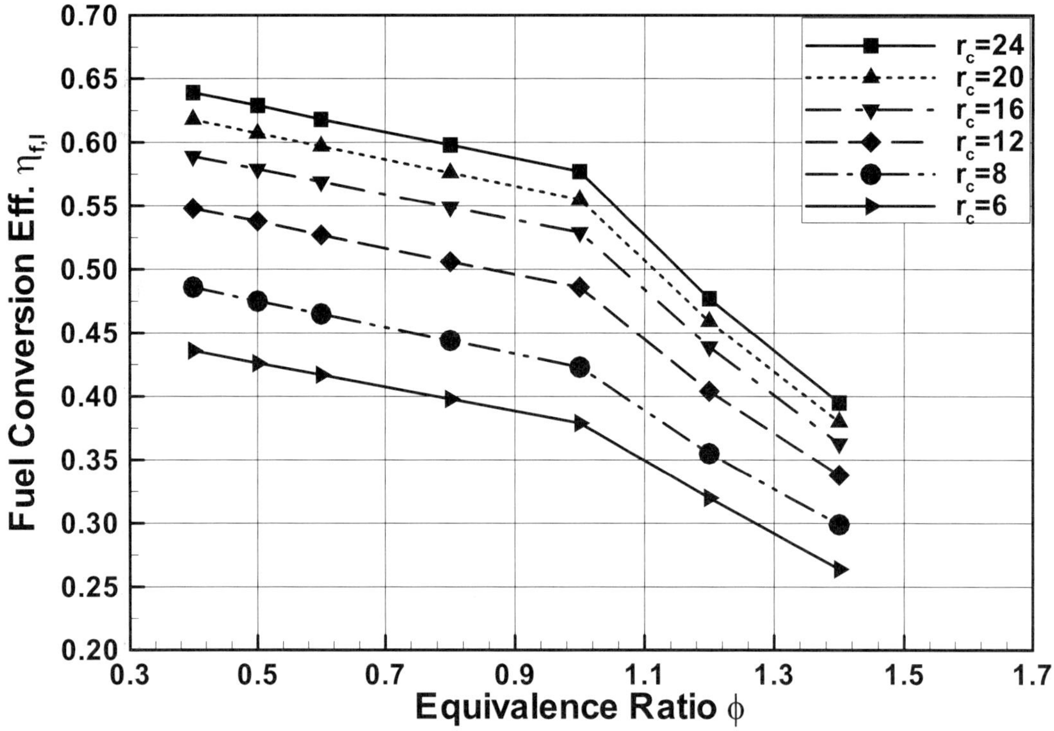

[그림 6-11] 압축비와 당량비에 따른 연료-공기 사이클의
도시연료전환효율($p_1 = 1atm.\ T_1 = 388K, x_r = 0.05$)

정적연료-공기 사이클을 넓은 범위에 걸쳐 계산하면 그 결과를 다양하게 이용할 수 있다. 효율은 압축비 r_c와 당량비 ϕ외에 다른 변수들의 영향을 거의 받지 않는다. [그림 6-10]과 [6-11]은 이 두 변수 압축비 r_c와 당량비 ϕ에 대해 평균 유효 압력과 도시연료전환효율 변화를 보여주고 있다. 이를 통해 다음과 같은 유효한 결론을 도출할 수 있다.

1) 당량비가 일정할 때 압축비 증가가 효율에 미치는 영향은 비열비 γ가 일정할 때 정적 사이클에서 나타난 결과와 유사하다.
2) 당량비가 1 이하로 감소하면(즉 연료-공기 혼합기가 희박하면) 효율은 증가한다. 이것은 연소 후 기연 가스의 온도, 비열이 감소하여 팽창 행정 중에 γ의 유효한 값이 증가기 때문이다. 효율이 증가하는 이유는 주어진 체적 팽창비에서 연소가스가 배기가 시작되기 전까지 더 큰 온도차이로 팽창하므로 단위 질량 당 팽창일이 증가하기 때문이다.

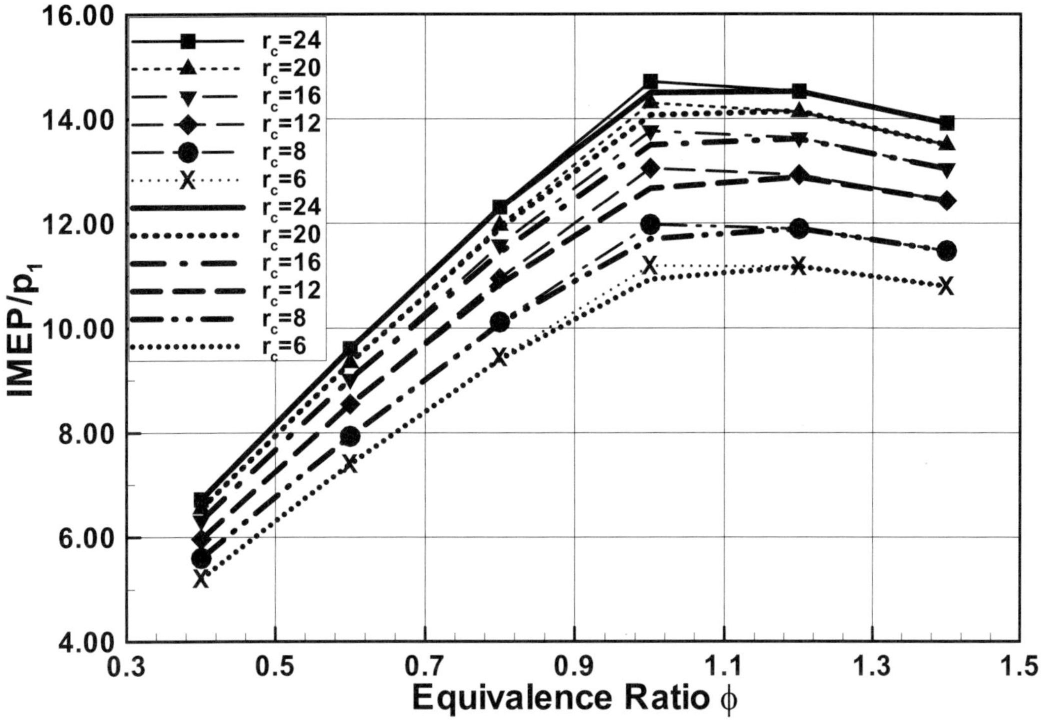

[그림 6-12] 압축비와 당량비에 따른 연료-공기 사이클의 IMEP $/p_1$
($p_1 = 1atm. T_1 = 388K, x_r = 0.05$, 심벌이 없는 선은 $p_1 = 0.5atm$)

3) 당량비가 1 이상이면(즉 연료-공기 혼합기가 농후하면) 효율은 감소하는데 이는 연료를 완전히 산화시킬 산소가 부족하기 때문이다. 이러한 불완전 연소에 의한 효율 감소는 비열을 감소시켜 효율 증가의 효과를 야기하는 연소 가스 온도 저하의 효과를 상쇄하고 추가로 효율의 감소를 가져온다.

4) 식 (6.2)로부터 평균유효압력은 당량비와 연료전환효율의 곱 즉 $\varphi\eta_{f,i}$에 비례한다. 이것은 이론혼합비보다 약간 농후한 $\varphi \approx 1.0$과 $\varphi \approx 1.1$사이에 최고점을 나타낸다. 이 최고점에 상응하는 값보다 적은 φ인 경우, 단위 행정체적 당 연료 질량의 감소가 증가된 연료전환효율을 상쇄하고 추가로 평균유효압력을 저하시킨다. 이 값보다 φ가 큰 경우 연소효율 저하에 따른 연료전환효율의 감소가 증가된 연료 질량의 효과를 상쇄하고 추가로 평균유효압력을 저하시킨다.

5) 연료전환효율은 초기 압력, 흡입 온도, 잔류가스 분율, 대기 중 수분의 분율 등에 크게 영향을 받지 않으나 IMEP는 초기 충전 밀도에 직접 영향을 받기 때문에 이들의 영향을 크게 받는다.

6) 한계압력과 정적 연료-공기 사이클을 비교하면 최고 압력을 높이는데 현실적 한계가 존재하므로 압축비를 높여 효율과 IMEP를 높이는 데는 한계가 있다.

6.6 실제 기관 사이클과의 비교

이러한 기관 과정들의 이상적인 모델을 전체적 관점에서 고찰해보기 위해, 여기서는 실제 기관 과정에서 매우 중요한 부수적 효과에 대해 간단히 살펴보도록 하겠다.

압축과 팽창 행정에 걸쳐 실물 기관과 연료-공기 사이클 분석을 통한 $p-V$선도를 [그림 6-13]에 비교하였다. 그림에서 비교를 위하여 압축행정의 중간까지 연료-공기 사이클의 압력을 실제 사이클과 동일하게 만들었다. 연료-공기 사이클에서는 밸브 개폐시기가 이상적으로 상사점 및 하사점에 있기 때문에 압축은 하사점 직후에 발생한다. 그러나 대부분의 실물 기관에서는 흡기 밸브가 하사점 이후 크랭크각으로 40~60°에서 닫히기 때문에 실제로 닫히는 시점 근방부터 시작된다. 이렇게 압력을 일치시킨 것은 엄격히 말해 정확한 것은 아니다.

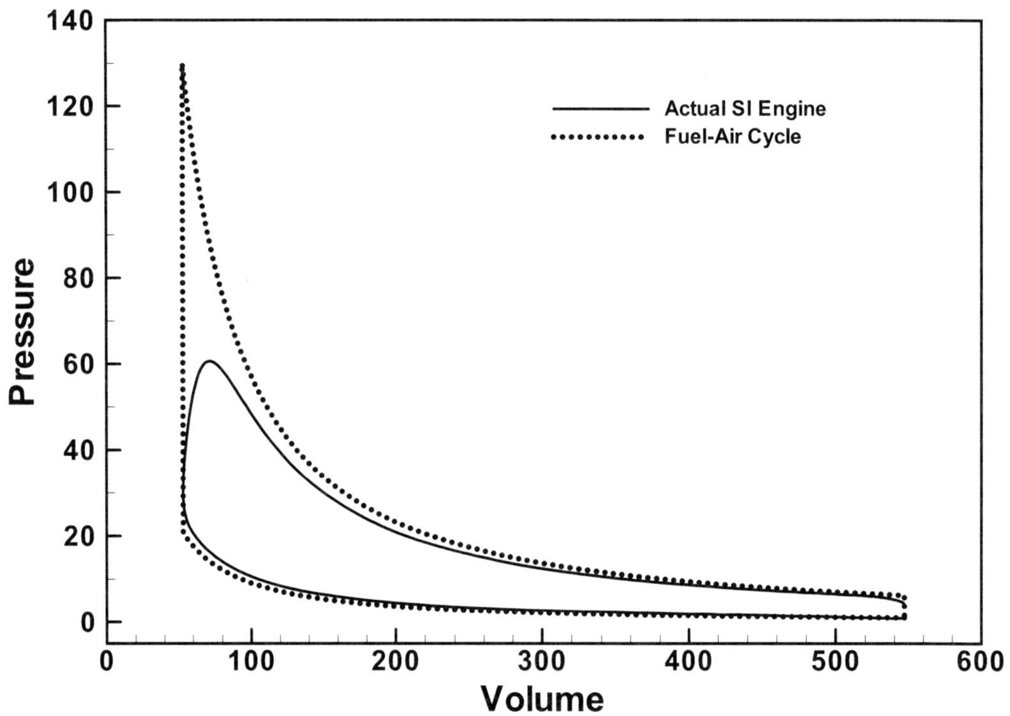

[그림 6-13] 실제 스파크점화기관과 연료공기 사이클의 비교

($V_c = 53.2cm^2$, $r_c = 10.3$)

압축 행정 중에 두 사이클의 압력은 기본적으로 일치한다. 흡입과정 중에 그리고 압축 과정 초기에 압력에서 약간 차이가 발생하는 것은, 실물 기관에서는 흡기 행정 중에 흡기 밸브를 전후한 압력 강하와 흡입 밸브가 위에서 언급한 바와 같이 하사점 이후 40~60°에서 닫히기 때문이다. 실물 기관에서 팽창 과정의 압력은 연료-공기 사이클의 압력보다 낮아지는데 그 이유는 다음과 같다.: (1) 연소 가스의 벽면으로의 열전달 ; (2) 충전물을 연소시키는데 필요한 시간이 유한함 ; (3) 하사점 전에 배기 밸브를 열기 때문에 배기가스의 블로우 다운 손실이 발생함 ; (4) 가스가 틈새(Crevice) 부분으로 흘러들어가고 또한 피스톤 링을 통해 누출이 발생 ; (5) 충전물의 불완전 연소. 등이다.

이러한 차이들로 인하여 점화 및 분사시기가 최적으로 설정된 실물 기관의 경우 $p-V$ 선도 상의 폐곡선 면적이 동일한 연료-공기 사이클의 폐곡선 면적의 약 80% 정도가 된다. 따라서 실제 기관의 도시연료전환 혹은 가용에너지 전환효율은 연료-공기 사이클로 계산한 효율의 약 0.8배 정도이다. 이 비율을 이용해 연료-공기 사이클 계산 결과로부터 실물 기관의 성능을 평가하기도 한다.

이러한 차이들은 중요한 순서대로 자세히 논의하기로 한다.

1) 열전달

압축행정 중에 미연 혼합기로부터 실린더 벽면으로의 열전달이 $p-V$에 미치는 영향은 무시할 만 하다. 기연 가스로부터의 열전달이 훨씬 더 중요하다. 연소 과정 동안의 열전달로 인해, 실제 사이클에서 연소 말기의 압력이 낮아진다. 팽창 과정 중에는 열전달에 의해 실제 사이클에서 체적이 증가함에 따라 가스 압력은 등 엔트로피 선보다 아래에 위치하게 된다. 이러한 열손실로 효율이 감소한다. 열손실은 주로 연소 말기와 팽창 초기에 크고 전체 가용에너지 중 약 12% 정도가 이에 의한 것이다.

2) 유한한 연소 시간

점화시기가 효율이 최적이 되도록 설정된 SI 기관에서 연소는 통상적으로 상사점 전(BTDC) 10~40°근방에서 시작하여 하사점 후(ATDC) 10°쯤에서 절반 정도가 연소 완료되고 ATDC 30~40° 전후가 되면 대부분 연소가 완료된다. 최고 압력은 ATDC 15°정도에서 발생한다. CI 기관에서는 연소과정이 상사점 직전에 시작된다, CI는 초기의 연소율이 매우 빠르기 때문에 급격히 압력이 상승하여 ATDC 5~10° 근방에서 최고가 된다. 그러나 최종 연소 단계는 매우 느리게 진행되어 ATDC

40~50°까지 연소가 진행된다. 따라서 실물 기관에서는 연소가 상사점을 지나서도 지속되고 이때 실린더 체적은 간극 체적보다 훨씬 크기 때문에 최고압력은 연료-공기 사이클로 계산한 압력보다 상당히 낮다. 최고 압력이 발생한 이후 팽창과정에서 실물 기관의 압력은 다른 손실이 없다면 연료-공기 사이클로 계산한 압력보다 높아야하는데 그 이유는 실린더 가스가 한 일이 더 작기 때문이다. 정적과 한계압력 사이클을 비교한 [그림 6-5]를 보면 이점을 알 수 있다. 즉 한계압력 사이클의 일전달이 더 적으므로 팽창 중 압력이 높게 유지됨을 볼 수 있다. 이 손실에 의해 $p-V$선도가 둥글어지고 이에 의한 손실은 약 6% 정도이다.

실물 기관에서 점화 또는 연료 분사시기가 최고 효율을 낼 수 있는 최적점보다 지연된 경우, 최적 시기로 설정된 사이클보다 최고 압력은 낮아지고 최고 압력이후 팽창 행정 중 압력은 더 높아진다.

3) 배기가스 블로우 다운 손실

4행정기관에서는 배기 행정이 시작될 때 압력을 줄이고, 2행정 기관에서는 소기를 위한 시간을 확보하기 위해서, 실제 기관 작동 사이클에서 배기 밸브는 하사점전(BBDC) 60° 근방에서 열린다. 따라서 팽창행정 말기의 가스압력은 등 엔트로피선 밑으로 감소된다. 팽창행정 중의 일 변환이 감소한다. 블로우 다운에 의한 손실은 2% 정도로 평가된다.

4) 틈새 효과와 누출

실린더의 압력이 증가함에 따라 피스톤과 피스톤 링, 그리고 실린더 벽 사이에 형성된 틈새(Crevice) 등으로 가스가 흘러들어간다. 이 틈새 공간은 간극 체적의 몇 퍼센트 정도이다. 이 부분으로 유동이 발생하면 피스톤 크라운 상부 체적의 질량이 줄어들고 동시에 이 유동은 틈새 벽으로의 열전달에 의해 냉각된다. 예혼합기를 사용하는 기관에서 이 가스의 일부는 미연 상태이고 또 이 중 일부는 연소에 참여하지 않는다. 이 가스의 상당량은 후의 팽창 중에 다시 실린더 내로 다시 유입되지만 피스톤 링의 후면과 링 사이에 있던 일정 부분은 크랭크 실로 흘러들어간다. 그러나 설계 및 유지 보수가 양호한 기관에서 누출은 대개 충전물의 1% 이하로 매우 적다. 이러한 현상들은 모두 후기 압축단계 및 연소 그리고 팽창 중에 실린더 내의 압력을 틈새나 누출의 영향이 없었을 때의 값보다 감소시킨다.

5) 불완전 연소

실린더 충전물의 연소는 불완전하여 배기가스에는 연소 가능한 물질이 포함되어 있다. 예를 들어 스파크점화기관에서는 난기 운전 중에 주로 틈새 부분에서 발생한 탄화수소가 배출되는데 이것은 정상 운전 조건으로 작동할 때의 연료 질량의 2~3%에 달하고, 공기 과잉 상태에서 운전을 하더라도 배기 중의 일산화탄소와 수소에는 연료에너지의 1~2% 심지어 그 이상이 포함되어 있다. 따라서 실물 기관에서 방출되는 연료의 화학에너지는 실린더 내로 들어온 연료의 화학에너지보다 5% 정도 적다. 연소 후 연료-공기 사이클의 압력은 완전연소를 가정하였으므로 실물 기관보다 높을 것이다. 압축착화기관의 경우 연소의 비효율성은 이보다 작아 1~2% 정도이고 따라서 이 영향은 스파크점화기관보다 작다.

이 이외에 흡입과정 중의 압력 손실과 흡기 밸브의 지연된 닫힘에 의한 손실 등이 있다. [그림 6-14]에 이러한 손실들을 $p-V$선도 상에 나타내었다.

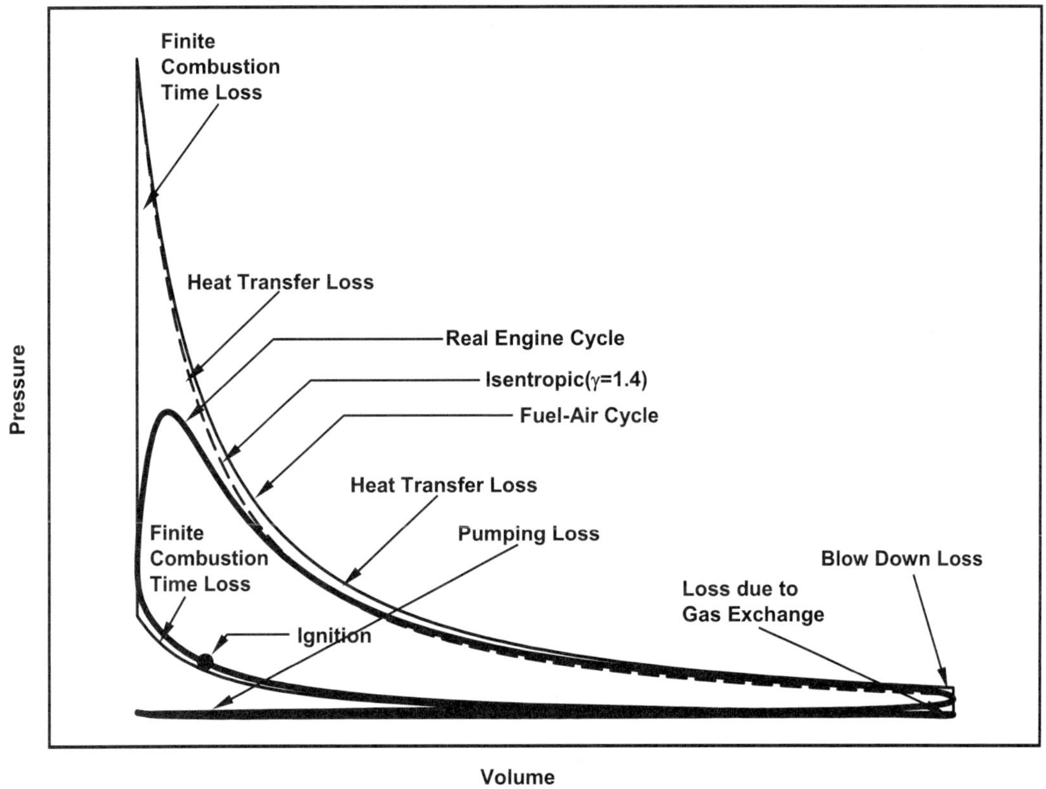

[그림 6-14] 실제 기관 사이클에서 손실

[표 6-4] 자연흡기식 압축착화기관에서 가용성의 손실

손실 기구	연료가용성에서 비율	
연소	0.225	
배기	0.144	
열전달	0.135	
공기역학	0.047	
기계적 마찰	0.048	
총 손실		0.599
가용 전환 효율(제동)		0.401

압축착화기관은 압축말기에 연료가 분사되므로 스파크점화기관보다 더 이상적 사이클에 가깝게 되는데 이것이 실물기관에서 압축착화기관의 효율이 스파크점화기관보다 좋은 또 하나의 이유이다.

이러한 모든 손실 기구가 기관의 효율에 미치는 영향은 실제 기관의 사이클에 기초하여 가용성을 평가하여 비교해 보면 그 의미를 확실히 할 수 있다. [표 6-4]에 전형적인 자연흡기식 압축착화기관에서 실제 사이클의 효과로 발생하는 가용성 손실의 크기를 초기 가용성에 대한 비율로 나타내었다. 연소 및 배기 손실은 매우 작기는 하지만 이상 사이클 모델에서도 존재한다. 열전달, 유동 및 공기역학적 손실 그리고 기계적 마찰에 의한 가용성 손실은 실제 기관에 의한 효과이다.

[표 6-5] 기관 종류에 따른 연료 가용성 비율

엔진 종류			사이클	연료가용성에서 비율		
				제동효율	배기손실	냉각손실
CI	공업용엔진 (과급 포함)	대형(B>400)	2	38~43	32~25	30~22
		중형(400>B>200)	2, 4	34~45	34~30	30~24
	소형엔진(과급 포함) B<200		4	30~38	30~38	30~27
SI	승용차용, 버스, 트럭엔진		4	26~33	32~38	30~38
	소형엔진(수, 공냉)2, 4			20~29	40~45	26~18
	항공용 엔진		4	25~35	45~50	20~16

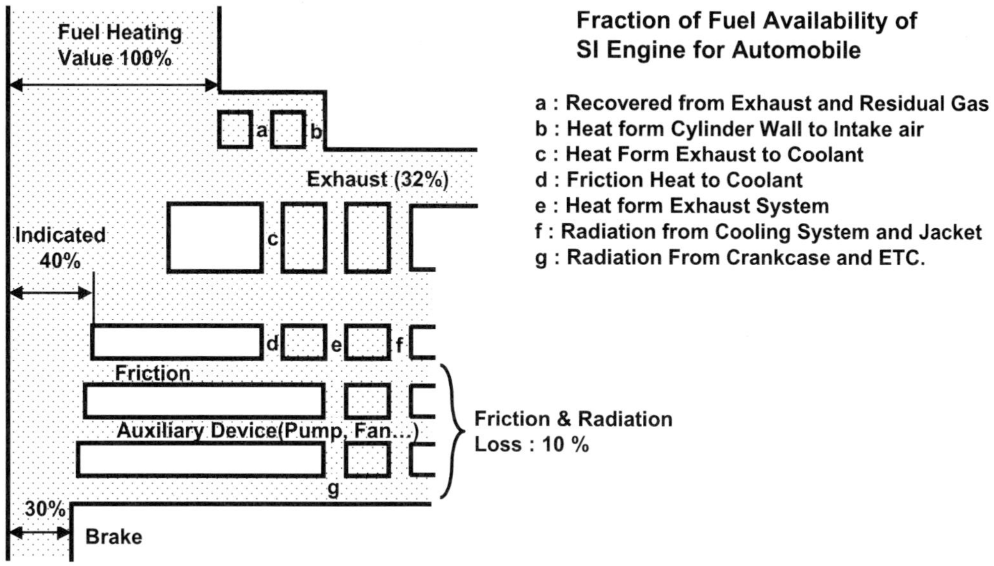

[그림 6-15] 자동차용 스파크점화기관의 연료 가용성

실제 사이클과 연료공기 사이클의 비교를 통하여 $p-V$선도 상에서 위와 같이 손실을 평가할 수도 있지만 실제 기관에서 이러한 손실은 대부분 기관 냉각 및 배기열의 형태로 나타나는데 이를 측정하여 기관에 투입된 연료의 가용성을 평가하면 대체로 기관의 종류에 따라 [표 6-5]와 같은 범위에 있다.

자동차용 스파크점화기관의 대표적인 연료가용성은 [그림 6-15]에 나타내었다.

이상 사이클은 실제 작동 사이클에 대해 유용한 정보를 제공하지만 그것은 정교하지 못한 근사이다. 이상 사이클은 기관 작동의 열역학적 측면을 고찰하는데 그리고 또한 주요한 기관의 성능 변수의 변화에 따른 성능 변화경향을 근사적으로 평가하는데 유용하게 사용될 수 있다. 이러한 이상 사이클의 약점은 SI와 CI 기관의 연소 과정에 대한 모델링이다. 이 장에서 다룬 어떠한 모델도 기관의 성능을 정확하게 예측할 수 있도록 충분히 실제에 가깝게 되어있지 않다.

제7장

가스 교환 과정

이 장에서는 4행정 기관의 흡기와 배기행정 그리고 2행정 기관의 소기 중에 발생하는 가스 교환과에 대하여 논의하겠다. 배기와 흡기 또는 소기의 목적은 동력을 발생시키는 행정 말기에 기연 가스를 제거하고 신기를 흡입함으로써 다음 사이클을 준비하는 것이다. 식 (2.38)이 의미하는 것은 주어진 어떤 속도에서 내연기관의 도시출력은 공기의 질량유동에 비례한다는 것이다. 그래서 WOT(Wide Open Throttle)나 최대부하에서 가능한 한 실린더 내로 유입되는 공기의 질량을 극대화하고 이 유입된 질량이 실린더 내에서 유지되도록 하는 것이 가스교환에서는 가장 중요하다. 기관 가스교환은 4행정 사이클의 경우 체적효율, 2행정 사이클의 경우에는 소기(Scavenging)효율 및 트래핑(Trapping) 효율과 같은 거시적인 성능변수의 영향을 받는다. 이러한 거시적 성능 변수는 기관의 작동 상태뿐만 아니라 매니폴드, 밸브, 포트와 같은 하위시스템의 설계에도 영향을 받는다. 따라서 기관의 흡기 및 배기 시스템의 개개의 구성 요소들을 통한 유동도 매우 활발하게 연구되어왔다. 이 점이 이 장에서 주로 논의될 부분이기도 하다.

스파크점화기관에서 실린더를 채우는 새로운 충전물에는 공기, 연료 및 때로는 재순환된 배기가 포함되며 따라서 혼합기의 준비도 흡기 과정의 중요한 목적이다. 혼합기의 준비는 적절한 혼합기의 조성을 달성하고 기통 간 연료, 공기, 재순환 배기의 균일한 분배를 확보하는 것을 포함한다. 압축착화기관에서는 오직 공기(또는 재순환 배기도 포함)만 유입된다. 혼합기 준비와 매니폴드 내 현상은 다음 장에서 다루도록 하겠다. 가스 교환과정의 세 번째 목적은 기관 실린더 내의 유동장을 빠른 연소가 진행될 수 있도록 설정하는 것인데 이것도 다음에 논의하도록 하겠다.

7.1 4행정 기관의 흡기와 배기과정

현대의 스파크점화기관의 흡기 시스템은 통상적으로 공기필터, 스로틀, 흡기 다기관, 다점 분사 인젝터가 장착된 흡기포트(또는 기통별로 스로틀과 인젝터가 장착된 흡기포트)로 구성된다. 흡기과정 중에 압력손실은 혼합기가 위에서 언급한 장치를 지나면서 또는 장치에 의해 발생한다. 또한 추가적인 압력강하가 흡기포트와 흡기밸브를 지나면서 발생한다. 배기 시스템은 일반적으로 배기 다기관, 배기파이프, 배기제어를 위한 촉매 변환기 그리고 머플러(소음기)로 구성되어있다. 기본적으로 기관의 흡기와 배기가스 유동은 맥동이다. 그러나 이러한 유동의 형태는 대부분 준정상으로 간주하여 해석할 수 있는데 [그림 7-1]에 흡기 시스템의 압력강하를 나타낸 그림은 다기통 기관에서 시간-평균한 값이다.

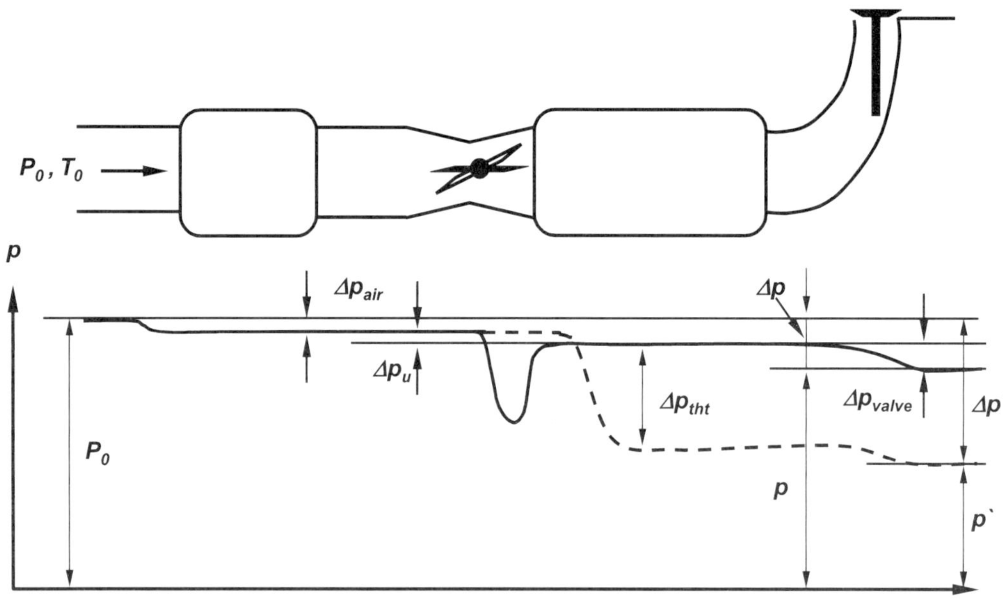

[그림 7-1] 흡기 시스템에서 압력 강하

그림에서 p_0와 T_0는 대기조건이고 실선은 스로틀이 전개된 상태이며 점선은 스로틀이 부분적으로 열린 부분부하 상태이다. 압력 강하는 공기 필터(Δp_{air}), 스로틀 상류의 흡기관(Δp_u), 스로틀(Δp_{thr}) 그리고 흡기 밸브(Δp_{valve})에서 각각 발생한다. 흡기시스템을 따라 발생하는 압력강하는 기관 스피드, 시스템 내의 여러 장치에 의한 유동 저항, 신기가 이동하는 영역의 단면 및 밀도에 따라 달라진다. [그림 7-2]에 동일한 기관에서 속도만 달리한 경우 흡배기 과정에 대한 $p-V$선도를 나타내었다. 그림에 나타나 있듯이 운전 속도의 변화도 흡배기 과정에 매우 큰 영향을 주고 있다.

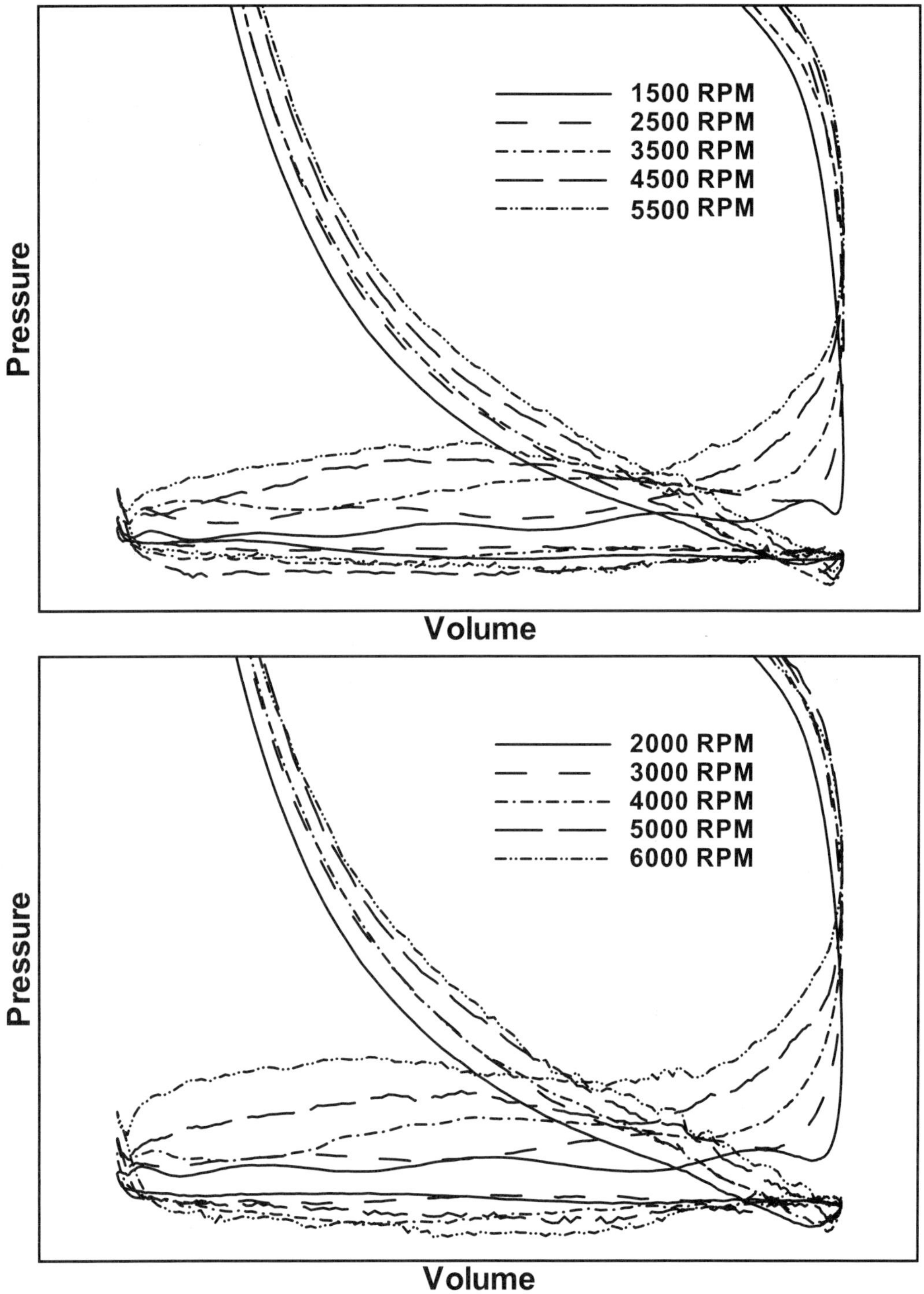

[그림 7-2] 기관 속도에 따른 가스교환과정의 $p-V$ 선도

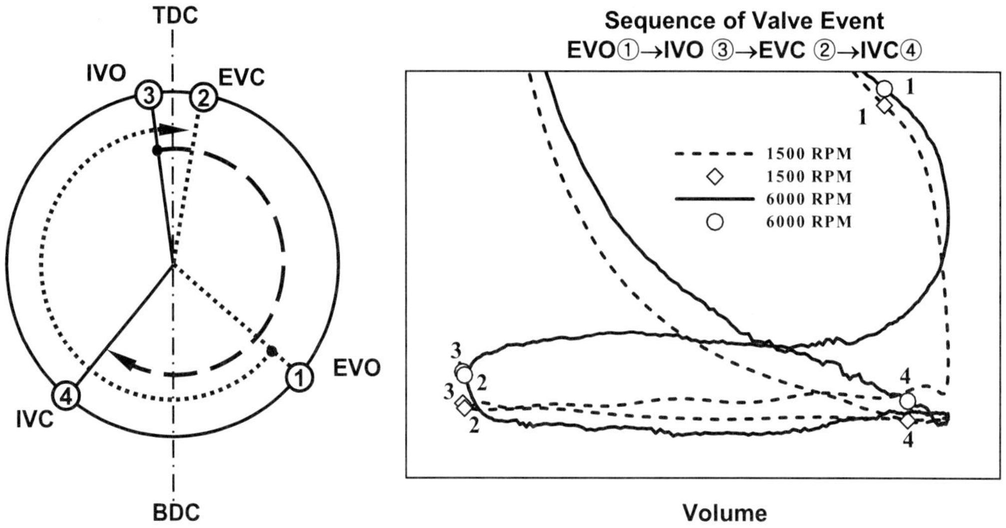

[그림 7-3] 밸브 개폐시기와 $p-V$선도

실물 기관에서는 실린더의 내용물을 충전하고 배출하는 과정을 개선하고 흡기와 배기 시스템에서 가스의 관성을 최대한 이용하기 위하여 밸브의 개방 기간이 흡입 및 압축 행정보다 더 길게 행정 전후로 연장되어 있다. 배기과정은 보통 하사점 이전 40~60°에서 시작한다. 대략 하사점에 도달할 때까지 기연 가스는 실린더와 배기시스템의 압력차에 의해 배기된다. 하사점 이후에는 피스톤이 상사점으로 이동함에 따라 실린더 내 가스가 배출된다. 블로우 다운과 행정 배기라는 용어가 이 둘을 구별하기 위해 사용된다. 일반적으로 배기밸브는 상사점 이후 15~30° 부근에서 닫히고 흡기 밸브는 상사점 이전 40~60° 정도에서 열린다. 두 밸브는 밸브 겹침 기간동안 동시에 열려 있고 이 때 겹치는 영역에서 다 열려있고 $P_i/P_e<1$이면 배기가스가 역류하여 실린더로 흐르고 다시 실린더 가스가 흡기 쪽으로 흐른다. 밸브의 개방 시간이 증가하면 고속에서 체적효율이 향상되는 장점이 있다. 피스톤이 상사점을 지나 실린더 내의 압력이 흡기 압력보다 떨어지면 실린더 내로 가스가 유입된다. 흡기밸브는 하사점 이후 50~70° 정도까지 열려있고 따라서 하사점 이후에도 계속해서 새로운 공기가 실린더로 유입될 수도 있다. 이러한 밸브의 개폐시기와 흡배기 과정 중의 $p-V$선도를 [그림 7-3]에 나타내었다.

밸브의 개폐시기를 나타내는 방법은 통상적으로 크랭크 각도로 <상사점 전 흡입 밸브 열림 시기>(IVO : Intake Valve Open)/<하사점 후 흡입밸브 닫힘 시기>(IVC : IV Closing) <하사점 전 배기밸브 열림 시기>(EVO : Exhaust Valve

Open)/<상사점 후 배기밸브 닫힘 시기>(EVC)의 순서로 표기한다. 예를 들어 밸브 개폐시기가 14/42 52/8로 표시되었다면 흡기 밸브는 배기행정 상사점 14° 전에 열리고 흡입 행정 중 계속 개방되어 있다가 하사점을 지나 압축행정이 시작된 후 42°에 닫히며 배기 밸브는 팽창 행정 중 하사점 전 52°에 열리고 배기 행정 동안 계속 열려 있다가 상사점을 지나 흡기 행정이 시작된 후 8°에 닫힌다.

밸브 주변의 유동이 통과하는 단면적과 실린더의 체적은 시간에 따라 변화하고, 가스의 관성 효과, 흡배기 시스템에서 압력파의 전파 등이 존재하므로 이러한 가스 교환 동안 흡기계, 실린더 그리고 배기계의 압력은 매우 복잡한 형태로 변화한다. 이러한 과정의 해석적 분석은 매우 난이하다. 따라서 실제로 이 과정을 취급할 때는 흡기계와 배기계의 성능을 평가할 수 있는 체적효율과 같은 거시적 성능 변수를 사용하여 실험적으로 다루기도 한다.

7.2 체적효율

체적효율은 4행정기관과 그 흡배기 시스템을 펌프 기구로 보았을 때 전체적인 효율성의 지표이다. 정도를 나타낸다. 이것은 다음과 같이 정의된다.

$$\eta_v = \frac{2\dot{m}_a}{\rho_{a,0} V_d N} \tag{7.1}$$

공기의 밀도 $\rho_{a,0}$를 대기 조건에서 구하면 η_v는 전체 체적효율을 나타낸다. 또는 밀도를 흡기 매니폴드의 조건에서 구하면 η_v는 실린더, 흡기포트 그리고 밸브만의 펌프 성능을 나타낸다. 여기서는 스로틀을 완전히 개방한 WOT 운전 조건에 대해서만 논의하도록 하겠다. WOT로 운전할 때 최대의 기관출력을 제한하는 것은 바로 공기 유량이다.

체적효율은 연료, 기관 설계 그리고 기관 운전 변수의 영향을 받는데 구체적으로 다음과 같은 것들이 있다.

연료 종류, 공연비, 증발량, 기화열
열전달에 의한 혼합기 온도
흡기와 배기의 압력 비
압축비
기관 속도

흡·배기계와 포트 설계

흡배기 밸브 형상, 크기, 양정, 시기

이들 변수 중 몇 개는 본질적으로 준 정상(Quasi-Steady) 속성을 가지고 있다. 즉 그 영향이 기관 속도와 무관하거나 또는 기관 속도의 평균값으로 기술되어질 수 있다. 그러나 이러한 많은 변수들은 가스교환과정이 시간에 따라 변하는 속성을 가지고 있는 비정상유동과 압력파 현상의 영향을 받는다.

7.2.1 준 정상 효과

1) 이상적 사이클의 체적효율

[그림 7-2]에 도시된 이상적 사이클에서 체적효율은 다음과 같은 변수를 이용하여 나타낼 수 있다. 즉 흡입혼합기 압력 p_i, 온도 T_i, 연공비(F/A), 압축비 r_c, 배기 압력 p_e 그리고 작동유체의 분자량 M과 비열비 γ로 전체 체적효율을 다음과 같이 쓸 수 있다.

$$\eta_v = \frac{m_a}{\rho_{a,0} V_d} = \frac{m(1-x_r)}{\rho_{a,0}[1+(F/A)]} \frac{r_c}{[(r_c-1)V_1]}$$

여기서 m은 사이클의 $p-V$선도 상의 지점 1에서 실린더 내 질량이다. 따라서 다음과 같이 쓸 수 있다.

$$P_i v_1 = m\frac{\widetilde{R}}{M} T_1, \quad P_{a,0} = \rho_{a,0} \frac{\widetilde{R}}{M_a} T_{a,0}$$

식 (6.38)에서 T_1은 T_i에 해당하므로 체적효율은 다음과 같이 표현되기도 한다.

$$\eta_v = \left(\frac{M}{M_a}\right)\left(\frac{p_i}{p_{a,0}}\right)\left(\frac{T_{a,0}}{T_i}\right)\frac{1}{[1+(F/A)]} \cdot \left\{\frac{r_c}{r_c-1} - \frac{1}{\gamma(r_c-1)}\left[\left(\frac{p_e}{p_i}\right)+(\gamma-1)\right]\right\} \tag{7.2}$$

윗 식에서 $(P_e/P_i)=1$이면 {}내의 항은 1이다. 식 (7.2)에서 $p_i/p_{a,0}$는 연료의 증발 또는 기체상태로 존재하는 연료의 효과이고 $T_{a,0}/T_i$는 연료의 기화 등으로 인한 냉각 효과이다. {}내의 항은 실린더 내 잔류가스의 체적 분율이 미치는 영향에 대한 항이다.

2) 연료조성, 상 그리고 연공비의 영향

스파크점화기관에서는 흡기계에 기체화된 연료(그리고 수증기)가 존재하면 공기의 분압이 혼합기 압력 이하로 줄어든다. 공기, 수증기 그리고 가스 연료나 증발된 연료의 혼합기에서 흡기 매니폴드 압력을 각 성분의 분압의 합으로 다음과 같이 쓸 수 있다.

$$p_i = p_{a,i} + p_{f,i} + p_{w,i}$$

이 식에 이상기체 방정식을 대입하면 다음과 같다.

$$\frac{p_{a,i}}{p_i} = \left[1 + \left(\frac{\dot{m}_f}{\dot{m}_a}\right)\left(\frac{M_a}{M_f}\right) + \left(\frac{\dot{m}_w}{\dot{m}_a}\right)\left(\frac{M_a}{M_w}\right)\right]^{-1} \tag{7.3}$$

수분의 영향은 보통 0.03이하로 작다. 몇 가지 널리 사용되는 연료에 대해 당량비에 따른 $P_{a,i}/P_i$ 비의 변화를 [그림 7-4]에 나타내었다. 여기서 $\dot{m}_f/\dot{m}_a$는 연료가 완전히 기화되었을 때만 연공비와 일치한다는 점에 주의하라.

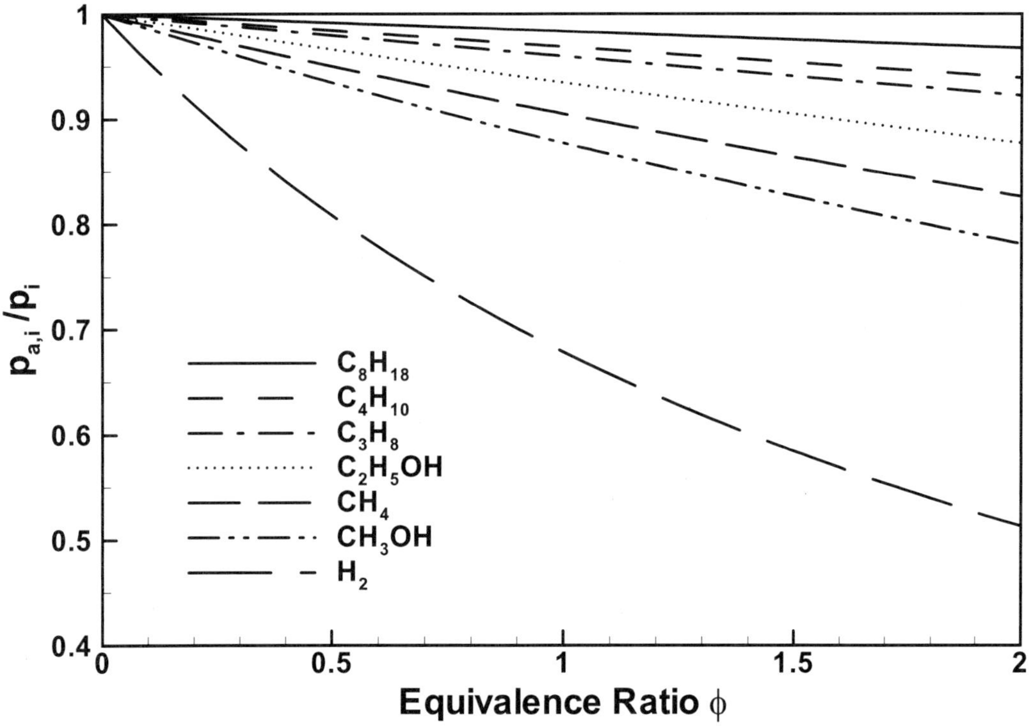

[그림 7-4] 연료(증기)가 흡입공기 분압에 미치는 영향

가솔린과 같은 액체 연료의 경우 연료 증발의 영향 즉 공연비가 흡입 공기 분압에 미치는 의 영향은 작다. 기체 연료 또는 알코올(메탄올과 에탄올)의 경우 흡입 혼합기 내에 연료 증기가 체적효율을 크게 감소시킨다.

3) 연료증발, 기화잠열 그리고 열전달의 영향

액상연료의 증발과 열전달이 있는 비압축성유동에서 정상 유동의 에너지 방정식은 다음과 같다.

$$\left[\dot{m}h_a + (1-x_e)\dot{m}_f h_{f,L} + x_e \dot{m}_f h_{f,v}\right]_A = \dot{Q} + \left(\dot{m}_a h_a + \dot{m}_f h_{f,L}\right)_B \qquad (7.4)$$

여기서 x_e는 증발된 연료의 질량 분율이고 하첨자는 각각 다음과 같다.

a : 공기　　f : 연료　　L :액체　　V : 증기

B : 증발 전　　A : 증발 후

혼합기의 각 성분의 단위 질량당 엔탈피 변화량은 $c_p \triangle t$와 증발엔탈피 $h_{f,V} - h_{f,L} = h_{f,LV}$로 근사할 수 있다. 그러면 식 (7.4)는 다음과 같이 된다.

$$T_A - T_B = \frac{(\dot{Q}/\dot{m}_a) - x_e (F/A) h_{f,LV}}{c_{p,a} + (F/A) c_{f,L}} \qquad (7.5)$$

$c_{f,L} = 2c_{p,a}$이므로 분모의 마지막 항은 무시될 수도 있다.

흡입 혼합기에서 열전달이 발생하지 않으면 연료 증발에 의해 혼합기의 온도가 저하된다. 예를 들면 $\phi=1$의 이소옥탄이 완전히 증발될 경우 증발 전후의 온도차 $T_A - T_B = -19$℃이다. 같은 조건의 메탄올은 대개 −128℃이다. 실제로는 열전달이 발생하고, 더불어 연료는 실린더로 들어가기 전에 완전히 증발되지도 않는다. 실험을 통해 확인한 결과 증발에 따른 공기 온도의 저하는 증가된 연료 증기 분압에 따른 순수 공기 분압의 저하를 상쇄하고 남는다. 어느 정도 열전달이 있으면 연료 증발에 따른 온도 저하로 체적효율이 몇 %정도 증가한다.

이상적인 사이클에 대한 체적효율의 식(7.2)는 실린더 입구에서의 가스 온도의 변화에 따른 영향이 $T_{a,o}/T_i$를 통해 나타나는 것으로 되어 있지만 실물 기관의 데이터를 분석해 보면 $\sqrt{T_{a,o}/T_i}$에 영향을 받는 것으로 취급하는 것이 실제 기관의 거동에 가깝다. 이 부분은 2장과 3장의 성능수정 부분을 참고하기 바란다.

4) 흡배기 압력비와 압축비의 영향

압력비 P_e/P_i와 압축비가 변함에 따라, 그 때의 흡입 압력에서 실린더에 체적에 채워지는 잔류가스의 양은 변화한다. 이 체적 즉 잔류가스가 점유하는 체적이 증가하면 체적효율은 감소한다. 이 압력비가 이상적인 사이클의 체적효율에 미치는 영향은 식 (7.2)의 {}내의 항으로 나타나 있다. [그림 7-5]에 γ=1.3에서 압력비가 체적효율에 미치는 영향을 나타내었다.

7.2.2 준 정상과 동적 효과의 결합

가스가 관, 체임버(Chamber), 포트, 밸브 등을 통해 비정상 유동을 할 때 마찰력, 압력, 관성력이 작용한다. 이러한 힘들의 상대적인 중요성은 유동 속도, 유로의 형상과 크기, 연결 부위 등에 따라 달라진다. 이 때 정적 효과와 동적 효과가 모두 중요하게 작용하는데 기관 속도, 흡배기 매니폴드, 포트, 밸브의 설계 등은 상호 연관적으로 작용하고, 기타 몇 개의 분리된 현상은 체적효율에 미치는 영향을 독립적으로 구별할 수 있다.

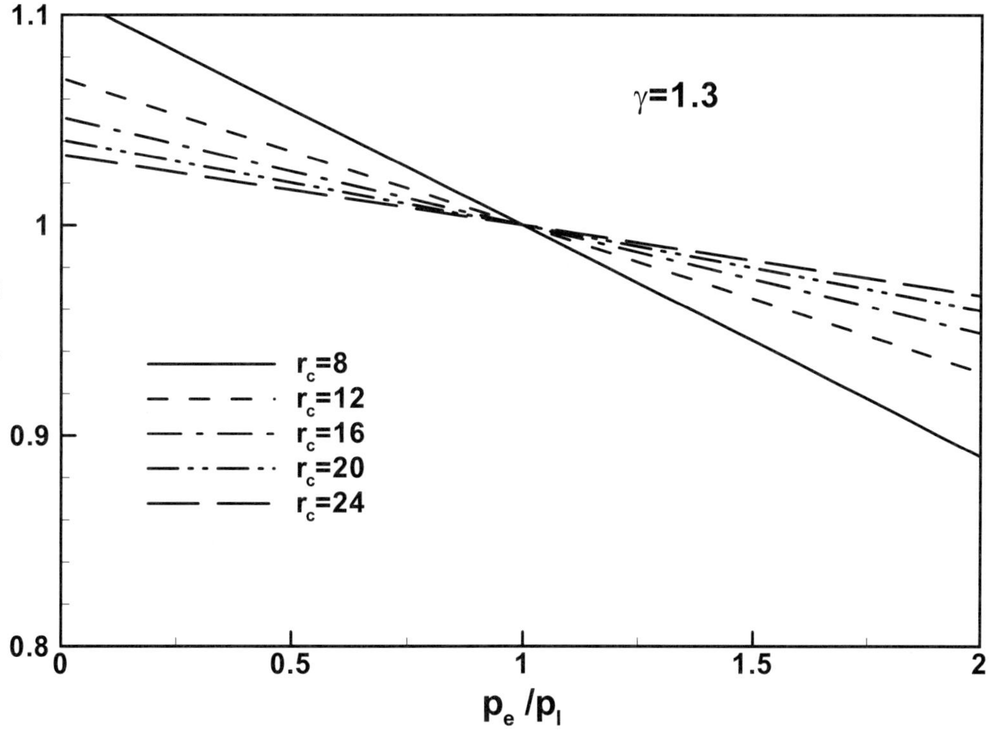

[그림 7-5] 흡배기 압력의 비가 이상적인 사이클의 체적효율에 미치는 영향.

1) 마찰 손실

흡입 행정 중에 흡기계의 각 부분에서 마찰에 의해 실린더 내 압력 p_c는 대기압 p_{atm}보다 속도 제곱에 비례하는 양 만큼 감소한다. 이 전체 압력강하는 흡기시스템을 구성하는 각 부품 즉 공기필터, 스로틀, 매니폴드, 흡기포트, 흡기밸브에서 각각 발생하는 압력 손실의 합이다. 각 손실은 몇 %정도이고 특히 포트와 밸브에서 압력강하가 크게 발생한다. 결과적으로 흡기 과정 중 실린더 내 압력은 최대 피스톤 속도 근처에서 대기압보다 10-20% 정도 낮아진다. 흡기 또는 배기 시스템에서 각 구성품에 대해 베르누이 방정식을 적용하면 다음과 같다.

$$\Delta P_j = \xi_j \rho v_j^2$$

여기서 ξ_j는 구체적인 기하학적 형상에 따라 달라지는 해당 구성품의 유동저항계수이고 v_j는 해당 구성품 위치에서 국부 속도이다. 유동을 준정상이라고 가정하면 v_j는 평균피스톤속도 $\ddot{S}_p$와 다음과 같이 관련된다.

$$v_j A_j = \bar{S}_p A_p$$

여기서 A_f와 A_p는 각각 해당 구성품의 최소 유동 단면적과 피스톤 단면적이다. 따라서 마찰에 의한 전체 준정상 압력손실은 다음과 같다.

$$P_{atm} - P_c = \sum \xi_j \rho v_j^2 = \rho \overline{S^2}_p \sum \xi_j \left(\frac{A_p}{A_j} \right)^2 \qquad (7.6)$$

식 (7.6)이 의미하는 바는 마찰손실을 줄이기 위해서는 유동의 단면적이 커야하고 아울러 마찰 손실이 기관 속도에 따라 달라진다는 것이다. [그림 7-6](a)에 실물 기관에서 측정한 흡기 시스템의 압력 강하를 도시하였다. 기본적으로 속도의 증가(유속의 증가)에 따라 압력 손실이 증가하는 것은 준 정상 상태의 식(7.6)과 일치하지만 실물 기관에서는 마찰 외에 다른 동적 요인의 작용으로 준 정상 상태로 예측한 압력 손실의 경향과는 약간 다르게 나타남을 알 수 있다.

배기 시스템에서도 이와 동일하게 유동에 의한 압력 손실이 발생하여 배기 포트와 매니폴드의 평균 압력 수준은 대기압보다 훨씬 높아서 스로틀 전개 시 최고 속도에서 배기 매니폴드의 압력은 대기압보다 30-60 kPa 정도 높은 수준을 유지한다. [그림 7-6](B)에 스파크점화기관에서 전개 운전을 할 때 기관 속도에 따른 배기 매니폴드 합류점에서의 배기 압력을 나타내었다. 고속 고부하로 갈수록 배기 매니폴드의 압력은 대기압보다 상당히 높음을 알 수 있다.

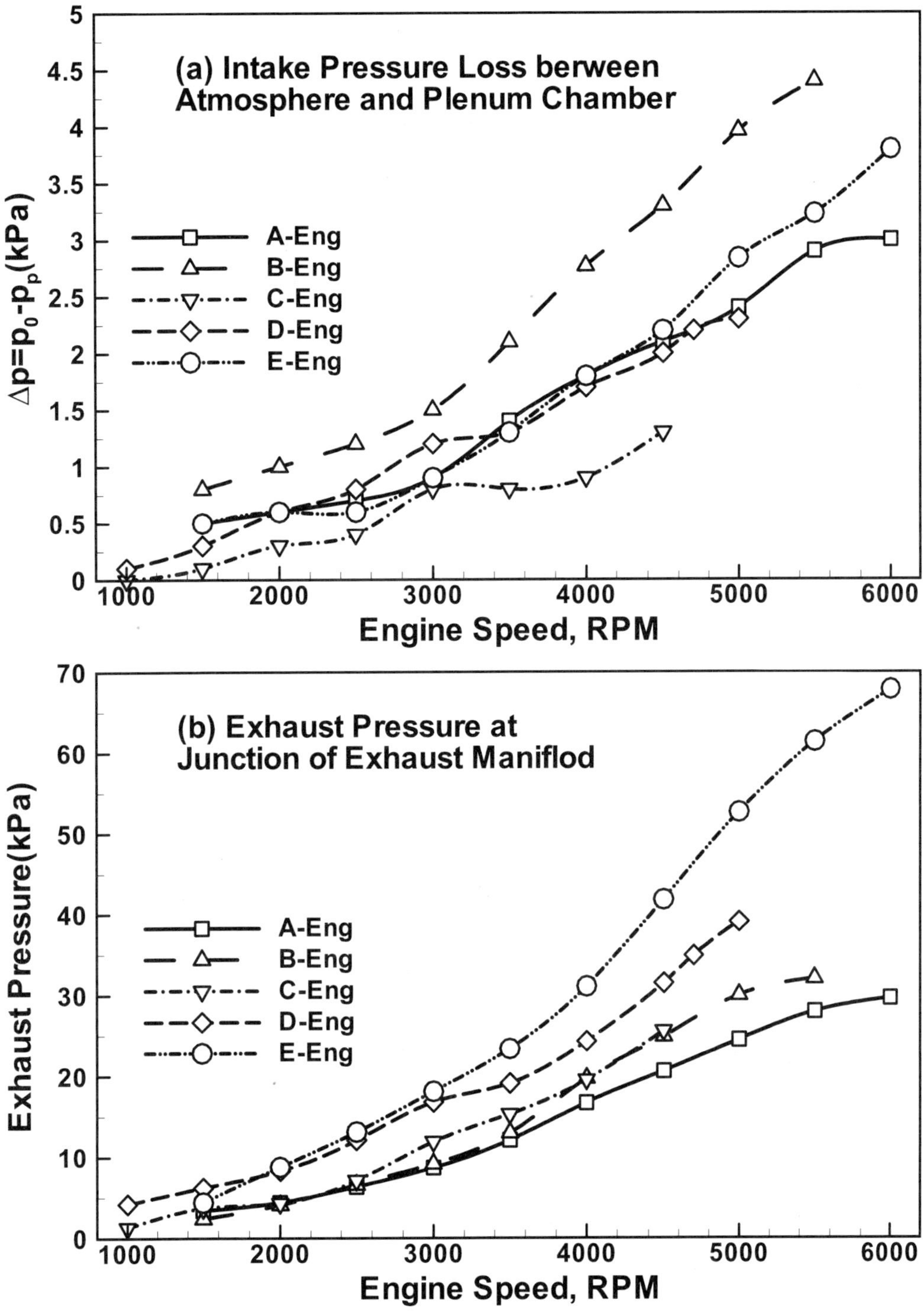

[그림 7-6] 흡기 시스템의 압력 손실과 배기관 입구 압력

2) 램(RAM) 효과

피스톤 속도, 밸브 개도가 변하고 이러한 기하학적 형상 변화에 따른 비정상 유동 효과에 의해 흡입 과정 중에 흡입 매니폴드에서 압력 변동이 발생한다. 실린더 내에 충전되는 공기 질량 즉 결과적으로 체적효율은 흡입 밸브가 닫히기 전 짧은 시간동안의 흡입 포트의 압력 수준에 전적으로 좌우된다. 고속에서 흡입 밸브가 닫힘에 따라 흡기계 내 가스 유동의 관성은 포트 내의 압력을 증가시켜 하사점 근방에서 피스톤의 속도가 낮아지고 압축이 시작되어도 충전과정은 지속된다. 이 효과는 고속으로 갈수록 이 효과는 더욱 증가하게 된다. 이러한 램 효과를 이용하기 위하여 흡입 밸브를 하사점 이후 40~60°에서 닫아 준다.

3) 흡기관으로의 역류

흡입 밸브는 압축행정이 시작되는 하사점을 지나서 닫히기 때문에 피스톤이 상사점을 향해 상향 운동을 하면 실린더 내부압력이 상승하고, 이에 따라 신기가 흡기 쪽으로 다시 역류할 수도 있다. 이러한 역류 현상은 기관의 속도가 낮을수록 증가한다. 이 저속 역류는 고속에서 램(Ram) 효과를 얻기 위해서 흡입 밸브의 닫힘을 하사점 이후로 설정하였기 때문에 불가피한 현상이기도 하다.

4) 튜닝

각 실린더의 배기 과정에서 발생하는 맥동류는 배기계 내에 압력파를 유발한다.

이 압력파는 배기 유동에 대해 상대적으로 국부 음속(Local Sound Velocity)으로 전파된다. 압력파는 배기 매니폴드와 배기관에서 말단부 및 합류점 등과 상호작용을 하고 여기서 반사되어 다시 실린더로 전파되는 압력파를 발생시킨다. 다기통에서 배기를 통해 전파하고 말단부에서 반사하는 압력파는 각 실린더마다 발생하여 상호 간섭을 할 수 있다. 이 압력파는 가스교환에 도움을 주거나 또는 방해를 할 수 있다. 압력파가 배기과정 말에 포트 내의 압력을 감소시켜 배기 과정에 도움이 되면 때 배기시스템이 튠(Tuned)되었다고 한다.

실린더 내로 유입되는 흡입 유동은 시간에 따라 변하기 때문에 흡기 매니폴드로 되돌아오는 팽창파가 발생한다. 이 팽창파는 흡기 매니폴드의 개방된 말단부(즉 플레넘, Plenum)에서 반사될 수 있고, 반사가 되면 양(+)의 압력파가 실린더로 쪽으로 전파된다. 이 압력파의 시기가 적절히 조절되면 양(+)의 압력파는 흡기 과정 말에 흡입밸브에서의 압력을 정상 흡입압력보다 높게 만들어 주고 결과적으로 흡기 공기 질량을 증가시킨다. 이 경우 흡기 시스템이 튠(Tuned)되었다고 한다. 흡기의 튜닝이 매우 효과적으로 일어난 경우 과급을 하지 않더라도 체적효율은 130% 정도까지 달하기도 한다.

위에서 언급한 여러 가지 현상이 복합되어 흡배기 시스템 내에서는 매우 복잡한 형태의 압력 변동이 발생한다. [그림 7-7]과 [7-8]에 4행정 스파크점화기관을 전개 상태로 운전할 때, 가스교환 기간 중 발생한 흡배기 시스템 내의 압력 변동에 의해 야기된 실린더 내의 압력 변동을 운전 속도 별로 나타내었다. 실제 흡기 시스템과 배기 시스템 내에서는 이것보다 훨씬 복잡한 형태의 압력 변동이 발생한다. 그림에서 알 수 있듯이 압력 변동은 기본적으로 매우 복잡한 형태를 지니고 있다. 압력 변동의 폭은 고속으로 갈수록 증가함을 알 수 있으며 기본 주파수는 일차적으로 각 실린더의 흡배기 주파수와 일치한다.

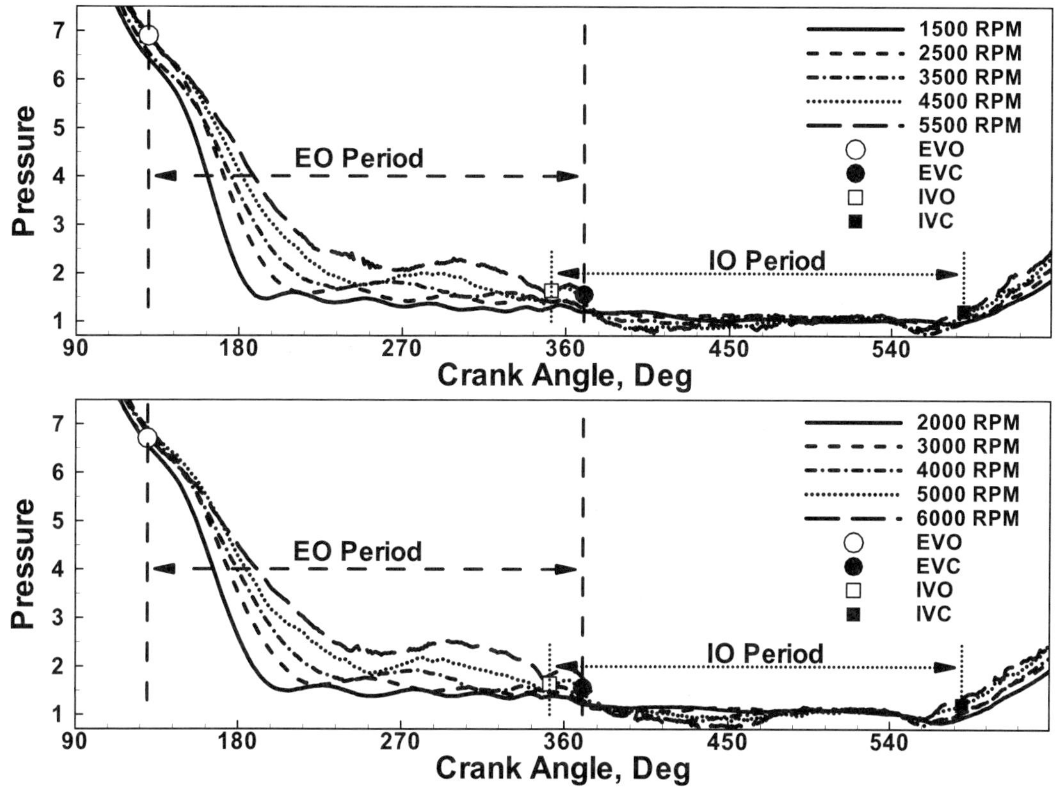

[그림 7-7] 가스 교환 기간 중 실린더 내 압력변화

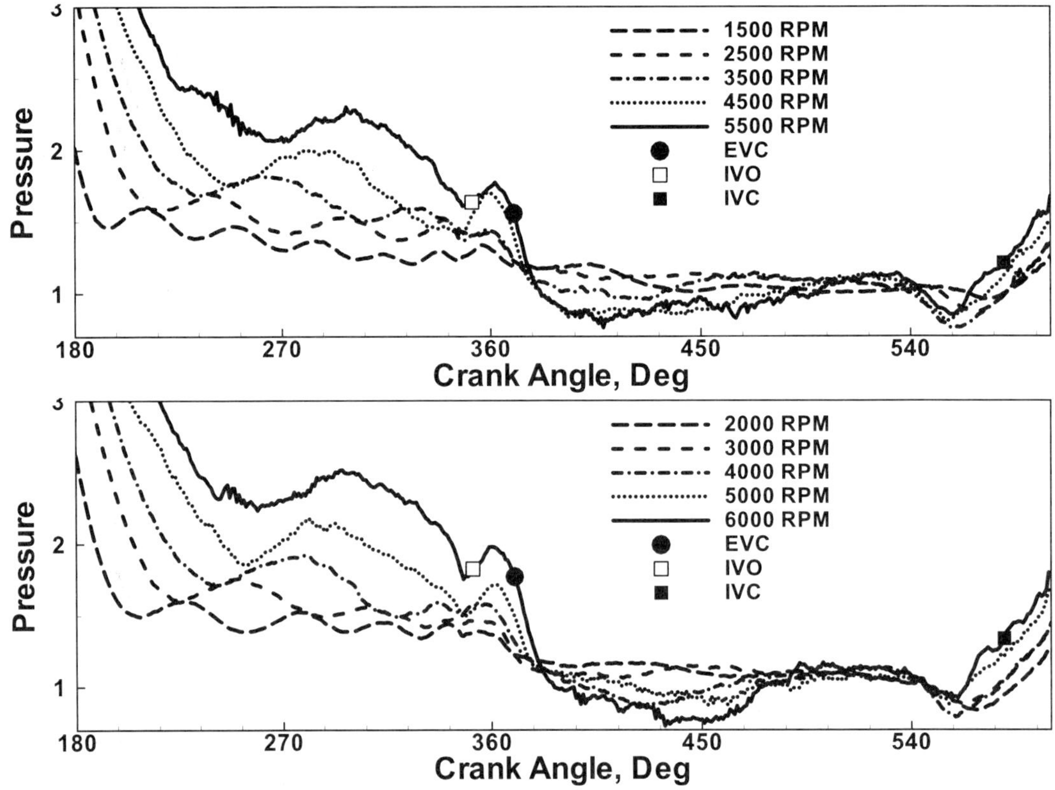

[그림 7-8] 가스 교환 기간 중 실린더 내 압력변화

7.2.3 속도 및 밸브계의 영향

체적효율에 대한 유동의 영향은 흡기계의 매니폴드, 포트 및 밸브에서 신기 혼합기의 유속에 좌우된다. 준 정상인 경우 국부적 유속은 체적유량을 해당 부위의 단면적으로 나누어 구할 수 있다. 흡기계와 밸브의 치수는 근사적으로 보어에 비례하기 때문에 흡기계에서 혼합기의 속도는 피스톤 속도에 비례한다. 따라서 서로 다른 기관에 대해 속도가 체적효율에 미치는 영향을 비교하기 위해서는 동일한 평균 피스톤 속도에서 비교를 하여야 한다. [그림 7-9]에 자동차용 4기통 스파크점화기관과 4기통 간접분사식 압축착화기관의 체적효율을 평균피스톤 속도에 대해 도시하여 비교하였다.

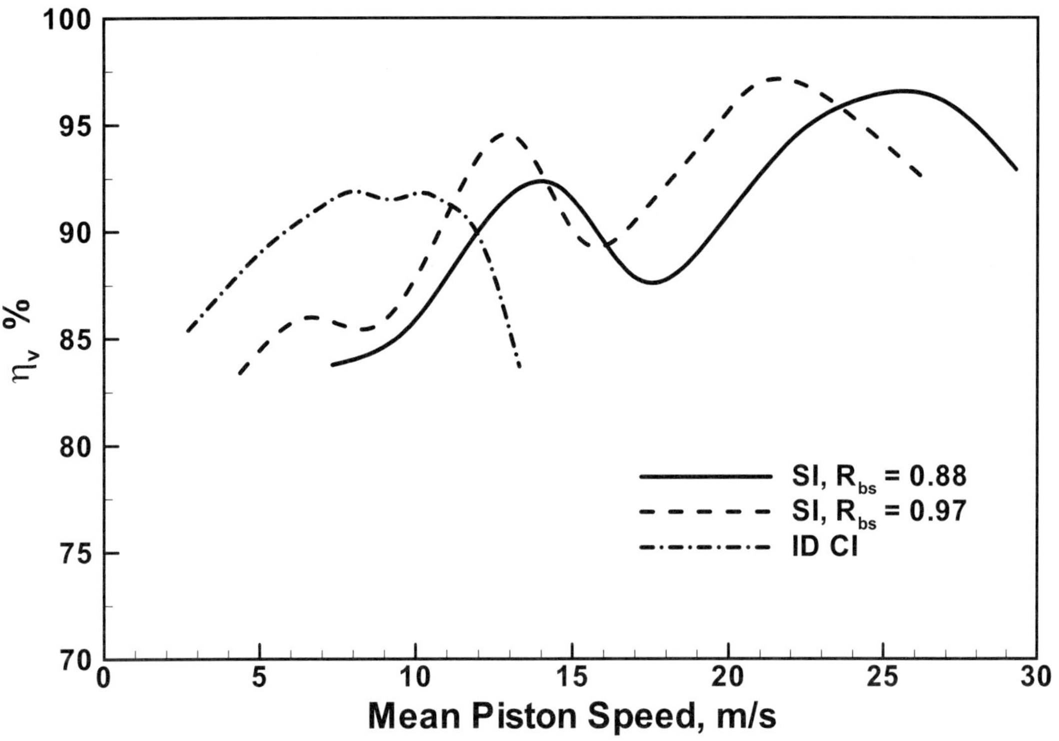

[그림 7-9] 평균 피스톤 속도에 대한 자동차용 SI 기관과 CI 기관의 체적효율

압축착화기관의 주 운전 구간에 해당하는 평균 피스톤 속도에서는 스파크점화기관의 체적효율이 낮으나, 스파크점화기관은 압축착화기관보다 상대적으로 고속으로 운전하고 따라서 평균 피스톤 속도가 높은 곳에서는 스파크점화기관의 체적효율이 훨씬 높음을 알 수 있다. 또한 압축착화기관은 전 운전 영역에 걸쳐 체적효율의 변화가 스파크점화기관보다 적은 것이 특징이기도 하다. 기화기를 사용하는 2 밸브 스파크점화기관의 경우에는 스로틀, 기화기 등에 의한 흡기계 유동 손실이 압축착화기관보다 크고, 흡기 매니폴드에서의 가열, 연료 증기의 존재 및 높은 잔류 가스율 등으로 압축착화기관에 비해 체적효율이 낮았으나, 현재에는 대부분의 스파크점화기관에서 인젝터를 사용하고, 기관의 연소실이 큰 밸브를 장착하는데 보다 유리한 형상을 가지고 있고 이와 더불어 흡배기 효율 증대를 위해 다 밸브화가 진행되면서 체적효율이 대폭적으로 증가하여 오히려 압축착화기관보다 높은 체적효율을 보이고 있다. 그리고 다 밸브 스파크점화기관의 흡기 포트는 대부분 최대 유량의 확보에 주안점을 두고 설계되는 반면 압축착화기관의 포트는 유량 외에 와류 유동과 같은 유동 특성의 구현도 주요한 설계 변수가 되는데, 이점도 스파크점화기관의

체적효율이 높은 이유 중 하나이다.

흡배기 시스템의 튜닝(Tuning) 효과에 의해 체적효율에서 두개의 정점이 나타나는데, 처음 나타나는 정점은 기관의 운전 속도가 증가함에 따라 체적효율에 부정적 영향을 주는 역류, 벽면 가열 등의 효과가 감소하면서 점차 체적효율이 증가하고 이와 함께 흡배기계의 튜닝에 의해 나타난 것이다. 이어 나타나는 두 정점 사이의 낮은 체적효율은 주로 튜닝 효과가 사라지고 추가로 배기의 압력파가 가스 교환을 방해하여 나타난 결과이다. 평균 피스톤 속도가 높은 곳에서 나타나는 두 번째 정점은 주로 흡기계의 램 효과와 튜닝에 의해 체적효율이 증가한 것이다.

이후 고속에서 다시 체적효율의 감소하는 것은, 정성적으로 마찰 손실은 흡기의 유속(평균피스톤 속도)의 제곱에 비례하므로 유속의 증가에 따른 압력 손실이 대폭 증가하여 이 효과가 램 효과에 의한 유량 증가 효과를 상쇄하고 추가로 유량을 감소시킨 것이 주요인이 되어 나타난 현상이다.

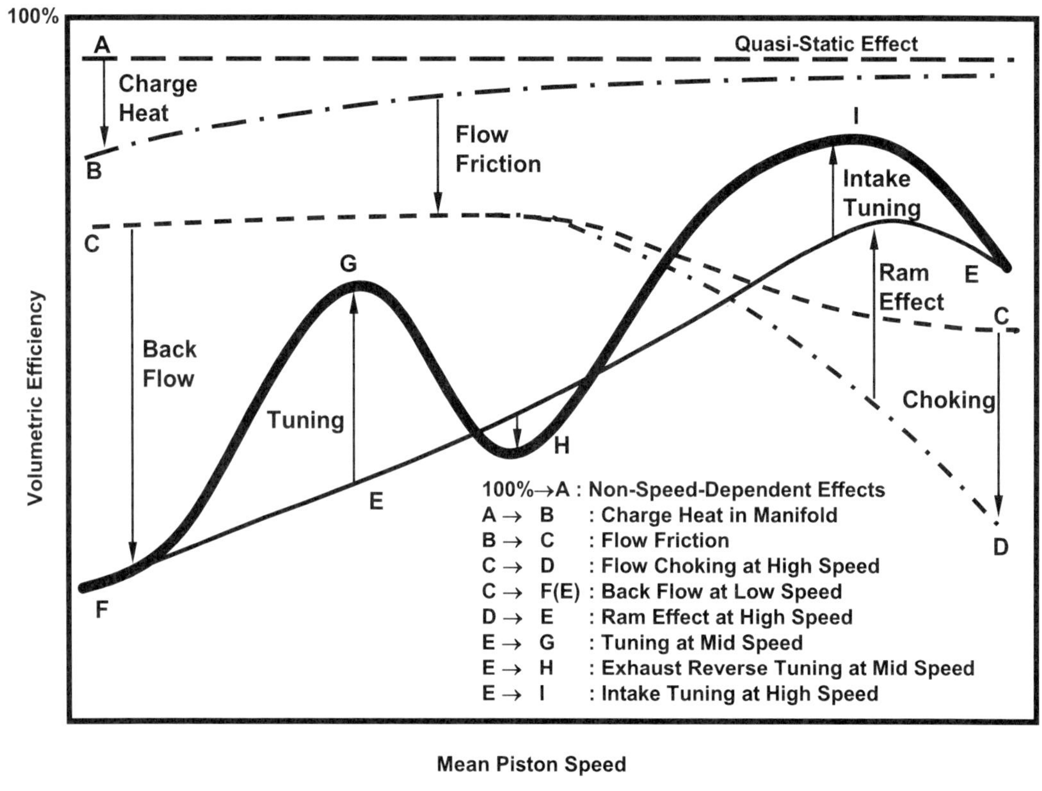

[그림 7-10] 속도의 변화에 따라 여러 현상이 체적효율에 미치는 영향

이러한 평균 피스톤 속도에 따른 체적효율의 변화와 그 원인을, [그림 7-9]에 나타낸 R_{bs}=0.88인 장행정(Under Square) 기관을 예로 들어 [그림 7-10]에 도시하였다. 이것은 앞에서 설명한 여러 가지 현상들이 속도의 변화에 따라 체적효율에 영향을 미치는 메커니즘을 설명하기 위해 개략적으로 도시한 것이다.

먼저 속도에 무관한 준 정상 효과 즉 연료 증기가 흡입 혼합기의 중에 차지하는 분압 등에 의해 체적효율은 100%이하로 내려간다.(곡선 A) 매니폴드와 실린더에서 흡입 혼합물이 가열되어 체적효율은 다시 곡선 A에서 B로 저하되는데 저속에서 이 효과가 더 큰 이유는 공기가 머무는 시간이 더 길어 그 만큼 가열을 더 많이 받기 때문이다. 마찰에 의한 유동 손실은 기관의 속도(유속)의 제곱에 비례하고 이에 따라 곡선은 추가로 B에서 C로 낮아진다. 고속 영역에서는 흡입 과정 중 최소한 일정 기간 동안 유동은 질식(choking)된다. 일단 이 현상이 발생되면 속도를 더 증가시켜도 단면적 당 유량은 증가하지 않기 때문에 체적효율은 급격히 감소하여 곡선 C에서 D로 대폭 낮아진다.

흡기 밸브가 닫히는 시점을 늦추는 효과는 고속과 저속에서 서로 상반된 결과를 가져온다. 먼저 저속에서는 흡입 공기의 유속이 빠르지 않아 관성이 충분히 크지 않기 때문에 램 효과는 거의 없고, 하사점 이후 피스톤의 상승에 의해 실린더 내로 들어온 공기가 다시 흡기 쪽으로 역류를 하여 체적효율이 곡선 F 수준까지 저하한다. 고속인 경우 속도가 빨라질수록 흡입 공기의 관성이 증가하고, 이에 따라 피스톤이 상승하여 실린더의 체적이 감소하여도 공기는 계속해서 실린더 내로 유입되어 체적효율이 곡선 E 수준 까지 증가한다.

마지막으로 흡배기 시스템 내에서 존재하는 압력파에 의한 튜닝 효과에 대해 논의하겠다. 아주 저속인 경우 준 정상 효과, 가열, 마찰 손실과 역류에 의해서만 체적효율이 영향을 받는다. 이후 속도의 증가에 따라 점차 램 효과의 영향이 증가하여 체적효율이 점차 높아지다가 배기계의 튜닝 효과에 의해 중속 영역에서 곡선 E에서 G로 증가한다. 배기계의 튜닝 효과가 최대로 된 이후 속도의 변화에 따라 압력파가 배기 포트에 도착하는 위상이 달라지는데, 이로 인해 이 압력파가 튜닝이 되었을 때와는 달리 역으로 배기 과정을 방해하여 실린더 내 잔류 가스가 증가하고, 결과적으로 체적 효율이 곡선 E에서 H수준으로 감소한다. 배기 압력파의 간섭으로 최저점에 다다른 체적효율은 이후 이 효과의 감소와 램 효과의 증가에 의해 속도의 증가에 따라 증가하다가 중고속 영역에서 흡기 시스템의 튜닝 효과에 의해 대폭 증가한다. 이 과정은 그림에서 곡선 E에서 I로 이동하는 경우에 해당한다. 이러한 여러 현상의 작용으로 속도에 따라 체적 효율은 최종적으로 곡선 F-G-H-I의 형태가 된다.

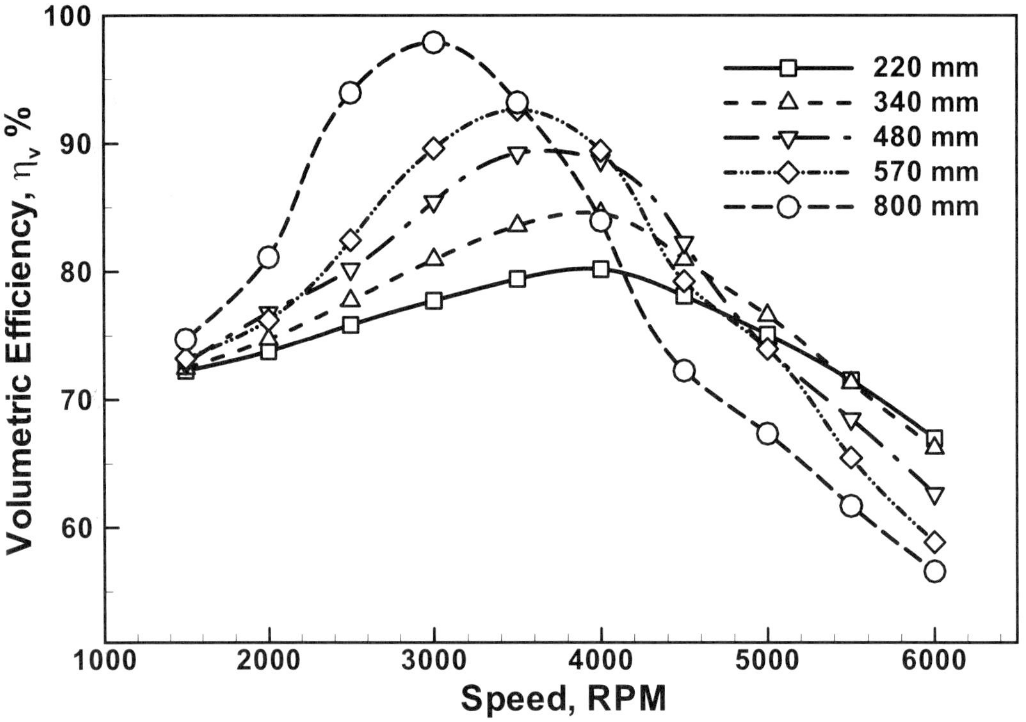

[그림 7-11] 흡입관(Runner)의 길이가 체적 효율에 미치는 영향

[그림 7-11]에 흡기 매니폴드 관(Runner)의 길이에 따라 흡기 튜닝 효과가 달라져 이것이 체적효율에 미치는 영향의 예를 도시하였다. 이 그림은 2기통 스파크 점화기관의 가스 교환과정을 비정상 유동으로 간주해 수치 해석을 통해 구한 것이다. 그림에서 흡기관의 길이가 340mm 근방에 있는 경우 저속에서 고속까지의 체적 효율이 큰 변화가 없이 고르게 나타나는 비교적 튜닝이 잘된 특성을 가지고 있다. 흡기관의 길이가 가장 긴 경우 저속에서 공기유량은 증가하지만 반면에 고속에서 지나치게 체적효율이 감소하므로 이를 실제로 적용하기는 어렵다.

다음으로 밸브의 개폐시기와 양정이 체적 효율에 미치는 영향에 대해 논의해 보겠다.

[그림 7-12]에 4행정 스파크점화기관에서 밸브 개폐 시기가 체적 효율에 미치는 영향을 나타내었다. 흡입밸브의 닫힘이 빨라지면 역류에 의한 손실이 줄어들어 저속에서 체적효율이 증가한다. 반면 고속에서 램 효과의 감소로 체적 효율이 저하된다. 통상적인 밸브 닫힘 시기보다 크게 지연된 경우 고속에서만 체적 효율이 증가된다.

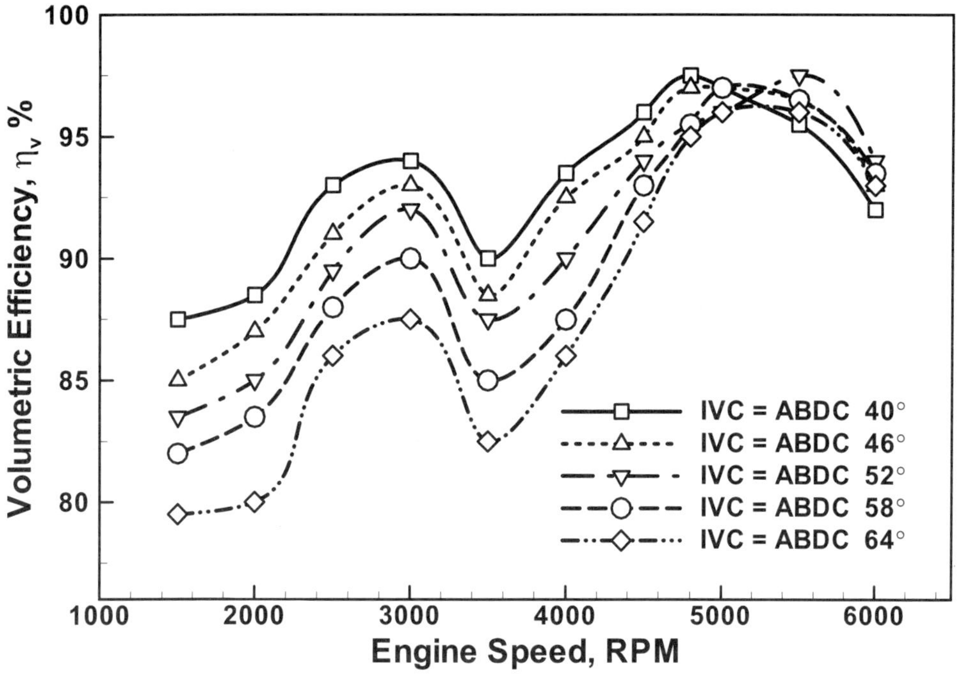

[그림 7-12] 흡기밸브 닫힘 시기가 체적 효율에 미치는 영향

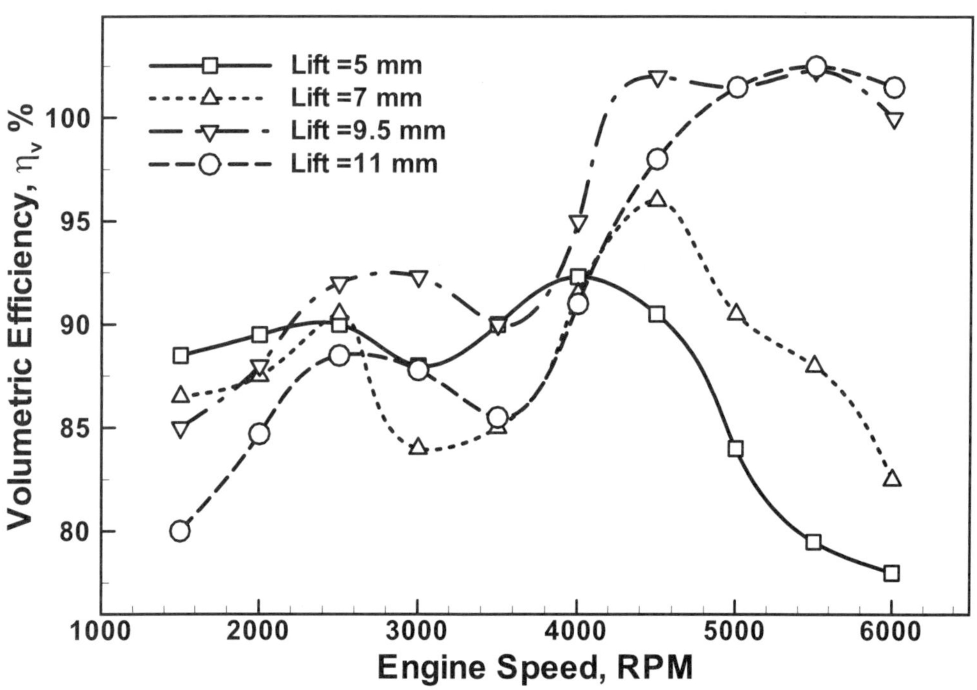

[그림 7-13] 밸브 양정이 체적효율에 미치는 영향

[그림 7-13]에 밸브 양정과 체적효율과의 관계를 도시하였다. 밸브 양정이 낮은 경우 저속에서는 체적효율에 큰 차이가 발생하지 않으나 중속 이후 고속 영역에 걸쳐 효율이 큰 축으로 감소하고 있음을 알 수 있다. 밸브 양정이 지나치게 높아 어느 한계치 이상이 되면 더 이상 체적효율의 증가효과가 확실히 나타나지 않는데 이는 밸브 주위의 유효 유동 면적이 더 이상 증가하지 않기 때문이다.

7.3 밸브를 통과하는 유동

밸브, 또는 밸브와 포트는 4행정 기관의 흡배기 시스템에서 가장 중요한 유동 저항이다. 이제부터 포핏(Poppet) 밸브를 통과하는 유동 특성에 대해 살펴보겠다.

7.3.1 포핏 밸브의 형상과 밸브 개폐시기

[그림 7-14]에 포핏 밸브 헤드와 시트의 주요한 기하학적 파라미터를 나타내었다. 밸브의 특성을 나타내는 주요 변수에는 밸브 헤드의 직경 D_v, 포트의 시트 부위와 함께 유동 면적을 결정하는 밸브의 내부 시트 직경(ISD : Inner Seat Diameter) D, 밸브의 양정 L_v, 그리고 시트의 각도 β 등이 있다. 밸브는 포트와 함께 흡기계 내에서 가장 중요한 유동저항이며 따라서 밸브 주위의 유동은 기관의 실린더 내 유동 특성과 유량을 지배하는 매우 중요한 인자이다. 특히 공기가 실린더로 유입되는 입구인 밸브 시트 면 주변의 유동은 매우 중요하며 따라서 설계 시 그 형상에 매우 주의를 기울인다. [그림 7-15]에 밸브 시트 면 주변의 자세한 형상을 나타내었다.

[표 7-1] 실린더 보어에 대한 밸브 헤드 직경

연소실 형상	흡기	배기
Wedge/bathtub	0.43-0.52B	0.35-0.37B
Bowl-in-Piston	0.42-0.44B	0.34-0.37B
Hemispherical	0.48-0.57B	0.41-0.43B
Pent-roof(4 valve)	0.35-0.37B	0.28-0.32B

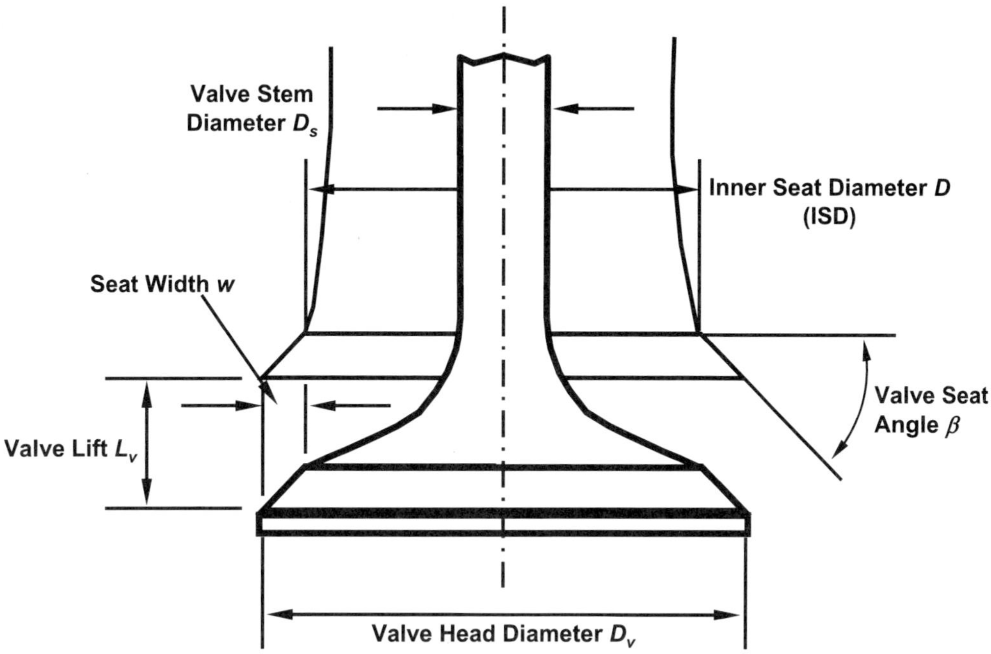

[그림 7-14] 포핏 밸브의 형상과 주요한 기하학적 파라미터

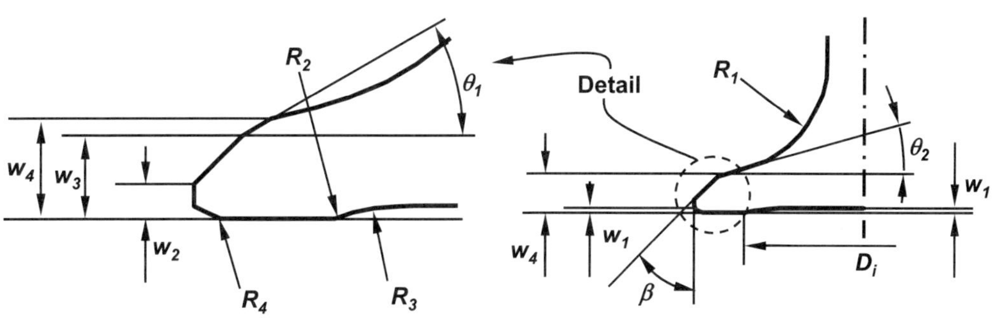

[그림 7-15] 밸브 시트 면 주위의 상세한 형상

4행정 스파크점화기관의 흡배기 밸브의 양정의 예를 [그림 7-16]에 나타내었다. 그림에서 점선은 배기 밸브이고 실선은 흡기 밸브이며 (a)는 로커 암을 사용하는 경우이고 (b)는 캠이 밸브와 접촉하는 직접 작동(Direct Acting) 방식의 예이다. 양자의 차이는 통상적으로 로커 암 방식이 직접 작동 방식에 비해 양정이 높은 반면 밸브의 개방 초기에 양정의 상승 속도가 느린 것이 특징이다.

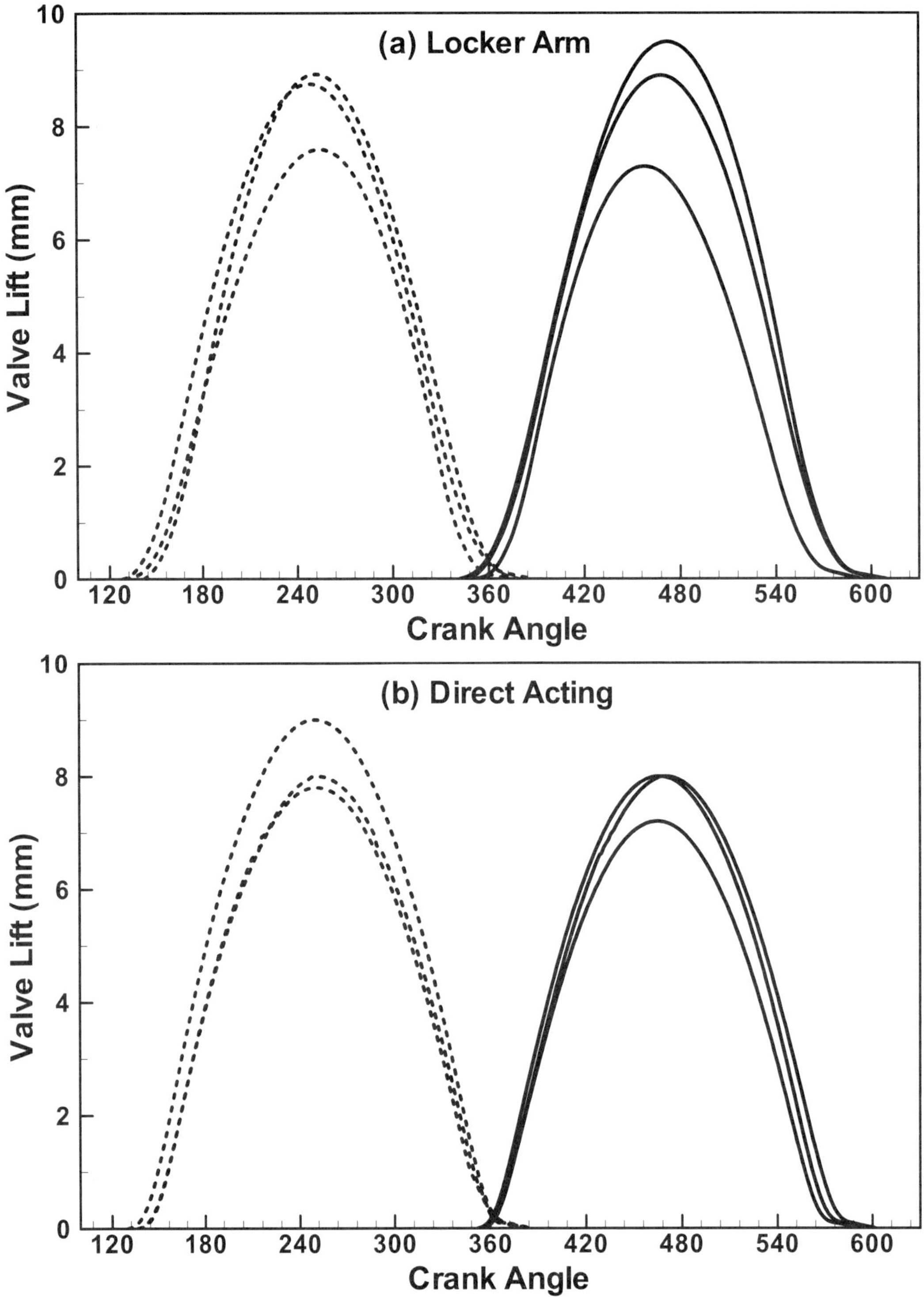

[그림 7-16] 4행정 스파크점화기관의 밸브 양정 곡선

밸브의 양정을 크랭크 각에 대해 적분한 것을 면적 적분(Area Integral)하여 전체적인 밸브의 열림 정도를 비교하기도 하는데 로커 암 방식의 양정 상승이 더디므로 동일한 적분 값을 가지기 위해서는 로커 암 방식의 양정이 더 높아야 한다.

실제 밸브는 정확히 개폐 점에서 작동이 시작되는 것이 아니고 열리고 닫히는 시점에 밸브 거동의 급격한 변화를 줄이기 위해 캠에 의해 눌려지기는 하나 실제 작동을 하지 않는 램프(Ramp) 구간이 존재한다. 이 램프 구간에서 양정의 변화는 매우 작고, 특히 밸브가 닫힐 때는 밸브가 밸브 시트에 급격히 접촉하는 것을 방지하기 위해 램프 구간이 더 길고 양정의 변화도 작으며 실제 닫힘 시기를 지나도 양정은 양으로 되어 있기도 한다.

[그림 7-17]에 밸브 겹침 기간을 중심으로 하여 몇 가지 기관의 흡기 밸브의 열림과 배기 밸브의 닫힘 시기 및 양정을 나타내었다. 이 양정 곡선은 최대 밸브 양정을 기준으로 작성되었는데 공칭의 밸브 시기가 물리적으로 정확히 밸브가 열리고 닫히는 시점과 반드시 일치하지 않음을 알 수 있다. 따라서 일반적으로 밸브의 개폐시기에 대한 보편적인 기준은 없으며 여러 가지 표준을 만들어 사용한다. 예를 들어 SAE에서는 기준 밸브 양정점에 기초하여 다음과 같이 밸브의 개폐시기를 정의하기도 한다.

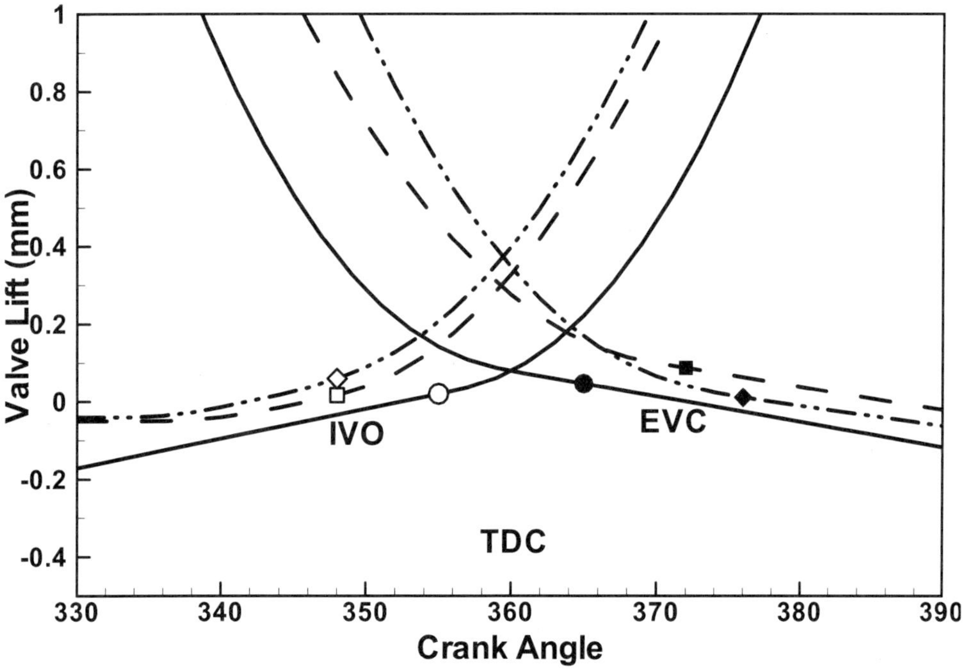

[그림 7-17] 밸브 겹침 구간에서 실제 양정과 밸브시기

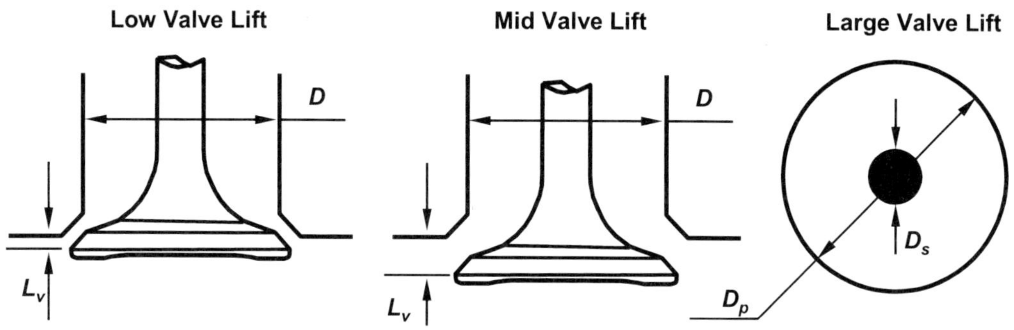

[그림 7-18] 밸브 주위의 순간 유동 면적의 범주

1) 유압식 : 밸브 개폐 점은 0.15 mm 밸브 양정 점.

2) 기계식 : 밸브 개폐 점은 규정된 간극에 0.15 mm를 더한 점.

또 다른 방법으로 밸브 개폐시기를 양정 곡선을 따라 각(기울기)을 기준으로 정의하기도 하는데 이러한 정의보다 중요한 것은 밸브가 열린 영역을 통한 실질적인 가스유동이 시작되고 멈추는 시기이다.

순간 밸브 유동 면적은 밸브 양정과 함께 밸브 헤드, 시트와 스템의 기하학적 세부 형상에 따라 달라진다. 이러한 밸브 유동 면적의 발달은 밸브 양정의 증가에 따라 [그림 7-18]에 나타낸 바와 같이 밸브 양정이 낮은 경우, 밸브 양정이 중간 정도인 경우 그리고 밸브 양정이 충분히 큰 세 범주로 분리하여 구분할 수 있다. 낮은 밸브 양정에서 최소 유동 면적은 밸브와 시트 사이에 형성되는 원뿔에서, 원뿔주위를 둘러싸고 밸브 시트에 대해 직각으로 띠(대, 台) 모양으로 형성된다. 이 단계에서는 다음과 같은 관계가 성립된다.

$$\frac{w}{\sin\beta\cos\beta} > L_v > 0$$

그리고 최소 유동 면적은 다음과 같다.

$$A_m = \pi L_v \cos\beta\left(D_v - 2\omega + \frac{L_v}{2}\sin 2\beta\right) \tag{7.7}$$

여기서 β는 밸브 시트 각도, L_v는 밸브 양정, D_v는 밸브헤드 직경(시트의 외경)w는 시트 두께(내부와 외부시트의 반경 차)이다.

두 번째 단계에서 최소 유동 면적은 여전히 원뿔 주위에 띠 형태의 경사면에 있으나 시트에 대해 직각이 아니다. 원추의 기본 각은 $(90-\beta)°$에서 시작하여 실린더 쪽으로 의 90°까지 증가한다. 이 단계에서 최소 유동 면적은 다음과 같다.

$$\left[\left(\frac{D_p^2-D_s^2}{sD_m}\right)-w^2\right]^{1/2}+w\tan\beta \geq L_v > \frac{w}{\sin\beta\cos\beta}$$

$$A_m=\pi D_m\left[(L_v-w\tan\beta)^2+w^2\right]^{1/2} \tag{7.8}$$

여기서 D_p는 포트직경, D_s는 밸브스템 직경, D_m은 평균시트 직경 즉 (D_v-w)이다.

마지막으로 밸브 양정이 충분히 클 때는, 최소 유동 면적은 더 이상 밸브헤드와 시트 사이에 존재하지 않는다. 이 때의 면적은 포트의 유동 면적에서 밸브 스템의 면적을 뺀 면적이 된다. 즉 다음과 같다.

$$L_v > \left[\left(\frac{D_p^2-D_s^2}{4D_m}\right)\right]^{1/2}+w\tan\beta$$

$$A_m=\frac{\pi}{4}\left(D_p^2-D_s^2\right) \tag{7.9}$$

[그림 7-19]에 각 단계에서 밸브 양정과 그에 따른 최소 유동 면적의 변화를 캠 각도에 대해 나타내었다. 최대 밸브 양정은 통상 실린더 보어의 약 12%이다.

흡기밸브의 열림 시기(IVO : Intake Valve Open)는 통상적으로 상사점 전(BTDC) 5~20°CA이다. 상사점에 도달하기 전에 밸브를 개방하는 이유는 피스톤 속도가 큰 곳에서 밸브의 열림 면적을 크게 하고 흡입 초기에 실린더 압력이 내려가는 것을 방지하기 위해서이다. IVO 값을 크게 하면 밸브 겹침 기간(Overlap Period)이 길어지는데 겹침 기간이 길어지면 저속에서는 배기의 역류 량이 증가하여 잔류가스가 증가하므로 체적 효율이 저하되고 고속에서는 동적 효과의 증대에 의해 체적 효율이 향상되는 경향이 있으나 비교적 성능에 미치는 영향은 적다. 연속 가변 밸브 시기 방식에서는 이것으로 겹침 기간을 조정하여 최고 출력보다는 주로 연비와 배기의 개선을 도모하기도 한다.

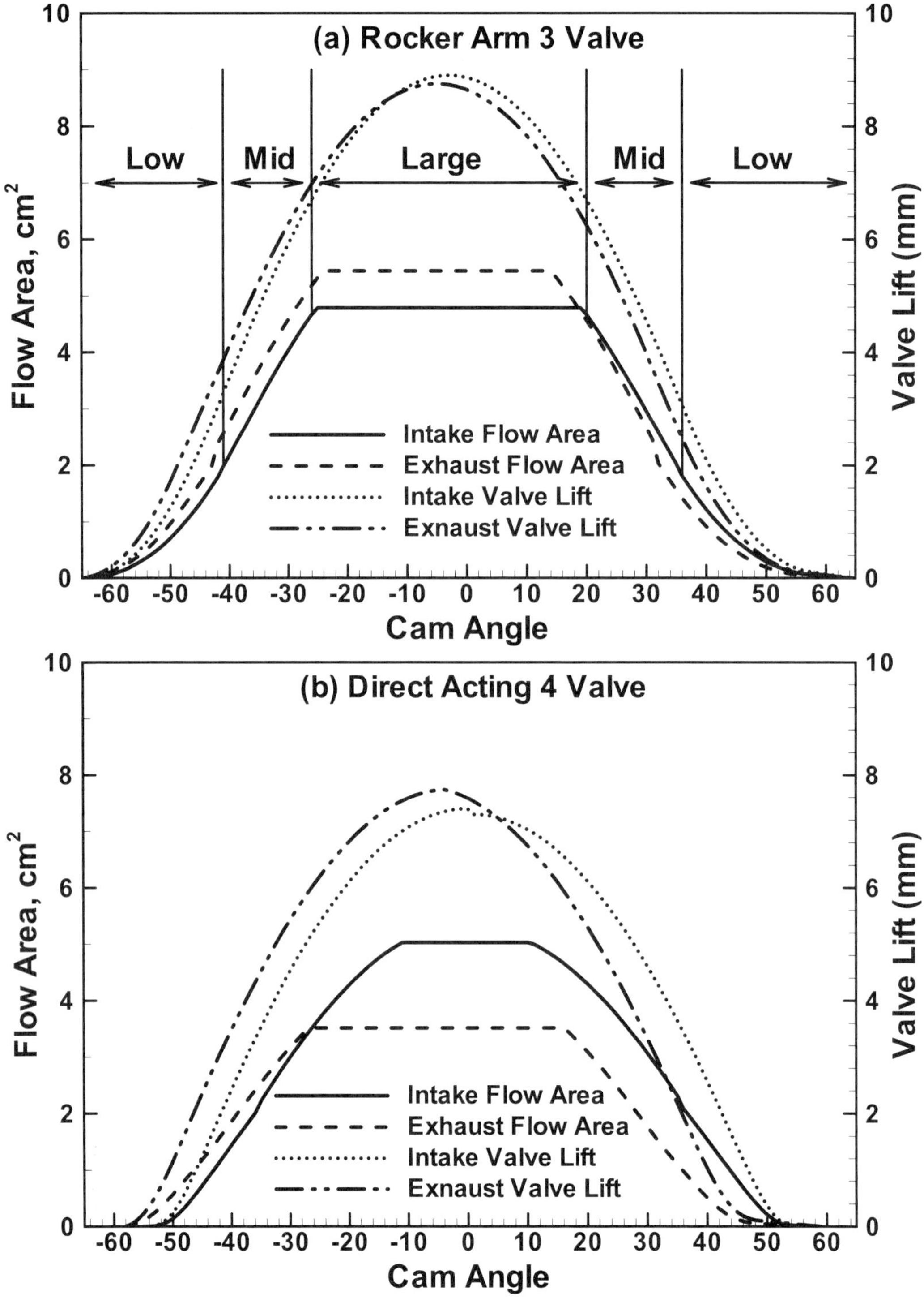

[그림 7-19] 밸브 양정 변화에 따른 최소 유동 면적의 변화

흡기 밸브 닫힘 시기(IVC : Intake Valve Close)는 하사점 후(ABDC) 30~60° CA 근방으로 설정되는데 이렇게 하사점 이후로 설정하는 이유는 하사점에서 실린더 내 압력이 흡기관 압력보다 낮으므로 공기의 충전 시간을 더 확보하기 위함이다. IVC는 모든 밸브 시기 중 체적 효율에 미치는 고속에서의 램 효과와 저속에서의 역류 효과가 체적 효율에 서로 상반된 영향을 준다.

배기 밸브 열림 시기는(EVO : Exhaust Valve Open) 하사점 전(BBDC 50~60° CA 근방인데 이때 배기 밸브가 열리면 팽창 행정이 진행 중이기 때문에 실린더와 배기 관 사이의 큰 압력차에 의해 블로우 다운이 발생하여 배기가스가 배출된다. 이렇게 조기에 배기 밸브를 개방하는 이유는 전체 기관 운전 영역에 걸쳐 하사점 이후 가능하면 빨리 실린더 압력을 배기 매니폴드 압력 수준으로 낮추기 위해서이다. EVO는 유효 팽창비를 좌우하므로 사이클의 효율에 관여하지만 체적 효율에 미치는 영향은 적다. 이 시기의 결정은 팽창일과 블로우 다운 사이의 상쇄 효과(Trade-off)를 고려하여 결정한다.

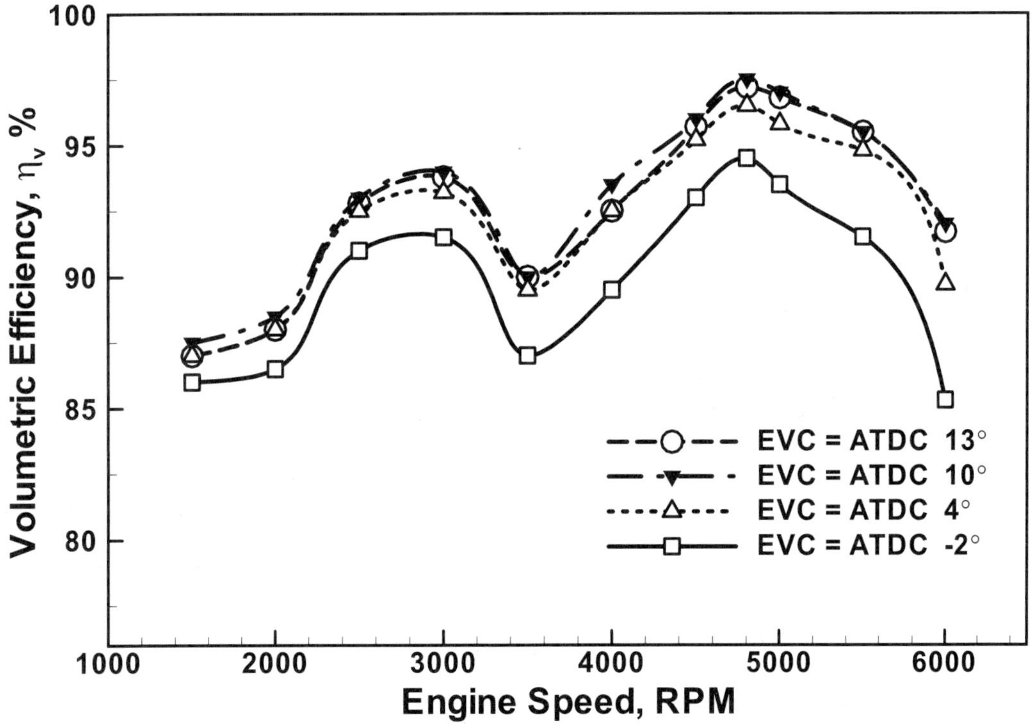

[그림 7-20] 배기 밸브 닫힘 시기가 체적 효율에 미치는 영향

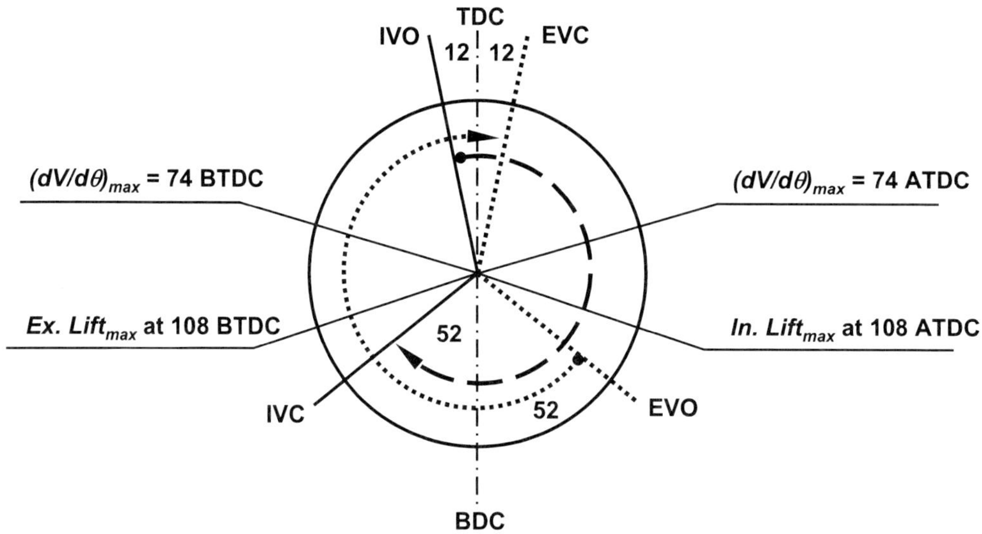

[그림 7-21] 최대 피스톤 속도 및 밸브 양정 위치(R=3.06, 12/52/52/12)

배기 밸브 닫힘 시기(EVC :Exhaust Valve Close)는 상사점 후(ATDC) 5~20° CA 에 위치하는데 이 시기는 IVO와 함께 밸브 겹침 기간을 결정한다. 또한 스파크 점화기관에서는 부하가 낮을 때 흡기관의 압력이 스로틀에 의해 저하된 상태이므로 흡-배기관의 압력차에 의해 연소실로 역류되는 배기 양이 이 시기에 의해 을 결정되는데 EVC가 너무 늦으면 배출가스가 배기 포트로부터 역류에 의해 잔류가스가 증가한다. 고속 고부하에서는 기연가스의 배출량을 결정하는데 EVC가 너무 이르면 배기가 충분하게 이루어지지 못하여 잔류 가스량이 증대되어 체적효율이 저하된다. 또한 EVC는 실린더의 압력이 배기 행정 말기의 압력 근방까지 상승하지 않도록 충분히 상사점을 지난 이후로 설정되어야 한다. EVC를 늦추면 저속 토크와 아이들 성능 등이 저하하는 반면 고속 출력은 증가한다. [그림 7-20]에 배기 밸브의 닫힘 시기가 체적효율에 미치는 영향을 도시하였다. 배기 밸브의 닫힘이 상사점 이전이면 배기관에서 연소실 쪽으로의 역류는 없으나 배기가 충분하지 않아 잔류 가스량이 증대되고 실린더 내 압력이 높아 흡입과정에 장애가 되므로 체적 효율이 대폭 낮아짐을 볼 수 있다. 닫힘 시기가 상사점 후로 설정되면 이러한 영향이 줄어들어 체적 효율이 증가하며 그림에서 예시한 기관의 경우 ATDC 10° 근방에서 체적효율이 최대가 된다. EVC도 체적 효율에 영향을 주지만 IVC만큼 크지는 않음을 알 수 있다.

주의해야 할 것은 [그림 7-21]에 나타낸 것처럼 실린더 체적변화가 가장 큰 크랭크 각 즉 피스톤 속도가 가장 큰 크랭크 각은 커넥팅로드 길이와 크랭크 반경과의 비($R=l/s$)에만 영향을 받아 상사점 전후 72-75°에서 나타나며 R이 클수록 지연되는 반면, 최대 밸브 양정 각도는 밸브 개폐시기에 따라 그리고 캠 형상 설계에 따라 달라지는데 통상 상사점 전후 110° 근방이다.

밸브 형상과 개폐시기가 공기 유동에 미치는 영향을 개념적으로 도시하기 위하여, 각 밸브에 대해 실린더 체적의 변화율을 순간 최소 밸브 유동 면적으로 나눈 값을 가상 유동 속도로 정의하여 사용하기도 하는데 이것은 다음과 같다.

$$v_{ps} = \frac{1}{A_m}\frac{dV}{d\theta} = \frac{\pi}{4A_m}\frac{ds}{d\theta} \tag{7.10}$$

여기서 V는 실린더 체적, B는 실린더 보어, s는 피스톤 핀과 크랭크 축 사이의 거리, A_m은 앞에서 정의한 각 단계별 유동 면적이다. 위에서 예를 든 4행정 4실린더의 로커 암 방식 기관에서 배기와 흡기 행정 중의 순간적인 가상 유동 속도를 [그림 7-22]에 나타내었다. 배기와 흡기행정 중에 각각 두 지점에서 가상 유동 속도가 최대가 되는 정점이 존재함을 알 수 있다. 최대 피스톤 속도 부근에서 발생하는 완만한 정점은 이점에서 밸브의 유동 면적이 일정함을 나타낸다.

상사점 부근의 정점은 배기 밸브의 닫힘과 흡기 밸브의 열림으로 발생하는데 특히 배기 말의 높은 정점은 매우 중요한데 그 이유는 정점이 있다는 것은 밸브 전후 큰 압력강하가 있다는 것을 의미하고 이것이 높을수록 높은 잔류 가스 질량을 유발하기 때문이다. 배기 말기의 정점의 크기는 밸브 닫힘 시기에 주로 지배된다.

흡기 초기의 정점은 크게 중요하지 않다. 배기 초기와 흡기 말기의 낮은 속도는 준 정상 유동 외에 다른 현상이 유량을 지배함을 의미한다. 이 시기에 배기에서는 블로우 다운, 흡기에서는 램 및 튜닝 효과 등이 발생하며 이 영향이 더 지배적이며 중요하다.

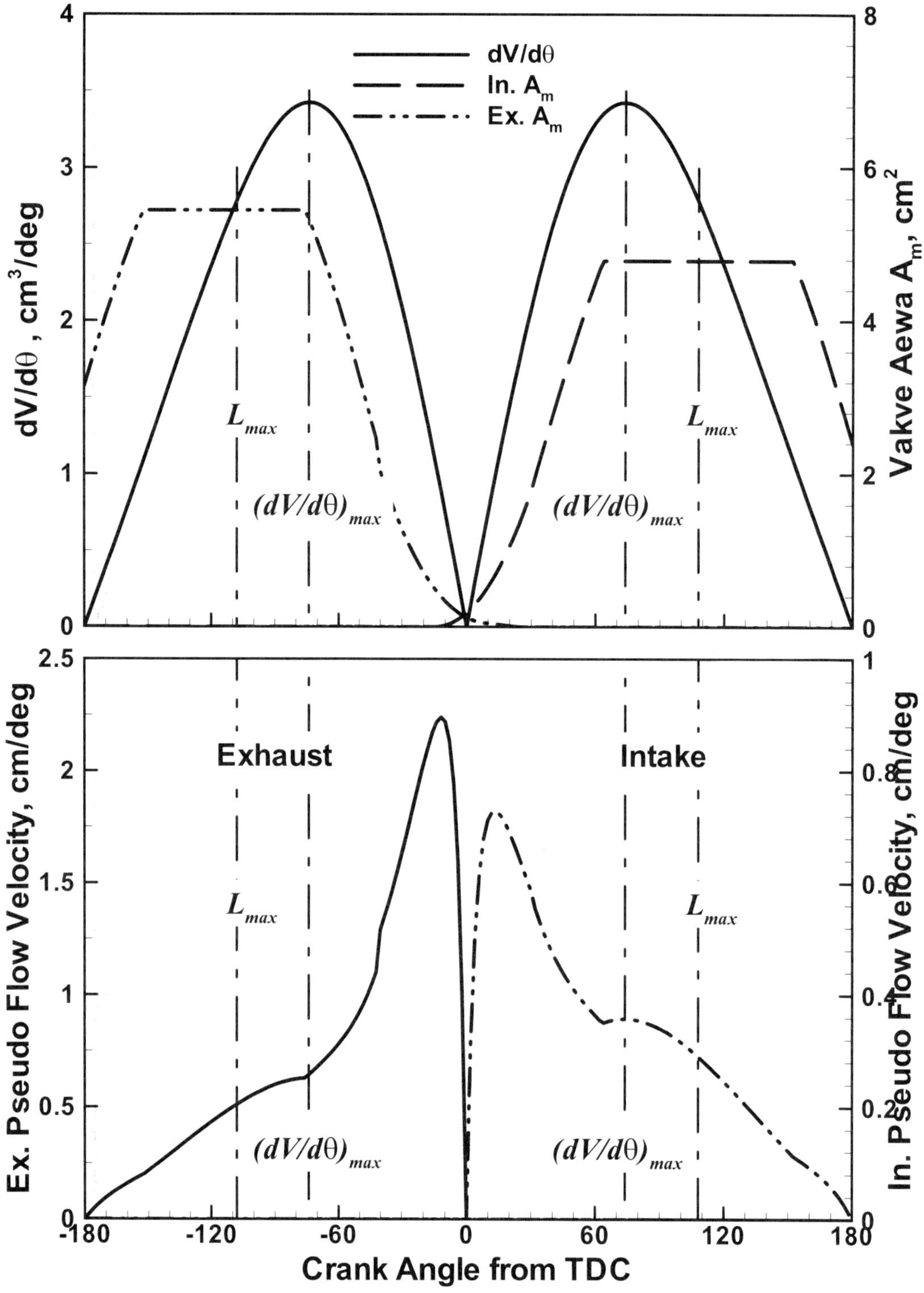

[그림 7-22] 실린더 체적 변화율과 최소 유동 면적 및 가상 유동속도

7.3.2 유량과 유출계수

포핏 밸브를 통과하는 질량유량은 보통 유동저항을 통과하는 압축성 유동 방정식으로 표현한다. 이 방정식은 유동을 1차원의 등 엔트로피 가정하고, 실제가스의 유동효과는 실험적으로 결정된 유출계수 C_D를 적용하여 그 영향을 고려한다. 이 공기 유량은 상류의 정체압력 p_0, 정체온도 T_0, 유동 저항 직후 하류의 정압(정체 압력 p_T와 같다고 가정) 그리고 밸브를 설계할 때 결정되는 기준단면적(Reference Area) A_R의 특성에 의해 다음과 같은 삭으로 결정된다.

$$\dot{m} = \frac{C_D A_R p_0}{(RT_0)^{1/2}} \left(\frac{p_T}{p_0}\right)^{1/\gamma} \left\{\frac{2\gamma}{\gamma - 1}\left[1 - \left(\frac{p_T}{p_0}\right)^{(\gamma-1)/\gamma}\right]\right\}^{1/2} \tag{7.11}$$

이 때 유동이 질식(Choked)되었다면 즉 $p_T/p_0 \leq [2(\gamma+1)]^{\gamma/(\gamma-1)}$일 때 다음의 식을 사용하는 것이 더 적절하다.

$$\dot{m} = \frac{C_D A_R P_0}{(RT_0)^{1/2}} \gamma^{1/2} \left(\frac{2}{\gamma+1}\right)^{(\gamma+1)/2(\gamma-1)} \tag{7.12}$$

흡기밸브를 통해 실린더 내로 유입되는 유동에 대해서 p_0는 흡기계 압력 p_i이고 p_T는 실린더 압력이다. 배기밸브를 통해 실린더 밖으로 나가는 유동에 대해서는 p_0는 실린더 압력이고 p_T는 배기계의 압력이다.

C_D 값과 기준면적의 선택은 서로 연계되어 있는데 그 둘의 곱인 C_DA_R은 밸브 결합체(밸브 및 밸브 시트)의 유효 유동 면적 A_E이다. 여러 가지 서로 다른 기준 면적이 사용되고 있는데 이들 중에는 밸브헤드 면적 $\pi D_v^2/4$, 밸브 시트에서 포트 면적 $\pi D_p^2/4$, 기하학적 최소 면적(식 7.7, 7.8, 7.9), 밸브 커튼 면적 $\pi D_v L_v$ 등이 있다. 이들 중 어떤 것을 선택하여도 무방하지만 선택에 따라 현상의 설명이 더 편리해 지는 경우가 있다. 예를 들어 앞에서 보았듯이 최소 유동 면적을 구하기 구해서는 밸브와 밸브시트 치수를 포함하여 매우 복잡한 식을 사용해야 한다. 실제 사용에서 가장 편리한 기준 면적은 밸브 커튼 면적으로 이것은 밸브 양정과 직선적 관계를 가지고 있고 계산이 편리하기 때문인데 이는 다음과 같다.

$$A_C = \pi D_v L_v \tag{7.13}$$

1) 흡입 밸브

[그림 7-23]은 모서리가 날카로운(Sharp Cornered) 밸브 시트를 가진 흡기 밸브와 통상적인 상용 밸브 결합체를 대상으로 정상 유동 시험을 한 결과이다. 날카로운 모서리를 가진 밸브의 경우, 밸브 커튼 면적을 기준으로 한 유출계수는 무차원화된 밸브양정(양정/밸브 헤드 직경)에 대해 불연속 함수의 형태가 된다. [그림 7-24]에 이에 해당하는 3개의 서로 다른 유동 체제를 나타내었다.

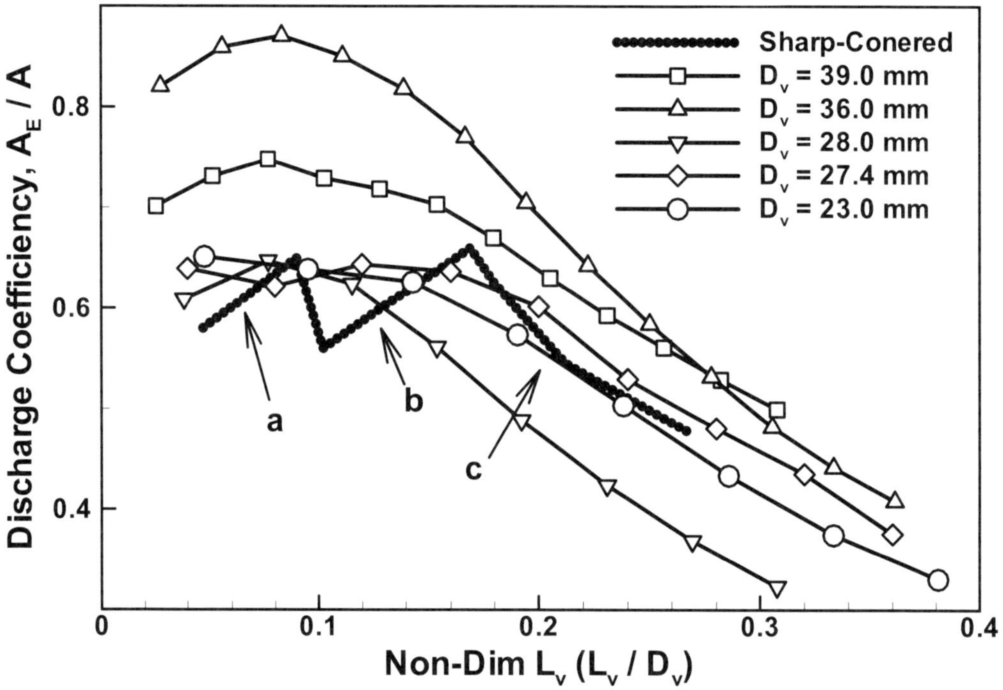

[그림 7-23] 각종 밸브 결합체의 유출 계수

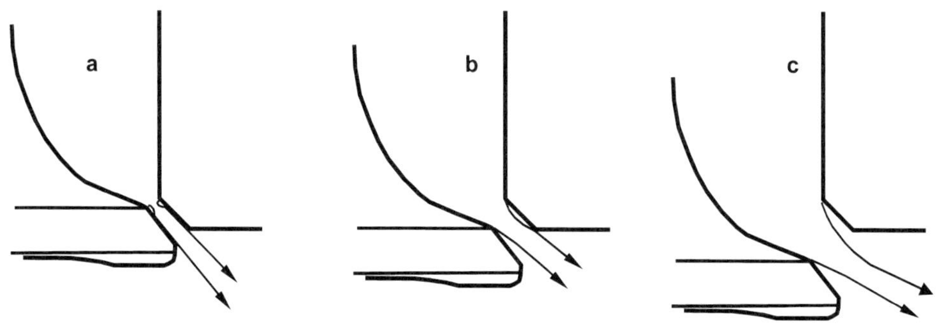

[그림 7-24] 밸브 양정에 따른 유동 체제의 변화

먼저 밸브 양정이 매우 낮을 때 유동은 밸브의 시트와 포트 밸브 시트에 부착되어 있고 유출 계수도 매우 높다.(그림 7-23, 24의 a) 중간 정도의 밸브 양정에서 유동은 [그림 7-24]의 b와 같이 밸브헤드의 시트 내측 모서리에서 유동의 박리(Separation)가 발생하며 이로 인해 이 때부터 유출계수가 급격히 감소한다. 이후 양정의 증가에 따라 박리가 발생한 영역은 크게 변하지 않으나 최소 유동 면적이 증가하므로 유출계수는 다시 증가한다. (그림 7-23, 24의 b) 밸브 양정이 높아지면 포트의 밸브 시트 내측 면에서 또 다른 박리 현상이 발생하여 밸브 양정의 증가에도 불구하고 유출계수는 지속적으로 감소한다.(그림 7-23, 24의 c) 실제 밸브에서는 이러한 박리 현상을 최소화하기 위해 날카로운 모서리가 없는 형태로 밸브 및 밸브 시트를 제작하므로 그림에 나타난 바와 같이 불연속 함수의 형태로 나타나지는 않는데 특히 a, c의 유동 체제는 확실히 나타나지만 b의 체제는 거의 관찰이 되지 않는다. 통상적인 무차원화된 밸브 양정(L_v/D_v)의 최댓값은 030~0.36 정도이다.

여기서 한 가지 논의를 하고 넘어가야 할 것은 정상 유동 데이터가 실물 기관 밸브의 동적 유동 거동을 나타낼 수 있을까하는 문제이다. 동적인 작동상태에서 [그림 7-23] 및 [24]의 유동 체제 사이의 천이점은 정상유동과는 약간 다른 양정에서 출현한다고 알려져 있다. 또한 앞서 논의한 바와 같이 밸브 상류에서 흡입 행정 중 압력 변동이 심하게 발생한다. 그러나 정상적인 기관의 운전 속도 범위에서는 정상유동 시험을 통해 결정한 유출 계수는 동적 성능을 매우 잘 모사하는 것으로 밝혀졌다.

밸브 양정 이외에도 흡입 밸브 결합체의 성능은 다음과 같은 것들의 영향을 받는다. 시트의 두께는 유동 체제의 천이점을 결정하는 L_v/D_v에 영향을 주며 이것이 감소할수록 유출계수는 증가한다. 시트 모서리를 둥글게 하면 [그림 7-23]에서 보듯이 유동의 박리를 억제하여 양정이 높을 때 유출계수를 증대시킨다. 밸브 양정이 낮을 대는 유동의 박리가 발생하지 않고 유동이 밸브의 시트와 포트 밸브 시트에 부착되어 있으므로 레이놀즈수의 증가에 따라 유출계수는 감소한다. 일단 박리가 발생하면 레이놀즈수는 유출계수에 영향을 주지 않는다. 그 밖에 포트의 형상, 실린더 헤드의 형상 및 포트가 선회 유동(Swirl) 등을 발생시키는지의 여부가 영향을 준다.

설계가 잘된 포트의 경우 포트와 밸브 결합체의 유출계수는 포트가 와류를 발생시키도록 설계가 되어있지 않다면 독립 밸브의 유출계수보다 낮을 이유가 없다. 그러나 포트의 단면적이 충분하지 않거나 내부의 굴곡부에서 표면의 곡률이 충분하지 않으면 흡입 과정 중 일부 기간동안 흡입유동이 질식(Chocked)되기도 한다. 즉 최소 밸브 유동 면적에서 유속이 음속에 도달한다. 이러한 질식 현상은 체적 효율을 상당히 감소시킨다. 다양한 흡입 마하 수(Mach No)가 정의되어 유동 질식의 발생을 판단하기 위해 사용된다. 이들에는 대표적으로 흡입 마하 지수 Z와 평균 흡입 마하 수 $\overline{M_i}$ 그리고 정상유동시험에서 주로 자용하는 걸프 계수(Gulf Factor) Z_G가 있다.

마하 지수(Z)는 흡입 밸브를 통과하는 가스의 평균 속도에서 다음의 식 (7.14)와 같은 방법으로 구하며 이를 실물 기관에서 구한 체적 효율 및 밸브의 설계(형상)와 서로 연관시켜 분석한다.

$$Z = \frac{A_p \overline{S_p}}{C_i A_i a} \tag{7.14}$$

여기서 각 변수의 정의는 다음과 같다.

A_i: 공칭 밸브 면적($\pi D_v^2/4$)

C_i : A_i를 기준으로 구한 평균 밸브 유출계수

a : 음속

C_i는 평균 밸브 유출계수이므로 $C_i \cdot A_i$는 밸브의 평균 유효 열림 면적이 되고 이는 밸브 커튼 면적을 기준으로 한 유효유동 면적 $C_D \pi D_v L_v$의 평균값이다. 따라서 Z는 흡입 밸브 목(Throat)에서의 평균 마하수에 매우 근접한 값이 된다. Z>0.5에서 체적효율은 급격히 감소한다. 평균 흡입 마하 수 $\overline{M_i}$는 흡입 밸브가 열려있는 기간 중 평균 흡입유동속도의 마하수로 다음과 같이 정의된다.

$$\overline{M_i} = \frac{\overline{v_i}}{a} \tag{7.15}$$

여기서 $\overline{v}_i$는 밸브가 열려있는 기간 동안의 평균 흡입유동속도인데, $\overline{M_i}$는 마하 지수 Z와 다음과 같은 관계가 있다.

$$\overline{M_i} = \frac{Z(\eta_v/100)180}{\theta_{IVC} - \theta_{IVO}} \tag{7.16}$$

평균 흡입 마하수는 마하 지수보다 체적 효율 경향과 더 잘 일치한다. 소형 스파크점화기관의 경우 $\overline{M_i}$가 0.5에 접근하면 체적효율이 급격히 감소하는데 이는 흡입

과정 중 일부 기간 동안 유동이 질식되기 때문이다. 이 관계식은 기관의 최고 속도에서 요구되는 체적 효율에 적합한 흡입 밸브의 크기를 결정하는데 사용된다. 그 밖에 흡입 밸브가 너무 일찍 닫히면 밸브 열림 면적이 충분해도 $\overline{M}_i$<0.5 이더라도 $\overline{M}_i$의 증가에 따라 서서히 체적효율이 감소한다.

걸프 계수는 다음과 같이 정의되는데 이에 대해서는 뒤의 정상유동시험에서 자세히 알아보기로 하겠다.

$$Z=\left(\frac{B}{D}\right)^2\frac{2\cdot S\cdot \omega_E}{n\,a\,C_{F(Mean)}} \tag{7.17}$$

2) 배기 밸브

실린더로부터 배기 포핏 밸브를 통한 유동은 [그림 7-25]에 나타낸 바와 같이 밸브 양정이 높을 때와 낮을 때에 발생하는 두 단계의 유동 체제가 있다. 여러 가지 배기 밸브와 포트를 조합한 경우를 [그림 7-26]에 도시하였고 이들 포트-밸브 결합체에 대해 정상유동시험을 하여 밸브 커튼 면적에 기초한 C_D 값을 [그림 7-27]에 도시하였다.

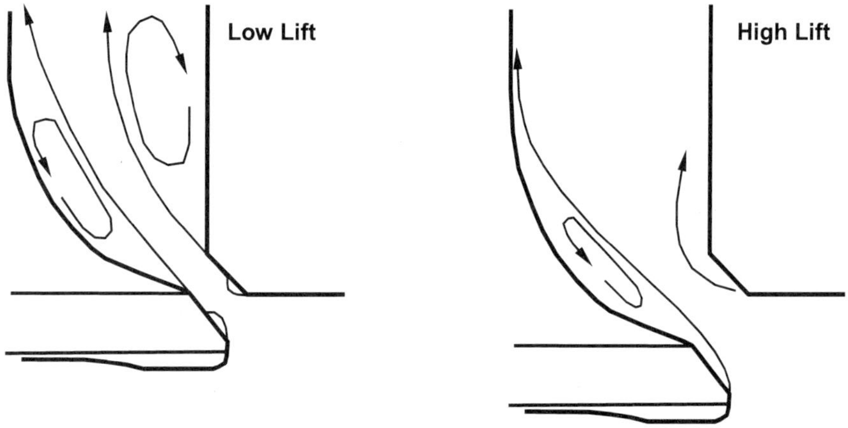

[그림 7-25] 저 양정 및 고 양정 시 배기 밸브를 통과하는 유동의 형태

모서리가 날카로운 독립 포핏 밸브(즉 밸브의 하류가 포트가 아닌 직관으로 된 경우)의 성능이 가장 좋다. $L_v/D_v \geq 0.2$ 정도의 높은 양정에서는 유동의 분리(Breakaway)에 의해 유출계수가 감소한다. 통상적으로 L_v/D_v=2.5인 경우 유효면

적은 기하학적 최소 형상의 90%정도이고 $L_v/D_v<0.2$인 경우 95%정도이다. 밸브의 양정이 높을 때는 [그림 7-26]에 4개의 포트 형상에 대한 데이터가 보여 주듯이 포트의 설계는 C_D에 크게 영향을 준다. 그러나 설계가 잘된 경우 독립 밸브의 성능에 접근할 수 있다. 배기 밸브는 넓은 범위의 압력비(1~5) 범위에서 작동한다. 압력비가 2보다 크면 역시 유동의 질식(Choking) 현상이 발생한다. 그러나 압력비가 유출계수에 미치는 영향은 작고 그 영향도 양정이 높은 경우로 한정된다.(예를 들어 L_v/D_v=0.3에서 ±5%)

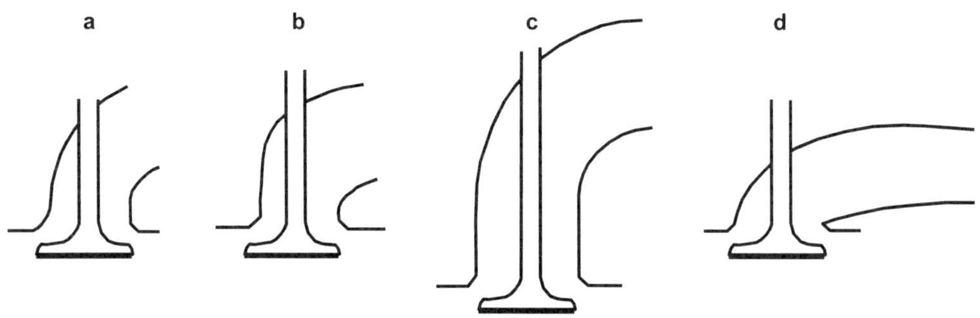

[그림 7-26] 여러 가지 포핏 밸브와 배기 포트

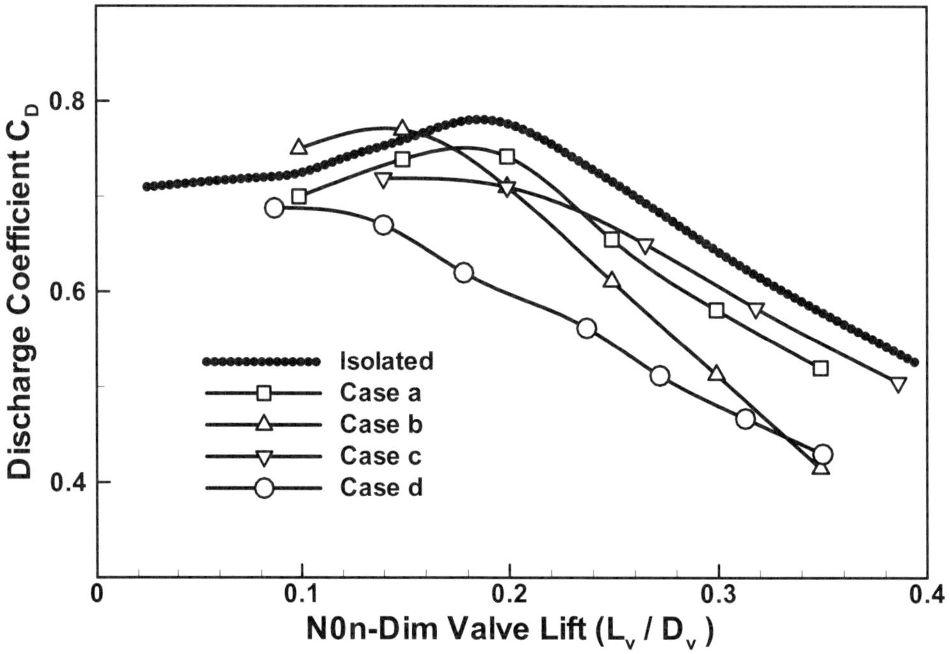

[그림 7-27] 포핏 밸브와 배기 포트에 따른 유출계수

7.4 포트를 통과하는 유동

1) 흡입 포트

[그림 7-28]은 전형적인 흡기포트의 치수를 밸브 시트의 내부 지름 D를 기준으로 그 상대 값으로 나타낸 것이다. 흡기포트의 형상은 일반적으로 원형 또는 거의 원형에 가깝고 단면적은 원하는 출력을 얻기 위해 요구되는 흡입 유량을 수용하기 위한 면적보다 크지 않다. 기관의 실린더에 최대 유량을 공급하기 위해서는 이상적인 경우라면, 포트 입구의 직경은 밸브의 직경과 거의 같고 이어 포트 직경이 서서히 줄어들어 밸브 시트에서 10~15mm 정도의 상류에서 직경이 0.85D 근방이 되는 것이 바람직하다. 실제적으로 이러한 이상적 결과는 얻어지지 않지만 이를 근거로 효율적 포트의 설계 기준을 제시할 수는 있다. 포트를 설계할 때 최대 유량을 확보하기 위해서는 다음과 같은 점을 고려해야 한다.

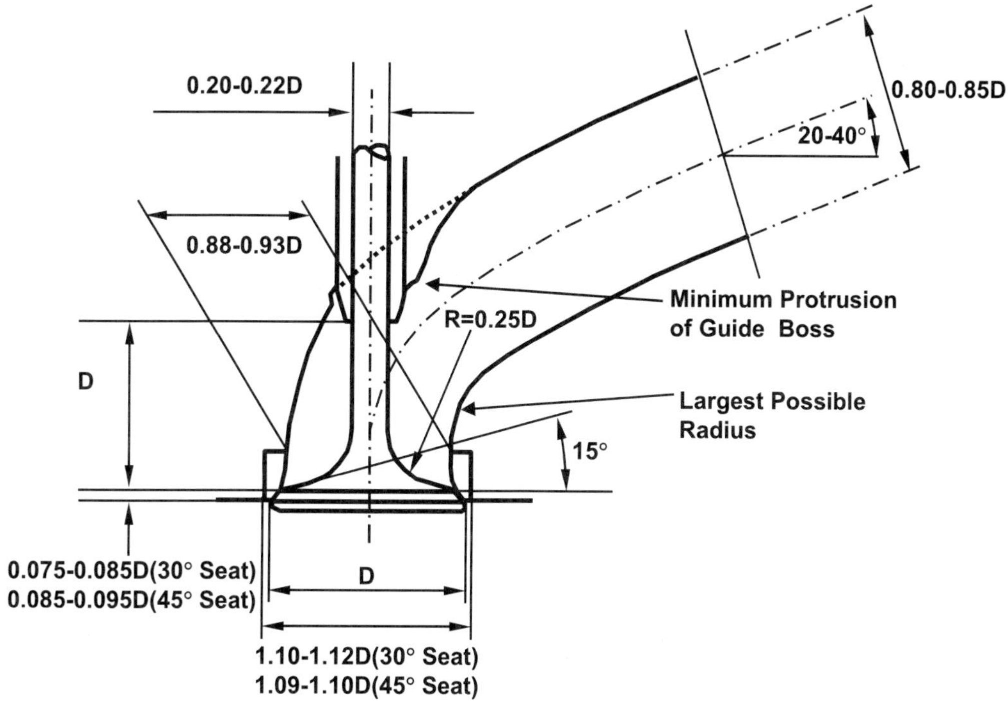

[그림 7-28] 전형적인 흡입 포트의 형상과 밸브 헤드에 대한 상대 치수

① 포트의 구부러짐이나 확대 등에 의해 유동 방향이 변하거나 속도가 감소하면 유동 손실이 발생한다.

② 포트의 단면적은 밸브 면적의 65~100% 범위에 있어야 한다.

③ 포트 굴곡부의 곡률을 가능하면 늘린다.(예를 들어 굴곡 부위를 수정할 때 포트의 내측 면을 제거하지 않고 외측 면을 제거)

④ 포트의 길이와 표면 처리는 유동에 중요한 영향을 주지 않는다.

⑤ 흡기 포트에서 가장 큰 유동 손실은 유동이 밸브를 통과한 유동의 팽창에 의한 것이다. 밸브를 전후하여 상류 및 하류 10~15mm까지의 면적이 포트에서 가장 중요하다.

⑥ 밸브 시트의 형상은 유동에 상당한 영향을 준다.

만일 수축이 아니라 팽창에 의해 유동 손실이 발생하면 밸브 시트 상류의 포트 면적이 좁혀져야 하는데 그 이유는 다음과 같다. 공기 유동은 밸브를 떠나 실린더 내로 유입되는 동안 90° 정도로 방향을 바꾸면서 팽창을 한다. 만일 밸브 시트의 바로 위 상류 부위의 포트 내측을 굴곡을 주어 축소시키면 흡입 유동은 점차적으로 밸브의 가장자리를 향해 포트의 외곽으로 진행하므로 총 유동 손실을 감소시킨다.

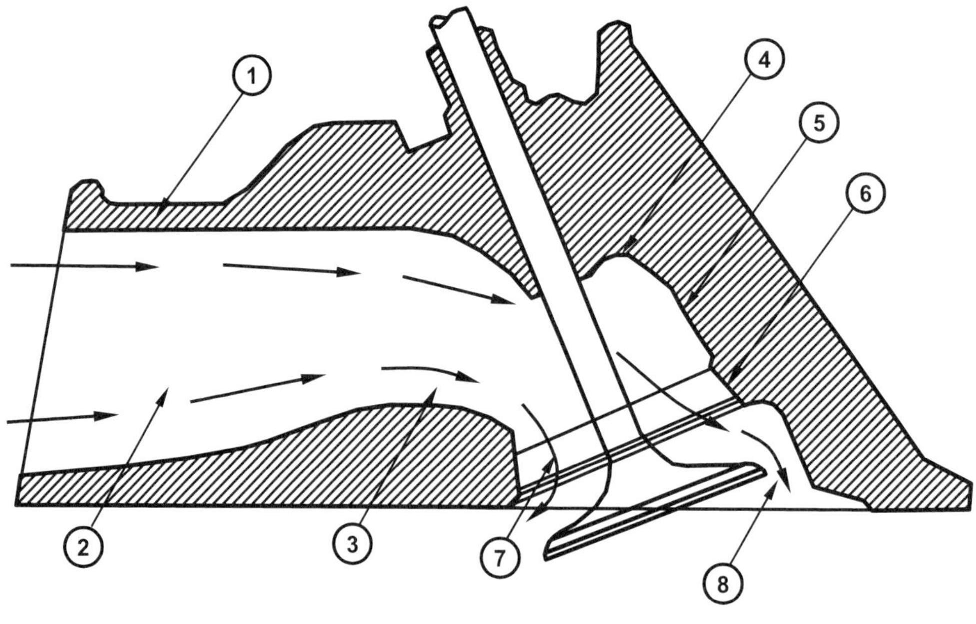

[그림 7-29] 흡입 포트 유동에서 발생하는 유동 손실의 위치와 종류

[표 7-2] 포트에서 발생하는 유동 손실의 비율

Source of Flow Loss	Loss(%)
1. Wall Friction	4
2. Contraction at Push-Rod	2
3. Bend at Valve Guide	11
4. Expansion behind Valve Guide	4
5. Expansion, 25°	12
6. Expansion, 30°	19
7. Bend to Exit Valve	17
8. Expansion Exiting Valve	31
Total	100

[그림 7-29]는 밸브의 직경이 49.3mm인 상용 흡기 포트에서 유동 손실의 발생 부위를 대략적으로 나타낸 것이고 [표 7-2]는 이러한 손실의 비율을 나타낸 것이다. 표에서도 알 수 있듯이 포트 벽의 마찰에 의한 손실은 4% 정도로 매우 낮고 만일 표면의 조도가 개선되면 이는 약 3%까지 감소한다고 알려져 있다. 가장 큰 손실은 밸브를 지나 실린더에서 팽창을 함으로써 발생하는 팽창 손실이다.

설계가 잘되고 최적화된 포트의 경우 정상 유동 상태에서 이론적으로 가능한 유량의 약 95% 정도의 유량까지 도달할 수 있다.

2) 밸브 시트

밸브 시트는 포트와 밸브 사이에 장착되며 이 역시 유동에 중요한 영향을 준다. 밸브 시트의 주요 역할은 포트의 누출 방지, 밸브의 냉각 및 밸브를 통과하는 흡입 유동의 안내이다. 누출의 방지와 냉각을 위해서는 시트의 두께를 늘리는 것이 유리하지만 유량의 확보를 위해서는 얇은 시트가 유리하다.

시트에는 밸브와 접촉하는 면을 형성하는 면의 각도인 시트 각도 β를 전후로 여러 개의 각이 형성되어 있는데 이는 날카로운 모서리에 의한 박리의 발생을 억제하여 유동 손실을 줄이기 위해서이다. 통상적으로 이 각은 3개로 이루어져 있는데 밸브 접촉면 전에 두께 2~3mm정도의 30°의 상부 각, 이어 밸브 좌면의 두께 1mm 전후의 45°시트 각 그리고 시트 각 이후 실린더 내에서 두께 4~5mm 정도의 70°각이 형성되어 있다. 배기 포트의 경우 1~2mm 15°각, 이어 1~2mm 45°시트 각, 마지막으로 2~3*mm* 75°각으로 구성되어 있다. 이렇게 3개의 각을 설치함으로써 통상적으로 단일 45°시트 각으로 구성된 것보다 특히 낮은 밸브 양정에서 25% 정도의 유량 증대 효과가 발생한다. 이러한 효과는 [그림 7-23]에서도 확인할 수 있다.

3) 배기 포트

[그림 7-30]은 흡기 포트를 도시한 그림 2-38과 같은 방법으로 배기 포트를 나타낸 것이다. 배기 포트의 경우 흡입 유량의 80~90% 정도가 적당하고 그 이상 유량을 늘려도 실질적인 배기 효율의 개선은 없다. 실험 데이터를 통해 확인된 바에 의하면 배기 포트의 유량이 흡기 포트 유량의 60%를 너머서면 일반적으로 출력 또는 체적효율의 개선은 없는 것으로 나타났다. 따라서 배기 밸브의 직경은 흡기 밸브의 0.77~0.80 정도의 범위에 있다.

한편 배기 배기포트의 경우 고온 분위기에서 작동하기 때문에 밸브 시트와 가이드의 냉각이 중요하고 따라서 노출된 밸브 스템의 길이가 짧을수록 유리하므로 이는 흡기 포트의 설계와는 또 다른 기준이 된다. 배기 포트도 원형의 단면적을 갖는 것이 유리하나 가이드의 보스(Boss) 주변의 형상은 직사각형 또는 타원 형상을 사용하기도 한다.

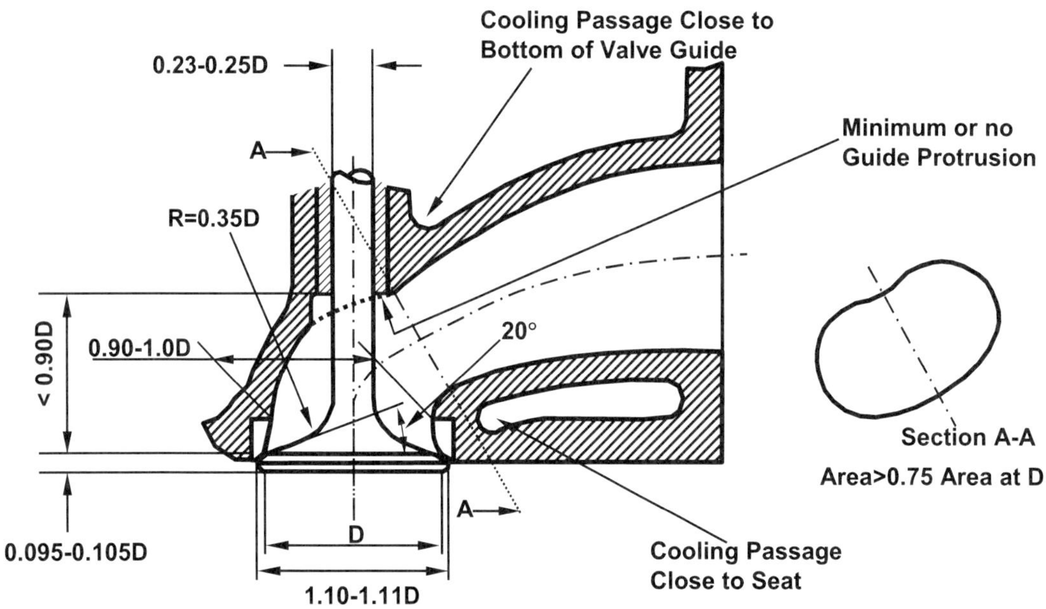

[그림 7-30] 전형적인 배기 포트의 형상과 밸브 헤드에 대한 상대 치수

7.5 잔류 가스 분율

압축 중 실린더 내의 잔류가스 분율은 흡배기 과정에 의해 결정된다. 이 잔류가스 분율의 크기는 체적효율과 기관 성능에 직접적으로 영향을 준다. 그 외에 작동 유체의 열역학적 특성을 변화시켜 효율과 배기에도 영향을 미친다. 잔류가스 분율은 기본적으로 흡배기 과정의 압력, 속도, 압축비, 밸브시기, 배기 계의 동적 특성에 의해 결정된다.

잔류가스의 질량분율 x_r(또는 EGR을 사용할 때는 기연가스 분율)은 보통 압축행정 중에 실린더로부터 추출된 샘플가스의 CO_2농도를 측정해서 결정한다. 그러면 다음과 같이 기술할 수 있다.

$$x_r = \frac{\left(\tilde{x}_{CO_2}\right)_C}{\left(\tilde{x}_{CO_2}\right)_e} \tag{7.18}$$

여기서 하첨자 C와 e는 각각 압축과 배기를 나타내고, $\tilde{x}_{CO_2}$는 수분을 포함한 습가스에서 몰분율이다. 3장에서 다룬 바와 같이 통상 일부 탄화수소 측정 방식을 제외하면 대부분 배기 성분은 수분을 제외한 건조 배기를 기준으로 측정되기 때문에 이때 수정 계수 K를 다음과 같이 정의하여 사용한다.

$$K = \frac{(\tilde{x}_i)_{wet}}{(\tilde{x}_i)_{dry}} = \frac{1}{1 + 0.5\left[m\left(\tilde{x}^*_{\mathrm{CO_2}} + \tilde{x}^*_{\mathrm{CO_2}}\right) - 0.74\tilde{x}^*_{\mathrm{CO}}\right]} \tag{7.19}$$

여기서 m는 연료의 수소-탄소 원자수 비(Hydrogen-carbon Atomic Ratio)이고, $\tilde{x}^*_{\mathrm{CO_2}}$, $\tilde{x}_{\mathrm{CO}}$는 건조 배기를 기준으로 한 몰분율이다.

스파크점화기관에서 잔류 가스의 분율에는 배기 압력도 영향을 주지만, 흡입 공기 압력과 밸브 겹침 시기가 가장 큰 영향을 준다. 소기를 원활하게 하기 흡입밸브 열림(상사점 전 15° 전후)과 배기 밸브 닫힘(상사점 후 12° 전후) 사이의 밸브 겹침 기간은 충분히 확보되어야 하지만 배기 포트에서 실린더로 역류가 과도하게 발생하는 것은 바람직하지 않다. 점화 시기는 잔류 가스에 거의 영향을 주지 않는다.

압축착화기관의 잔류가스 분율은 대체로 스파크점화기관보다 낮다. 이는 흡배기 압력은 스파크점화기관 비슷한데 압축비가 2~3배 정도 더 높기 때문이다. 또한 잔류가스의 상당량은 공기이다.

7.6 배기가스 유량과 온도 변화

배기가스의 배기가스 질량유량과 특성은 배기 과정 동안 그 변화가 매우 크다. 이상적 배기 과정에서 이러한 변화가 발생하는 근본적 원인에 대해서는 6.3절에서 이미 논의하였다. 즉 실린더 내의 가스의 열역학적 상태(압력, 온도 등)는 배기의 블로우 다운 과정 동안 연속적으로 변화하여 실린더 압력이 배기 매니폴드 압력과 거의 같아질 때까지 지속된다. 실제 배기행정에서는 배기밸브가 실린더 밖으로의 배출을 제한하고, 밸브양정이 시간에 따라 변하며, 실린더 체적도 블로우 다운이 일어나는 동안 변화한다. 그러나 나머지 대부분은 거의 같다

[그림 7-31]에 스파크점화기관에서 배기 과정 동안 배기 밸브를 통과하는 질량유량과 배기포트 출구에서 가스 온도를 측정한 결과를 도시하였다. 그림에서 보듯이 블로우 다운과 행정 배기가 확연히 구분된다. 저속에서는 단순한 준 정상 모델과 실제 데이터가 잘 일치함을 볼 수 있다. 여기서 사용된 블로우 다운 모델은 배기 밸브를 지나는 유동에 오리피스 유동 방정식을 적용한 것으로 상류의 정체 조건에 대해서는 실린더의 압력은 측정값을 사용하고 가스의 온도는 계산 값을 사용하였다. 밸브 전후의 압력비가 임계치를 넘어 질식이 발생하는 경우 흡기 시스템에서 사용한 식(7.12)와 동일한 식을 사용한다.

$$\dot{m}_{real} = \frac{C_D A_T p_0}{\sqrt{RT_0}} \gamma^{\frac{1}{2}} \left(\frac{2}{\gamma+1} \right)^{(\gamma+1)/2(\gamma-1)}$$

압력비가 임계치 이하인 경우 마찬가지로 흡기 시스템에서 사용한 식 (7.11)과 같은 식을 사용한다.

$$\dot{m}_{real} = \frac{C_D A_R p_0}{(RT_0)^{1/2}} \left(\frac{p_T}{p_0} \right)^{1/\gamma} \left\{ \frac{2\gamma}{\gamma-1} \left[1 - \left(\frac{p_T}{p_0} \right)^{(\gamma-1)/\gamma} \right] \right\}^{1/2}$$

행정(Displacement) 배기 모델은 배기 행정 중 피스톤이 움직일 때 실린더 내 가스를 비압축성으로 가정한다. 기관의 속도가 증가함에 따라 블로운 다운의 크랭크 각 기간이 증가한다.

이러한 두 배기 과정의 천이 점에서 동적 효과 발생한다고 알려져 있다. 블로우 다운 과정에서 최대 유량은 유동이 질식된 상태이므로 속도와 무관하게 거의 일정하다. 행정배기 기간 동안 최대 피스톤 속도에서 질량 유량은 피스톤 속도로 근사가 가능하다. WOT이하의 흡기 압력에서 블로우 다운 중 배기량은 감소하나 행정배기에 의한 질량 유량은 거의 일정하게 유지된다.

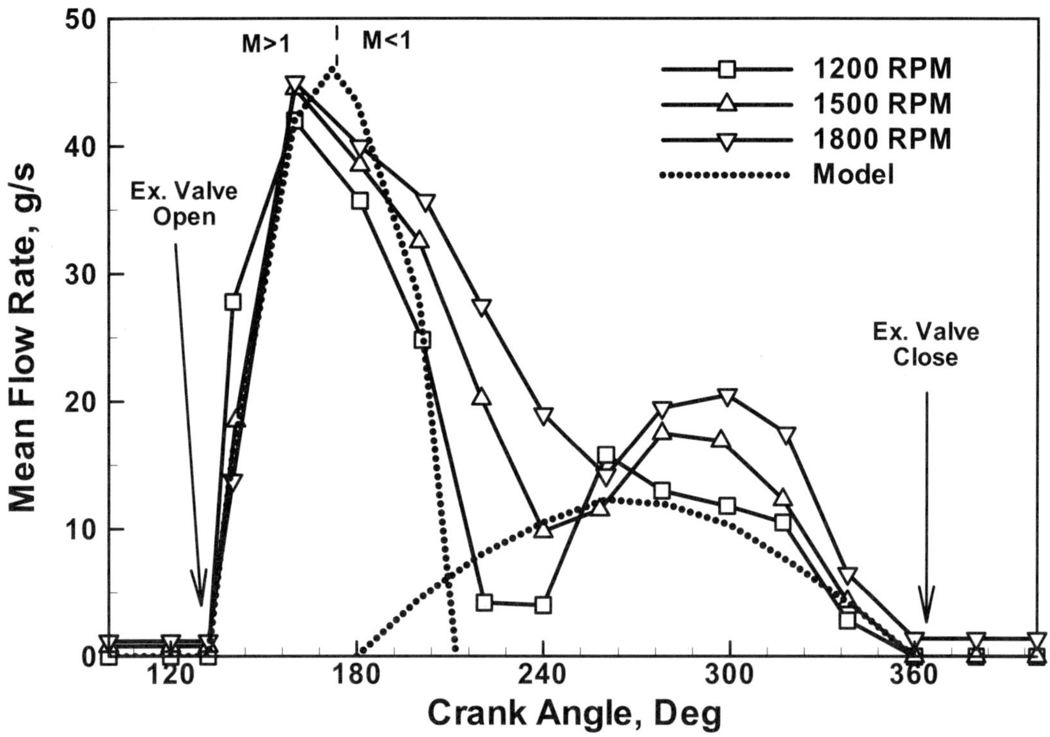

[그림 7-31] 크랭크 각에 따른 순간 배기 유량

배기가스 온도는 배기행정 도중에 상당히 변화하고 가스유동이 배기밸브와 배기 시스템을 지나면서 열손실이 발생하여 감소한다.

[그림 7-32]는 단기통 스파크점화기관을 중부하와 저속 조건으로 운전하면서 측정된 실린더 압력, 계산된 실린더 가스 온도 및 배기 포트에서 측정된 가스온도를 나타낸 것이다. 실린더 내의 평균 가스 온도는 블로우 다운에 의해 급격히 하락하고 배기 행정 중에도 실린더 벽으로의 열전달에 의해 지속적으로 하락한다. 포트 출구의 온도는 배기 맥동 초기에 실린더에서 나온 고온의 가스와 이전 배기 행정 말기에 배출되어 밸브가 닫혀 있는 동안 포트에 정체되어 있는 상대적으로 저온의 가스가 혼합된 상태이다. 포트 출구 온도는 블로우 다운에서 배기행정으로 천이될 때 최저온도가 되고 이후 배기가스는 순간적으로 정체하고 상당량의 열 에너지를 포트 벽으로의 열전달로 상실한다.

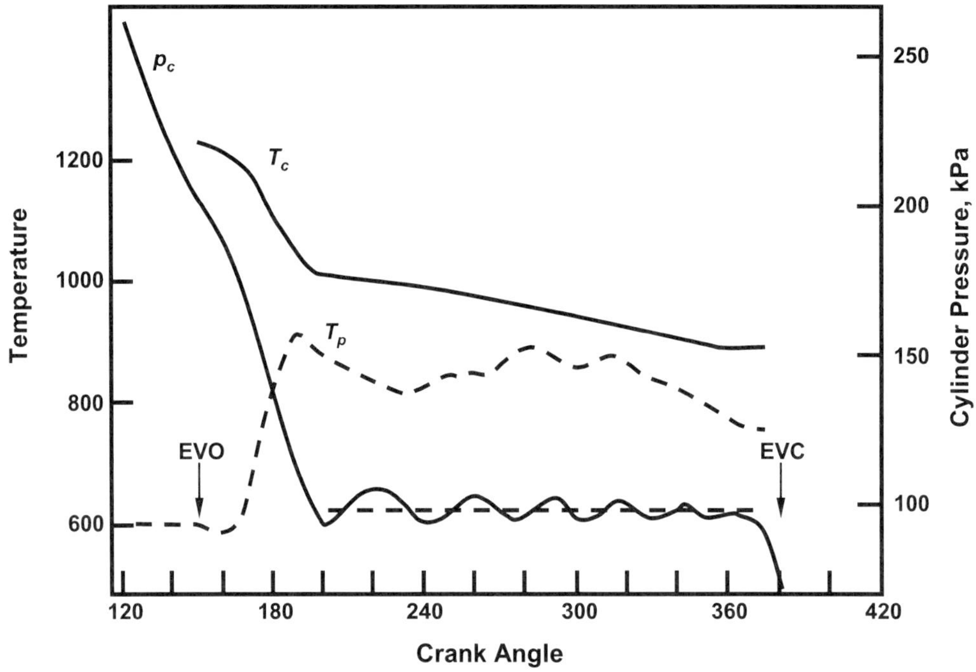

[그림 7-32] 배기 과정 중 압력과 온도의 변화

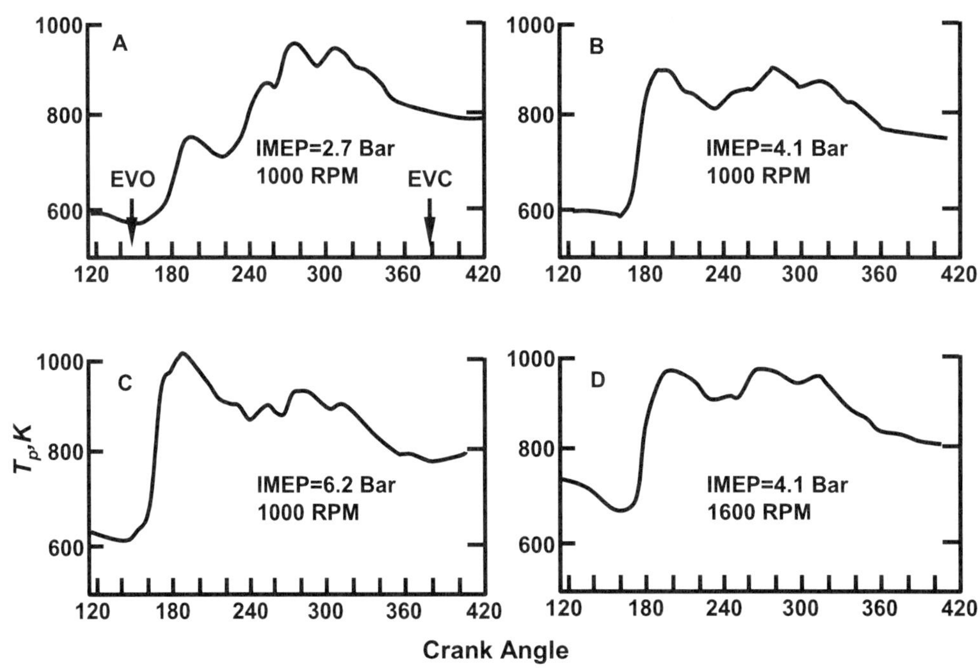

[그림 7-33] 배기 포트 출구에서 평균 가스 온도

[그림 7-33]은 부하 및 속도가 배기포트 출구 온도에 미치는 영향을 나타낸 것이다. 부하의 증가(A→B→C)는 블로우 다운 맥동에서 유량과 온도의 증가를 유발한다. 속도의 증가(B→D)는 행정 배기 시 온도를 증가시킨다. 이러한 효과들은 실린더에서의 열전달과 배기 밸브 및 포트에서 열전달의 상대적 중요성의 변화를 반영한다. 열전달에는 시간이 변수로 포함되며 유효한 열전달 시간은 기관의 속도와 배기의 질량 유량에 따라 달라지므로 이것이 가장 중요한 변수가 된다.

당량비의 변화가 배기 온도에 미치는 영향은 팽창 행정 중의 온도 변화에 영향을 받는데, 온도는 $\phi=1$에서 최대가 되고 이보다 농후하거나 희박하면 온도가 저하된다. 압축착화기관의 배기 온도는 스파크점화기관보다 희박한 당량비로 운전하고 동력 행정 중 팽창비가 크기 때문에 스파크점화기관의 온도보다 매우 낮다

평균 배기가스 온도는 터보 과급기의 성능, 촉매, 입자상 물질(Particulate)용 트랩(Trap) 등을 선정하는데 있어 매우 중요한 양이 된다. 시간평균 배기온도는 유량이 상당히 변하므로 배기의 평균 에너지를 대표할 수 없다. 다음의 식 (7.20)과 같이 정의되는 엔탈피 평균 온도가 배기의 열에너지를 나타내는 가장 좋은 지표이다.

$$\overline{T}_h = \left(\int_{EVO}^{EVC} \dot{m}\, c_p T_g d\theta\right) / \left(\int_{EVO}^{EVC} \dot{m}\, c_p d\theta\right) \tag{7.20}$$

평균 배기가스 온도는 주로 열전대(Thermocouple)로 측정되는데 이렇게 측정한 온도는 시간평균 배기온도에 가까운 값이다. 질량 평균 배기온도는 정압 비열 c_p의 변화가 적으면 엔탈피 평균 온도에 가까운데 스파크점화기관의 경우 포트 출구에서 시간평균 온도 또는 열전대로 측정한 온도보다 100K 정도 높다. 배기 과정 중에 실린더 내의 질량평균 온도는 포트에서의 온도보다 200-300K 정도 높다. 이러한 모든 온도는 속도, 부하, 점화지연이 증가할수록 올라가며 이중 속도의 영향이 가장 크다.

7.7 정상 유동 장치에 의한 흡기계의 유동 성능 평가

7.7.1 정상유동장치

정상유동장치는 기관의 실린더 헤드, 흡기매니폴드, 유동의 속도 및 각종 저항으로 작용하는 판 등의 유동 저항을 밸브 사이의 압력 차이를 일정하게 유지하는 정

상유동 상태에서 측정하는 것이다. [그림 7-34]에 정상유동장치의 개략도를 나타내었다. 정상유동장치로 흡입유동을 시험할 때, 공기는 실린더 헤드를 통해 들어와 유량 측정용 유량계, 송풍기를 통해 흘러 밖으로 배출되고 배기 시험의 경우에는 이 흐름의 방향이 반대로 되게 하여 측정한다.

정상유동시험 장치는 크게 시험 대상인 실린더 헤드(또는 포트 단품), 정상유동 시험용 실린더 어댑터(또는 라이너), 와류(Swirl) 등의 측정을 위한 와류측정기, 유량계, 송풍기, 실린더 라이너의 압력 강하를 조절할 수 있는 조절장치, 밸브 양정 조절 장치 및 기타 계측 장치로 구성되어 있다. 또는 와류 측정기 대신 실린더 라이너가 광학적 접근이 가능하도록 되어 있다면 각종 비접촉식 측정기법으로 유속 등을 측정할 수도 있다.

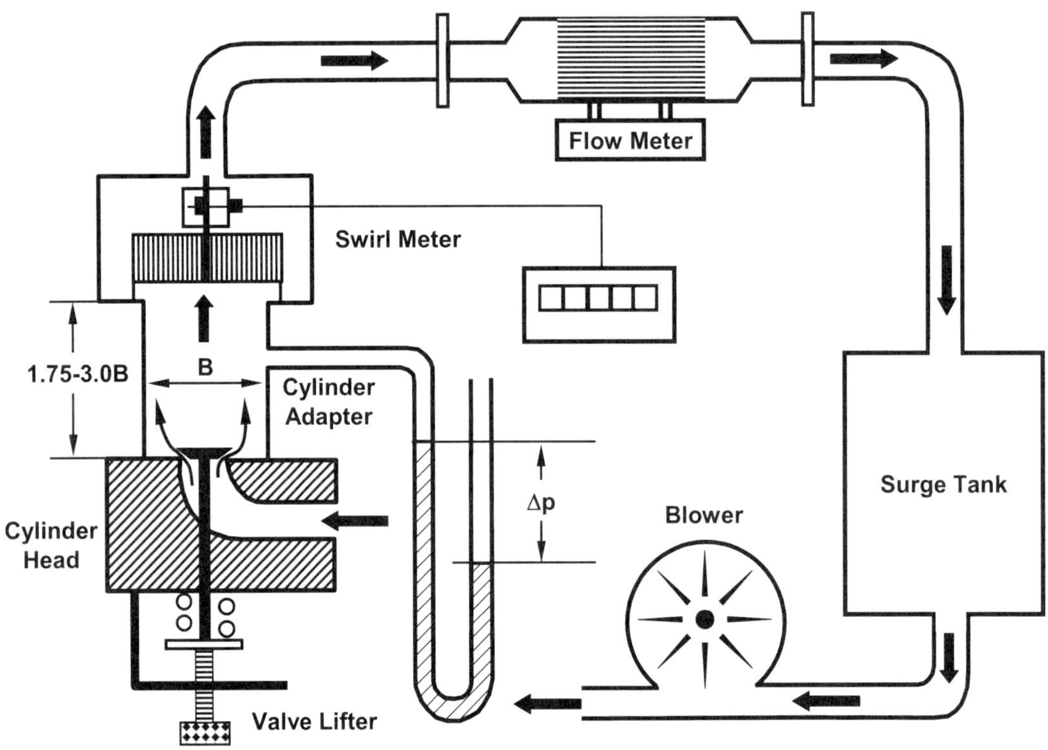

[그림 7-34] 정상유동장치의 개략도

1) 측정용 헤드

정사유동시험의 대상은 반드시 포트만은 아니고 유동 저항을 발생시킬 수 있는 모든 흡-배기계 구성 요소 또는 일부 시스템일 수도 있는데, 정상유동시험의 주 대상은 포트이고 포트는 실린더의 헤드 내부에 형성되어 있다. 포트만을 대상으로 할 때는 헤드만 장착하고 만일 흡기계 전체에 대해 시험을 행한다면 대상 부품을 헤드에 장착한 상태로 시험한다. 예를 들어 스파크점화기관의 전체 흡기계를 대상으로 하는 경우 공기 필터, 흡입 유량계, 스로틀, 플레넘, 흡기 매니폴드 등이 장착되어 있어야 하며 이때 각 흡기계 구성 요소를 통과할 때 발생하는 압력 강하를 측정할 수 있어야 한다. 통상적으로 정상유동시험에서 실린더와 대기 사이의 압력 강하를 380~635mmH_2O (15~25inH_2O)로 두고 압력 강하의 대부분은 밸브 전후에서 발생하므로 각 흡기계 구성 요소에 의한 압력 강하를 측정할 때는 충분히 작은 범위의 압력계를 사용하여야 한다.

포트만을 대상으로 시험하는 경우 포트 입구의 날카로운 모서리에서 흐름의 박리가 발생할 수 있으므로 실린더 헤드의 흡입 측에는 둥그런 입구 가이드(Bell-mouthed)를 장착하여 공기가 곧바로 헤드로 들어올 수 있게 하는 것이 바람직하다. 가이드는 그 두께가 포트의 넓이 정도는 되어야 하고 그 내부 형상이 연속적으로 포트 입구로 곡률이 지게 되어야 한다. 흡기 매니폴드도 사용될 수 있으나 이에 의해 추가적인 유동 손실이 발생할 수 있다. 배기 유동은 헤드에서 바로 빠져나가도록 해도 무방하다.

2) 실린더 어댑터 또는 라이너

실린더 헤드는 실린더 어댑터를 이용하여 정상유동장치에 장착되는데, 이는 기관에서 실린더 라이너에 해당하는 곳으로 된다. 되어야 한다. 어댑터의 길이는 최소 100mm를 확보하여야 하고 직경은 실린더 보어와 같아야 한다. 어댑터의 직경은 경우에 따라 실제 기관의 보어보다 1~2mm 크거나 작은 것도 허용한다. 만일 유량만을 측정한다면 어댑터의 높이나 직경은 큰 문제가 되지 않는다. 그러나 현재 유량뿐만 아니라 충격식 와류측정기(Impulse Swirl Meter)나 속도 측정 등으로 와류와 텀블 등의 데이터도 함께 측정하는 경우 100mm 정도에서는 측정하려는 유동들이 충분히 전개되지 못한다. 따라서 이 유동들이 충분히 전개될 수 있도록 어댑터의 높이를 늘려주어야 한다. 대부분의 경우 1.75B의 위치에서 측정기를 장착하여 데이터를 얻고 있으나 최소한 3B를 확보해야 완전히 전개된 유동 특성을 얻을 수 있다는 것이 시험을 통해 확인되었다.

3) 와류 측정기

정상유동장치를 이용해 유동 특성을 정의하고자 할 때 와류(Swirl) 또는 텀블(Tumble) 유동 성분을 측정하여 와류 값, 텀블 값 및 조합 와류-텀블 값 등을 정의한다. 와류는 실린더 수평 단면에서 실린더 축을 중심으로 회전 운동이고 텀블은 실린더 수직 단면에서의 회전 운동이다.

만일 실린더 내 유속을 직접 측정한 경우 다음과 같이 와류 값을 구할 수 있다.

$$T = \int_0^{\frac{B}{2}} \int_0^{2\pi} \rho v_t(r,\theta) v_a(r,\theta) r^2 dr d\theta \tag{7.21}$$

여기서 v_t : 측정 위치에서 접선 방향 속도(Tangential Velocity)

v_a : 측정 위치에서 반경 방향 속도(Axial Velocity)

유속을 측정하여 와류 값을 계산할 수도 있으나 와류 측정기 등을 이용하여 이를 구하는 방법이 보다 그 편리하기 때문에 많이 사용되고 있다. 와류를 측정하는 방식은 대표적으로 패들 휠(Paddle Wheel)로 와류 운동을 휠의 회전운동으로 전환하여 그 회전수를 와류 운동량으로 전환하는 방법과 와류 운동을 강체 회전으로 가정하여 회전에 의한 토크(정확하게는 운동량의 모멘트 플럭스, Moment of Momentum Flux 즉 각운동량 플럭스)를 측정하고 이를 와류 운동량으로 전환하는 방법이 있다. 토크를 측정하는 방식에서는 충격식 와류측정기(Impulse Swirl Meter)가 사용되는데 패들 휠 방식으로 측정하는 것 보다는 정밀성과 재현성이 뛰어나다. 패들 휠 방식으로 와류를 측정한 경우 실제의 유동이 강체 회전이 아니기 때문에 패들 휠에서 유동의 미끄러짐(Slip)이 발생하여 충격식 와류측정기보다 적은 값이 측정된다. 패들 휠로 와류를 측정한 경우 다음과 같이 와류계수를 구한다.

$$N_R = \frac{\omega_p \cdot B}{V_0} \tag{7.22}$$

여기서 N_R : 와류 계수

ω_p : 패들 휠의 각속도

V_o :압력차에 의한 이론 속도(Theocratical Velocity)

[그림 7-35]에 패들 휠과 충격식 와류 측정기를 비교하여 나타내었다.

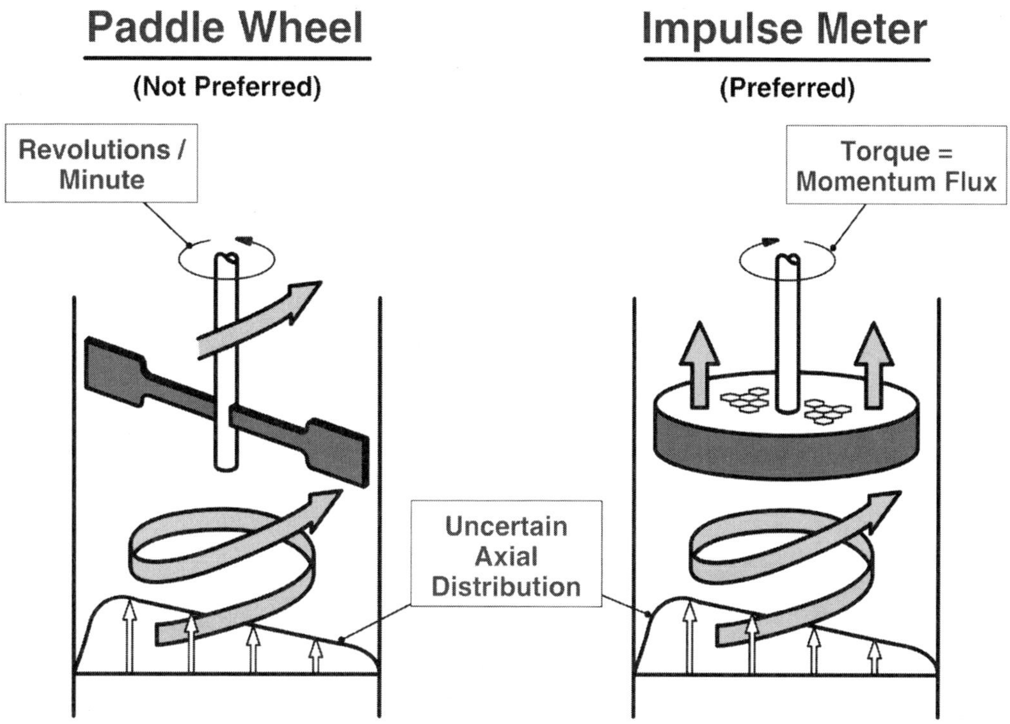

[그림 7-35] 패들 휠과 충격식 와류 측정기

4) 유량계 및 송풍기

정상유동시험을 할 때 최고 밸브 양정에서 유량은 가장 낮은 밸브 양정에서의 유량보다 5~10배 정도 많기 때문에 전체 유량 범위에 적합한 유량계를 선택하여야 한다. 정상 유동시험에서 최대 유량은, 최고 밸브 양정에서 밸브 커튼 면적 또는 밸브 시트 직경(ISD)을 기준으로 한 면적을 밸브 전후의 압력 차에 의한 이론적 속도로 유동이 형성될 때의 이론 유량의 60% 정도이다. 최고 밸브 양정에서 밸브 커튼 면적 또는 밸브 시트 직경(ISD)을 기준으로 한 면적은 거의 같으므로 밸브 전후 압력차 및 시트 직경(ISD)으로 최대 유량을 대략적으로 다음과 같이 유추할 수 있다.

$$Q_{max} = 0.6 \times A \cdot V_0 \times n \tag{7.23}$$

여기서 A : 밸브 시트 내경을 기준으로 한 유동면적($\pi D^2/4$)
V_0 : 밸브 전후 압력차에 의한 이론 속도($\sqrt{(2 \cdot \Delta p)/\rho}$)
n : 밸브의 수

층류형 유량계의 경우 대부분 최대 유량 측정범위 내에서 유량계 압력차이 지시치와 유량 사이의 관계식이 거의 직선적 관계가 성립하지만, 오리피스 등을 이용하여 조임 기구에 의해 측정을 하는 경우 오리피스의 크기에 따라 매우 좁은 유량 범위 내에서만 압력차이와 유량 사이에 유량을 정확히 산정할 수 있는 관계가 성립하므로 각 유량 측정 범위에 따라 측정에 적합한 여러 개의 오리피스를 준비하고 사용하여야 한다.

유량 측정 위치는 시험 대상인 부품 또는 포트보다 하류에 위치하므로 질량 유량은 보존이 되나 유량 측정 위치에서의 체적 유량과 평가 대상 부위의 체적 유량은 차이가 발생하고 동시에 온도와 습도 그리고 대기압에 따른 차이가 발생하므로 이를 보상해 주어야 한다. 이 보상을 위해서는 유량 측정 위치의 유량을 측정 부위의 조건으로 수정하는데 다음과 같은 수정을 실시한다.

점성 효과는 20℃를 기준으로 할 때 다음과 같이 보상한다.

$$C_{vis} = \frac{293.15}{273.15 + T} \times \frac{181.34}{\mu_{air}} \tag{7.24}$$

181.34는 20℃에서 공기의 점성으로 단위는 μP이며 임의의 온도에서 공기의 점성 μ_{air}는 다음과 같이 구한다.

$$\mu_{air} = \frac{14.58 \times (T + 273.15)^{1.5}}{110.4 + (273.15 + T)}$$

습도는 공기의 밀도에 영향을 주기 때문에 습도에 따른 밀도는 다음과 같이 보상하여 사용한다. 공기의 밀도는 0℃에서 $1.293 kg/m^3$이고 20℃에서 $1,2054 kg/m^3$이므로 20℃를 기준으로 한 경우 다음과 같다.

$$\rho = \frac{1.2054\,(P_0 - 0.378 \times P_w)}{P_0} \tag{7.25}$$

대기압과 온도에 의한 보상은 다음과 같다.

$$C_{p,T} = \frac{P_0}{101.325} \times \frac{293.15}{273.15 + T} \tag{7.26}$$

최종적으로 수정된 유량은 다음과 같다.

$$Q_{std} = Q \times C_{vis} \times C_{p,T} \tag{7.27}$$

실제 습도의 영향은 무시할 만 하지만 점성 및 대기압 그리고 온도에 다른 영향은 반드시 보상을 해 주어야 한다.

송풍기는 최고 밸브 양정에서 정상유동시험에서 요구하는 밸브 전후의 압력 차이(381~635 mmH_2O 또는 그 이상)를 충분히 발생시킬 수 있는 능력이 있어야 한다.

5) 압력 조절장치

압력 조절 장치는 정상유동시험을 할 때 밸브 전후의 압력 차이를 항상 일정하게 유지하기 위하여 사용된다. 대부분의 경우 송풍기의 유량을 일정하게 유지하고 송풍기에서 흡입 또는 배출되는 유동의 일부를 우회시키는 방법으로 압력을 조정한다. 아래의 [표 7-3]에 통상적인 유량 시험에 사용되는 압력 차이를 나타내었다. 통상적으로 정상유동장치는 $25inH_2O$ 의 압력 차이를 두고 시험하는 경우가 많은데, 이 외에 다른 시험 압력도 선택할 수 있다. 만일 다른 시험 압력을 선택했다면 압력 별로 표에 나타난 보정 계수를 곱하여 $25inH_2O$ 의 경우로 시험한 유량을 산정할 수 있다. 실제 시험에서 항상 일정한 압력 차이로 시험하여 데이터를 비교한다면 설정한 압력 차이 자체는 측정된 유량 및 와류 데이터의 절대 값에만 영향을 주고 데이터 간의 상대 값에는 영향을 주지 않는다. 다만 밸브양정이 낮거나 시험하거나 흡입관이 작고 긴 경우 유속이 떨어져 유동이 층류가 되지 않도록 시험 압력을 높여 유동이 계속 난류를 유지하도록 해야 한다. 압력 차이의 결정은 기본적으로 최소 밸브 양정에 의해 결정되며 다음의 [표 7-4]에 이를 나타내었다. 이에 대해서는 뒤에서 좀더 자세히 논의하도록 하겠다.

[표 7-3] 정상유동시험의 통상적인 압력 차이

시험 압력(inH_2O)	흡입유동	배기 유동
45	0.980	1.016
40	0.985	1.012
35	0.990	1.008
30	0.995	1.004
28	0.997	1.003
25	1.000	1.000
20	1.005	0.996
15	1.010	0.992
10	1.014	0.988
5	1.019	0.984

[표 7-4] 정상유동시험의 통상적인 압력 차이

최소 밸브 양정	압력 차이($in\mathrm{H_2O}$)
1.3mm	15
2.6mm	8
5.1mm	5
7.6mm	3

6) 밸브 양정 조절 장치

정상유동시험은 밸브의 양정을 최소 밸브 양정에서 최고 양정까지 일정한 간격으로 변화시키면서 시험을 하기 때문에 이의 조정을 위한 장치가 필요하다. 밸브 양정 조절 장치는 통상 로커 암 스테드에 나사 홈이 파진 장치를 장착하고 거기에 볼트를 삽입하여 그 끝이 밸브 스템에 닿게 하고 볼트를 돌림으로써 밸브를 여닫는다. 또는 Dial Gauge를 장착하고 Gauge의 끝이 밸브 리테이너에 닿게 하여 변위를 재기도 한다. 밸브 스프링은 실 기관 보다 약한 스프링을 사용한다.

7) 기타 계측 장치

기본적으로 유량의 보정을 위하여 기압계, 온도, 습도를 측정하고 구할 수 있는 장치가 있어야 한다. 정상유동시험에서는 장치의 여러 곳에서 압력을 측정하여야 하는데 밸브 전후로 걸어주는 압력 차이가 가장 크고, 기타 다른 곳의 압력은 대개 $200mm\mathrm{H_2O}$ 이하의 낮은 압력 차이가 발생하므로 이를 감안해 충분히 적은 압력을 측정할 수 있는 압력계가 필요하다. 마노메타 등을 이용해 측정하는 경우 경사를 주어 측정 오차를 줄이기도 한다.

7.2.2 각 계수 및 와류 값(R_s)의 계산

정상유동시험에서는 기본적으로 유량과 와류 성분을 측정한다. 경우에 따라 각 요소에서 발생되는 압력 손실을 기록할 수 있고 텀블을 측정하기도 한다. 텀블은 실린더 어댑터만 텀블 측정이 가능하도록 제작하고 그 외에는 와류의 측정 및 처리와 동일하므로 생략한다.

먼저 포트(또는 매니폴드나 기타 흡입구) 입구 조건 (즉 시험실 조건)에서 음속을 구한다. 음속은 다음과 같다.

$$a = \sqrt{\gamma RT} \tag{7.28}$$

유동을 비압축성이라 가정하면 밸브 전후의 압력차에 의한 이론속도(Theocratical Velocity) V_0은 다음과 같다.

$$V_0 = \sqrt{\frac{(2 \cdot \Delta p)}{\rho}} \tag{7.29}$$

여기서 Δp : 밸브 전후의 압력 강하

ρ : 공기의 밀도

밸브의 내부 시트 면적은 다음과 같다.

$$A = \frac{n\pi D^2}{4}$$

여기서 n은 밸브의 수이다.

오리피스 면적 A_V는 다음과 같다.

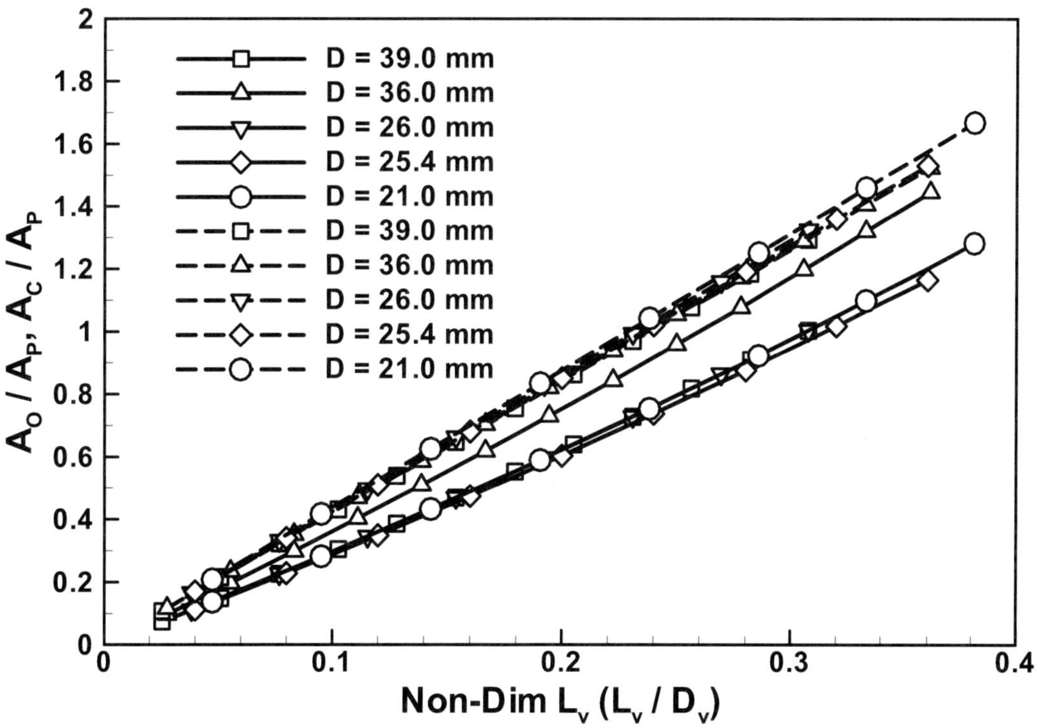

[그림 7-36] 무차원 밸브 양정에 따른 각 유동 면적의 비교(포트 면적 기준)

$$A_V = n\pi D^2 \cdot \left\{1 + \left(\frac{L}{D}\right)\sin\phi\cos\phi\right\}\left(\frac{L}{D}\right) \tag{7.30}$$

지금까지 여러 가지 유동 면적을 정의하여 사용하였는데 그 중 밸브 커튼 면적 A_C 기준으로 논의를 하였었다. 여기서는 A_C대신 유량 계수(C_F)의 경우 밸브의 내부 시트 면적 A을 기준으로 그리고 유출 계수(C_D)는 오리피스 면적 A_V를 기준으로 하겠다. 밸브 시트의 면적은 포트 면적이라고도 하며, 밸브 커튼 면적 A_C와 오리피스 면적 A_V와 내부 시트 면적 A의 관계를 [그림 7-36]에 도시하였다.

그림에서 실선은 오리피스 면적 A_V을 내부 시트 면적 A로 나눈 것이고 점선은 밸브 커튼 면적 A_C를 A로 나눈 것이다. 그림에 나타난 바와 같이 밸브 양정이 높을 때 즉 대략 L/D>0.25에서 A_C는 A보다 크고 L/D>0.3에서 A_V는 A보다 크다. 실제 유동 면적의 최대값은 밸브의 내부 시트 면적보다 클 수 없으므로 유량계수의 기준을 내부 시트 면적 A로 두는 것이 타당성이 있다.

유출계수 C_D는 실제 밸브를 통해 흐른 유량을 오리피스 면적에 이론적으로 흐를 수 있는 유량으로 무차원화한 것으로 다음과 같이 정의된다.

$$C_D = \frac{Q}{A_V \cdot V_0} \tag{7.31}$$

유출계수는 실제 공기가 흐를 수 있는 면적에 대해 무차원화한 것이기 때문에 이상적인 경우 이것은 1이 된다.

유량계수 C_F는 밸브의 내부 시트 면적으로 흐를 수 있는 이상적인 공기량으로 무차원화한 것이다. 따라서 다음과 같다.

$$C_F = \frac{Q}{A \cdot V_0} = \frac{4\dot{m}}{\rho V_0 \pi D^2} \tag{7.32}$$

이때 실제 포트를 흐른 질량유량 $\dot{m}$ 는 각각 사용하는 유량계에 따라 여러 가지 방법으로 구해질 수 있다. C_F는 이론 공기량을 사용하여 무차원화 하였기 때문에 여러 손실을 고려하면 이것은 1을 넘을 수 없다.

밸브 양정에 기초한 유량계수 C_{FL}은 아래와 같이 쓸 수 있다.

$$C_{FL} = \frac{Q}{n\pi D L V_0} \tag{7.33}$$

와류계수 N_R(Non-dimensionalized Rig Swirl)는 이론적으로 포트입구에 투입한 운동량에 대한 실제 와류의 운동량으로 정의되고, 충격식 와류측정기에서 측정한 토크는 회전와류의 운동을 강체 운동으로 가정한 것이므로 다음과 같다.

$$\tau = \frac{1}{8}\dot{m}\,\omega_C B^2 \tag{7.34}$$

여기서 τ: Moment of Momentum Flux~Measured by Impulse Swirl Meter
따라서 N_R은 다음과 같이 표현될 수 있다.

$$N_R = \frac{\omega_C \cdot B \cdot m}{V_0 \cdot m} = \frac{8\tau}{\dot{m}\,v_0 B} \tag{7.35}$$

성능계수 C_P는 이상화된 나선형 포트의 이론적 분석을 통해 유도된 계수로, 그 의미는 밸브 시트에서의 출구 속도 벡터 중 헤드 측 연소실 표면과 수평으로 진행하는 성분을 이론 속도로 무차원화한 것으로 다음과 같이 표현된다.

$$C_P = \frac{V}{V_0} = \sqrt{\left(\frac{B \cdot N_R}{4D}\right)^2 + C_{FL}^2} \tag{7.36}$$

여기서 V는 다음과 같다.

$$V^2 = \left(\frac{\omega_R \cdot B^2}{4D}\right)^2 + \left(\frac{Q}{\pi DL}\right)^2$$

와류 각 (Swirl Angle) θ는 C_P와 같이 이론적 분석을 통해 유도된 계수로 이것은 흡입 공기의 방향과 밸브의 원심방향이 이루는 각도이다. 이것은 다음의 식 (7.37)과 같이 정의되며 이것을 그림으로 나타내면 [그림 7-37]과 같다.

$$\theta = \left(\frac{B \cdot N_R}{4D \cdot C_{FL}}\right)^2 \tag{7.37}$$

밸브의 편심도(Eccentricity Ratio) N_y는 아래와 같이 정의된다.

$$N_y = \frac{Y}{B - D_v} = \frac{1}{2} - \frac{C}{B - D_v} \tag{7.38}$$

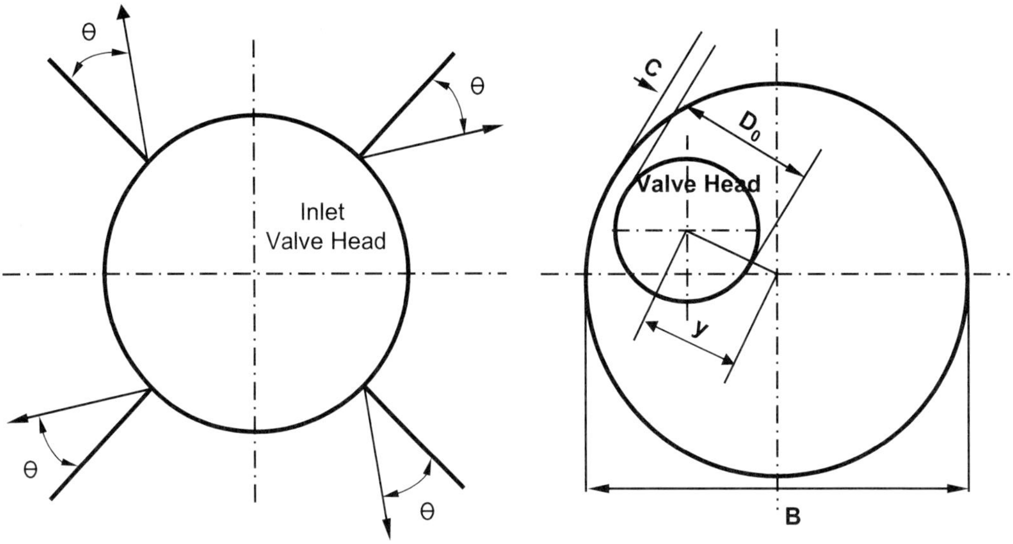

[그림 7-37] 와류 각과 편심도의 정의

여기서 Y는 밸브 중심과 실린더 중심사이의 거리이고 C는 밸브 헤드-실린더 벽 사이의 거리이다. 편심도가 0.5가 되면 밸브가 실린더 벽과 닿아 있다는 것이고 0이 되면 실린더와 밸브는 동심원이 된다.

앞서 압력 차이의 설정과 압력 차이 및 최소 밸브 양정의 관계에서 간단히 언급한 바와 같이, 정상유동시험에서 유동이 완전히 난류가 되어야만 정확한 시험 데이터를 얻을 수 있다. 유동이 난류임을 판단할 수 있는 무차원 계수로 레이놀즈수(Reynolds Number :유동의 관성력과 점성력 사이의 비, 관성력/점성력)가 사용되는데 포트 시험에서 이것은 다음 두 가지로 정의할 수 있다

a). 내부 시트 직경을 기준으로 밸브 시트에서 다음과 같이 정의할 수 있다.

$$N_{RE(D)} = \frac{\rho \cdot C_{FL} \cdot V_0 \cdot D}{\mu} \tag{7.39a}$$

b). 밸브 리프트 L을 기준으로 하여 밸브 시트에서

$$N_{RE(L)} = \frac{\rho \cdot C_{FL} \cdot V_0 \cdot L}{\mu} \tag{7.39b}$$

이때 유동이 완전히 난류가 되기 위해 필요한 레이놀즈수는 다음과 같다.

$$N_{RE(D)} = \frac{\rho \cdot C_{FL} \cdot V_0 \cdot D}{\mu} = \frac{C_F \cdot D}{\mu}\sqrt{2 \cdot \Delta p \cdot \rho} \tag{7.40}$$

여기에 ρ = 1.2054kg/m^3 (20℃에서), μ = 18.134 × 10^{-6}kg/($m \cdot s$), Δp=(mmH$_2$O) × 9.8 Pa을 대입하여 압력 차이(Δp,mmH$_2$O)와 밸브의 내부 시트 직경과의 상관관계를 구하면 다음과 같다.

a). 0.1 L/D에서 C_F가 0.3368일 때 $N_{RE(D)} \geq 60 \times 10^{-3}$인 조건은 다음과 같다.

$$D \geqq \frac{0.66784}{\sqrt{mm \ \ H_2O}} \ \ For \ \ N_{RE(D)} \geqq 60 \times 10^3 \tag{7.41a}$$

b). 0.25L/D에서 C_F가 0.6400일 때 $N_{RE(D)} \geq 90 \times 10^{-3}$인 조건은 다음과 같다.

$$D \geqq \frac{0.52718}{\sqrt{mm \ \ H_2O}} \ \ For \ \ N_{RE(D)} \geqq 90 \times 10^3 \tag{7.41b}$$

이것을 구하여 그래프로 나타내면 아래의 [그림 7-38]과 같다.

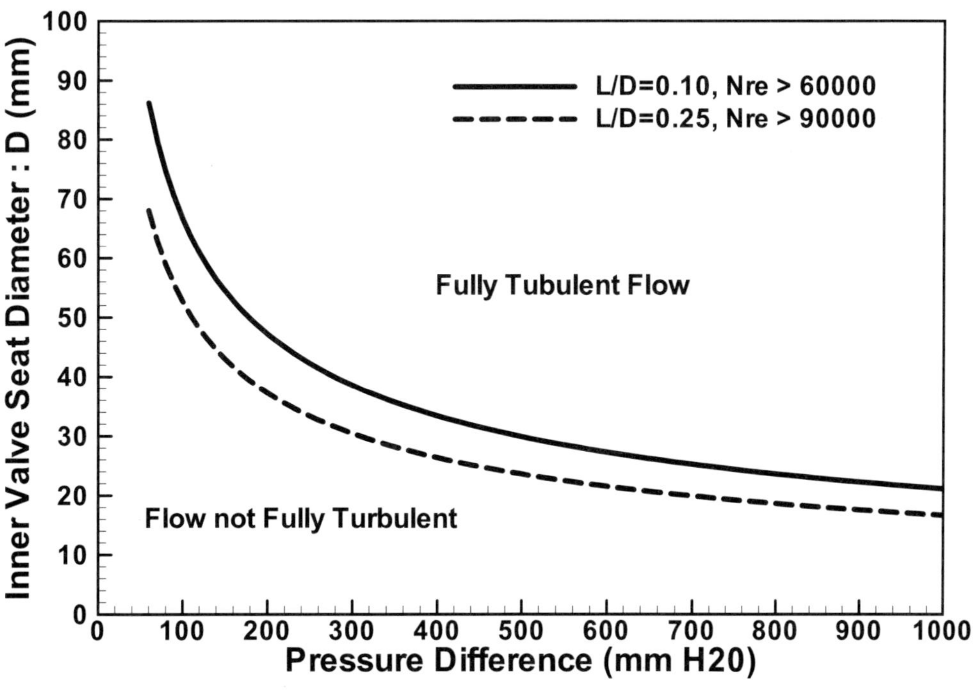

[그림 7-38] 밸브 내부시트 직경에 따라 유동이 난류가 되기 위한 압력차이

그림에서 알 수 있듯이 밸브의 크기가 작을수록 압력 차이를 높게 해야 좋은 특성의 데이터를 얻을 수 있다.

이제 유동 시험결과로 많이 쓰이는 평균 유량계수(Mean C_F)와 리카도 와류 값(Ricardo Swirl Number : R_s)를 구해보자. 이것은 기관 성능을 예측하기 위해 정상유동장치 시험 결과가 실제 기관의 흡입과정을 상사한다고 가정하여 기관 내 흡입되는 유량과 와류를 예측하는 것이다. 이 계산을 하기 위해 다음과 같은 가정을 한다.

1) 기관과 정상유동장치에서 포트를 통해 흐르는 유동은 비압축성이다.
2) 기관 내로 흘러 들어가는 유동은 기관이 과도(Transient) 상태이더라도 정상유동장치와 마찬가지로 정상유동이며 이때 포트의 특성(즉 C_F와 R_s)도 정상유동장치에서와 같다.
3) 실린더 내 와류은 강체회전과 같다고 생각한다.
4) 흡입 과정 중에 압력차 즉 Δp는 일정하다
5) 각운동량은 고려하고 표면 마찰은 무시한다.
6) 체적효율은 100 %이다.
7) 흡입유동은 밸브가 열릴 때부터 닫힐 때까지 존재한다. 따라서 유량은 밸브 리프트의 함수이다.

와류 값 R_s는 기관의 크랭크 각속도에 대한 와류의 각속도로 다음과 같이 정의된다.

$$R_s = \frac{\omega_C}{\omega_E} = \frac{\omega_C}{2\pi N} \tag{7.42}$$

여기서 ω_C는 흡입 후 흡입공기의 와류 속도이고 ω_E는 기관의 크랭크축 각속도이다. 흡입 중 압력차는 일정하고 비압축성이므로 각 밸브 양정에서 흡입유량은 식 (7.32)로부터 다음과 같다.

$$\dot{m} = \rho A V_0 C_F \tag{7.43}$$

흡입이 끝난 후 충전된 공기의 각운동량은 $I_C \omega_C$이고 운동량 보존 법칙에 의해 이것은 흡입 유동 때 들어온 각운동량의 총합과 같다. 따라서 다음과 같다.

$$I_C\omega_C = \int_{t1}^{t2} \tau dt \tag{7.44}$$

여기서 t_1은 흡입 시작시간이고 t_2는 흡입 종료 시간이다.

기관의 회전속도는 다음과 같다.

$$\omega_E = \frac{d\alpha}{dt} \tag{7.45}$$

여기서 α는 크랭크 각이다.

식 (7.42)에서 (7.44)로부터 다음과 같은 식을 얻을 수 있다.

$$I_C\omega_C = \rho\frac{BAV_0}{8\omega_E}\int_{\alpha1}^{\alpha2} C_F N_R d\alpha \tag{7.46}$$

여기서 α_1은 밸브가 열리는 시점의 크랭크 각이고 α_2는 밸브가 닫히는 시점의 크랭크 각이다.

실린더내 공기의 유동을 강체의 회전운동으로 가정하였기 때문에 실린더 공기의 회전 관성은 다음과 같이 표현될 수 있다.

$$I_C = \frac{MB^2}{8} \tag{7.47}$$

여기서 M은 흡입 후 실린더에 채워진 공기질량이다. 잔류가스가 없다고 가정하면 흡입 후 실린더에 채워진 공기량 M은 다음과 같다.

$$M = \int_{t1}^{t2} \dot{m} \cdot dt \tag{7.48}$$

식(7.32), (7.45), (7.48)로부터 다음과 같은 식을 얻을 수 있다.

$$M = \rho\frac{AV_0}{\omega_E}\int_{\alpha1}^{\alpha2} C_F d\alpha \tag{7.49}$$

체적 효율의 정의에 의해 M은 다음과 같이 쓸 수 있다.

$$M = \frac{\rho \pi B^2 S}{4} \eta_V \qquad (7.50)$$

위에서 체적 효율을 100 %로 가정하였으므로 여기서 η_V는 1 이 된다.

식(7.46)과 (7.50)으로부터 흡입 후 흡입공기의 와류 속도 ω_C는 다음과 같다.

$$\omega_C = \left(\int_{\alpha 1}^{\alpha 2} C_F d\alpha \right)^2 = \omega_E \frac{BS}{nD^2} \cdot \int_{\alpha 1}^{\alpha 2} C_F N_R d\alpha \qquad (7.51)$$

이것을 식(7.32)에 대입하여 다음과 같은 결과를 얻는다.

$$RS = \frac{\omega_C}{\omega_{E=}} \frac{\omega_C}{2\pi N} = \frac{\frac{BS}{\pi n D^2} \int_{\alpha_1}^{\alpha_2} C_F N_R d\alpha}{\left(\int_{\alpha_1}^{\alpha_2} C_F d\alpha \right)^2} \qquad (7.52)$$

여기서 $L_D = BS/nD^2$를 기관형상계수(Engine Shape Factor)라고 한다. 흡입과정에 대한 평균유량계수(Mean Flow Coefficient)는 다음과 같이 정의된다.

$$C_{F(Mean)} = \frac{\int_{\alpha_1}^{\alpha_2} C_F d\alpha}{\alpha_2 - \alpha_1} \qquad (7.53)$$

평균 피스톤 속도는 다음과 같이 구할 수 있다.

$$\bar{S}_p = 2 \cdot S \cdot \omega_E \qquad (7.54)$$

이론적으로 계산된 평균 가스 속도는 다음과 같다.

$$MGV = \left(\frac{B}{D} \right)^2 \frac{2 \cdot S \cdot \omega_E}{n} \qquad (7.55)$$

Gulf 계수는 다음과 같이 정의한다.

$$Z = \left(\frac{B}{D} \right)^2 \frac{2 \cdot S \cdot \omega_E}{na\, C_{F(Mean)}} \qquad (7.56)$$

걸프 계수는 평균가스 속도로 나타내지는 기관의 흡입공기 요구량과 평균 유량계수로 나타내지는 흡입 포트의 능력을 합쳐서 나타낸 것이다. 이것은 흡입포트에서의 마하수(Mach Number) 또는 흡입 과정 중에 흡입 밸브의 시트에서 유속이 얼마나 음속에 접근했는지의 정도를 나타낸 것이다. 이것은 통상 기관이 최고속도에 도달하였다고 가정하여 계산된다. 흡입 중 펌프 손실(Pumping Loss)을 최소화하고 체적효율이 줄지 않기 위해서는 이 값이 최고 속도에서 0.6을 넘지 않아야 한다. 그러나 이것은 포트의 설계를 제한하는 절대적인 값이 아니고 단지 이상화된 포트에 대한 경험적 수치이다.

찾아보기

마

바

사

아

자

차

카

저자약력…엄인용

서울대학교 공학박사

현재: 서울산업대학교 기계공학부 교수
서울산업대학교 에너지환경대학원 에너지시스템공학과 교수

내연기관 특론

A-JIN

지은이와 협의 인지 생략

인 쇄 : 2006년 10월 10일
발 행 : 2006년 10월 15일
저 자 : 엄 인 용
발 행 처 : 도서출판 아진
110-091
서울특별시 종로구 행촌동 27-4 2층
TEL:02-737-0663 FAX:02-737-0664
Homepage:ajin.to
E-mail:kgb@ajin.to
발 행 인 : 김 근 배
기 획 처 : 서울산업대학교 에너지기술인력양성센터
등록번호 : 제300-1995-56호
ISBN : 89-5761-188-6 93550

- 본 도서는 산업자원부 지정 서울산업대학교 에너지기술인력양성센터에 의해 편찬되었습니다. -

가격 18,000원